工业和信息化精品系列教材

网络技术

Network Technology

微课版

Linux
基础与服务管理

（基于 CentOS 7.6）（第 2 版）

唐乾林 秦长春 黎现云 ◉ 主编

刘葭 李治国 付雯 熊鹏 柳惠秋 ◉ 副主编

人民邮电出版社

北 京

图书在版编目（CIP）数据

Linux 基础与服务管理：基于 CentOS 7.6：微课版 /
唐乾林，秦长春，黎现云主编. -- 2 版. -- 北京：人
民邮电出版社，2025. -- （工业和信息化精品系列教材
——网络技术）. -- ISBN 978-7-115-65117-4

Ⅰ. TP316.85

中国国家版本馆 CIP 数据核字第 2024L071X9 号

内 容 提 要

本书以目前被广泛使用的 CentOS 7.6 为例，由浅入深、系统地介绍 Linux 基础知识及对 Linux
的多种服务的管理方法。全书共 11 章，主要内容包括 Linux 简介、基础命令、用户与权限管理、文
件系统与磁盘管理、网络管理与系统监控、软件包管理、进程与基础服务管理、常用服务配置、常
用集群配置、常用系统安全配置和 Shell 编程基础。

本书可作为应用型本科、职教本科、高职高专的计算机类及相关专业的教材，也可作为有关技
术人员和计算机爱好者的培训教材和参考书。

◆ 主　编　唐乾林　秦长春　黎现云
　　副主编　刘　葭　李治国　付　雯　熊　鹏　柳惠秋
　　责任编辑　刘　尉
　　责任印制　王　郁　焦志炜
◆ 人民邮电出版社出版发行　　北京市丰台区成寿寺路 11 号
　　邮编　100164　　电子邮件　315@ptpress.com.cn
　　网址　https://www.ptpress.com.cn
　　固安县铭成印刷有限公司印刷
◆ 开本：787×1092　1/16
　　印张：20.5　　　　　　　　　　　2025 年 2 月第 2 版
　　字数：502 千字　　　　　　　　　2025 年 9 月河北第 3 次印刷

定价：69.80 元

读者服务热线：(010)81055256　印装质量热线：(010)81055316
反盗版热线：(010)81055315

前　言

本书在编写时落实党的二十大精神，充分发挥教材的铸魂育人作用，为培养德智体美劳全面发展的社会主义建设者和接班人奠定坚实基础。

Linux 从诞生至今为 IT 行业的发展做出了巨大的贡献，随着"虚拟化、云计算、大数据和人工智能"时代的来临，Linux 更是飞速发展，其在服务器领域的市场份额持续增长。当今互联网企业多样化的需求、复杂的业务及不断扩展的应用领域等，都需要合理的管理方法来保证 Linux 服务器的安全、稳定和高可用，而这些都离不开 Linux 运维人员的付出。

本书为第 2 版，编写特色和修订内容如下。

1. 落实立德树人根本任务

本书落实立德树人根本任务，引导青年读者坚定理想信念，成为担当民族复兴大任的时代新人、德智体美劳全面发展的社会主义建设者和接班人。

2. 产教融合、校企合作开发

本书由具有多年教学经验的教师和专业的企业合作开发，将企业真实的案例转化为适用于教学的内容，用职业岗位要求引领知识技能学习，使读者在案例开发过程中掌握综合的职业技能。

3. 内容设计合理

本书以基础知识为"基石"，以核心技术及其高级应用为"梁柱"，通过案例来检验读者的学习效果，技术丰富，图文并茂、通俗易懂，具有很强的实用性。

4. 更新部分内容

本书第 1 章增加了对 Linux 内核的介绍。第 2 章删除了一些不常用命令，按命令功能对内容进行了归纳整理，增加了对命令自动补全功能的介绍等。第 3 章对用户和组的内容进行了归纳整理。第 4 章更新了文件系统的介绍部分，增加了对分布式文件系统的介绍和一些重要的命令，更新了对 RAID 类型的介绍等。第 5 章增加了用户监控命令。第 6 章更新了使用 RPM 和 YUM 安装软件的案例，对源码安装内容也进行了更新和整理。第 7 章对部分基本知识进行了更新。第 8 章删除了 rsync 服务，增加了电子邮件服务和 Docker。第 9 章对部分基本知识进行了更新。第 10 章更新了部分案例。第 11 章对内容进行了归纳整理并更新了部分案例。

5. 提供丰富的教学资源

本书配套的教学资源有课程标准、教学计划、电子教案、PPT 课件和学习本书所需的软件等，读者可登录人邮教育社区（www.ryjiaoyu.com）进行下载或让编者提供（编者的邮箱：1670101348@qq.com），本书配套课程可在智慧职教平台搜索"Linux 操作系统"进行在线学习。

本书由重庆电子科技职业大学唐乾林、秦长春和重庆迎圭科技有限公司黎现云担任主编，重庆电子科技职业大学刘葭、李治国、付雯、熊鹏和重庆青年职业技术学院柳惠秋担任副主编，其中第 1 章和第 8 章由黎现云负责，第 2 章由李治国负责，第 3 章和第 6 章由秦长春负责，第 4 章由熊鹏负责，第 5 章由刘葭负责，第 7 章由柳惠秋负责，第 9 章和第 10 章由唐乾林负责，第 11 章由付雯负责，全书的设计与统稿由唐乾林负责。英特尔 FPGA 中国创新中心和重庆迎圭科技有限公司提供了技术支持和相关案例，在此表示感谢。

由于编者水平有限，书中的不妥之处在所难免，衷心希望广大读者不吝批评指正，我们将在再版时及时更正。

编　者

2024 年 10 月

目 录

第❶章 Linux 简介

本章导读

    Linux 是服务器领域最常用的操作系统之一，许多企业和组织都使用 Linux 来运行和管理其服务器。掌握 Linux 的相关技能可增加读者在 IT 行业的竞争力，并让读者获得很多促进职业发展的机会。学习 Linux 可以帮助读者理解操作系统的原理和常用命令的使用，这涉及文件系统、进程管理、网络配置和服务器维护等方面的知识，对于成为系统管理员或网络工程师至关重要。总之，无论是要从事 IT 行业还是想深入了解计算机技术，学习 Linux 都是有价值的。

知识目标

- 了解 Linux 的发展历史。
- 理解 Linux 的优缺点。

能力目标

- 能够安装虚拟机和 CentOS 7.6。
- 能够登录 Linux。

素质目标

培养具有专业技能和创新能力的人才。

本章知识导图

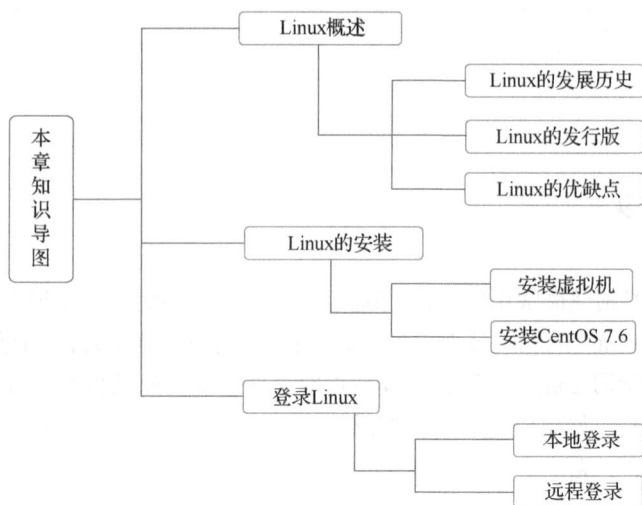

```
                    ┌─ Linux概述
                    │         ├─ Linux的发展历史
                    │         ├─ Linux的发行版
                    │         └─ Linux的优缺点
本章知识导图 ──┼─ Linux的安装
                    │         ├─ 安装虚拟机
                    │         └─ 安装CentOS 7.6
                    └─ 登录Linux
                              ├─ 本地登录
                              └─ 远程登录
```

1.1 Linux 概述

1.1.1 Linux 的发展历史

Linux 来源于 UNIX。UNIX 是一种经典的操作系统，在 1969 年诞生于美国的贝尔实验室。工程师肯·汤普森（Ken Thompson）开发了 UNIX 的原型，1972 年他又与丹尼斯·里奇（Dennis Ritchie）一起用 C 语言重写了该系统，大幅增强了其可移植性，之后 UNIX 开始蓬勃发展。

1987 年，荷兰阿姆斯特丹自由大学（Vrije University Amsterdam）的安德鲁 S.塔嫩鲍姆（Andrew S.Tanenbaum）教授仿照 UNIX 自行设计了一款精简版的微型 UNIX，将之命名为 Minix，并开放其全部源码用于教学和研究工作。

1991 年，来自芬兰赫尔辛基大学的学生莱纳斯·托瓦尔兹（Linus Torvalds）在 Minix 的基础上，增加了很多功能，将之完善后发布在互联网上。他欢迎任何人参与其开发及修改工作，所有人都可以免费下载、使用它的源码。这种开源的特性吸引着越来越多的人投入对它的研究，并且开源爱好者都遵循同样的约定，研究出的新成果也会开源给其他用户，这是它能快速发展的主要原因。莱纳斯·托瓦尔兹和他的团队经过多次讨论，最终把该系统的名字定为 Linux。

经过多年的发展，Linux 凭借其优秀的设计、不凡的性能，不仅稳定可靠，而且具有良好的兼容性和可移植性，再加上 IBM、Intel、Oracle 等国际知名企业的大力支持，其市场份额逐步增加，逐渐成为主流操作系统之一。

1.1.2 Linux 的发行版

Linux 自由开源的特性，造就了 Linux 发行版"百花齐放"的局面，这也是 Linux 的精髓。

Linux 发行版是指在 Linux 内核的基础之上添加各种管理工具和应用软件而构成的一个完整的操作系统。

内核直接运行在计算机硬件之上，其主要作用就是帮助用户管理计算机中各种各样的硬件设备。它就是负责实现操作系统基本功能的程序。它是所有外围程序运行的基础，也是计算机硬件和用户之间的接口或桥梁。Linux 内核的主要功能包括进程管理、内存管理、文件管理、设备管理和网络管理等。

Linux 中的内核程序称为 Kernel。最初莱纳斯·托瓦尔兹在互联网上发布的程序就是 Kernel，一直到今天，Kernel 仍由莱纳斯·托瓦尔兹领导的一个小组负责开发、更新，用户可到它的官网下载已发布的每一个版本的 Kernel。从 Kernel 的官网页面（见图 1-1）可看到，截至完稿时，Kernel 的最新稳定版本是 6.9.2。

图 1-1　Kernel 的官网页面

Linux 的不同发行版为不同的目的而制作，目前已经有超过 300 个 Linux 发行版被开发出来，其中广泛使用的有如下几个。

1. Fedora

Fedora（第 7 版以前称为 Fedora CoreOS）是众多 Linux 发行版之一，是一个从 Red Hat Linux 发展而来的免费 Linux。Fedora 作为一个开放的、创新的、具有前瞻性的操作系统和平台，允许任何人自由地使用、修改和重新发布。它由一个强大的社群开发，Fedora 社群的成员以自己的不懈努力，提供并维护自由、开放源码的软件和开放的标准。

2. Debian

Debian 诞生于 1993 年 8 月 16 日，它的目标是提供一个稳定、可容错的 Linux 版本。支持 Debian 不断发展的不是某家公司，而是许多在其改进过程中投入了大量时间和精力的开发人员，开发人员在改进过程中吸取了早期 Linux 的开发经验。

Debian 是一个自由开源的操作系统，它以其出色的稳定性而闻名，通过严格的软件包测试和发布流程确保系统稳定运行；遵循自由软件指南，致力于提供完全免费的软件，用户可以自由使用、修改和分发软件；支持多种处理器架构，包括 x86、AMD64、ARM 等，在各种设备上都可以运行；使用 Advanced Package Tool（APT）作为其软件包管理系统，使用户可以方便地安装、更新和移除软件包。总之，Debian 是一个注重稳定性、安全性和自由软件的操作系统，适合那些追求稳定且自由度高的用户。

3. Ubuntu

Ubuntu 是一个以桌面应用为主的 Linux，其名称来自非洲祖鲁语或豪萨语的 "ubuntu"（音译为乌班图）一词。Ubuntu 基于 Debian 发行版和 Unity 桌面环境，与 Debian 的不同在于，它每 6 个月会发布一个新版本。Ubuntu 的目标是为一般用户提供最新的、相当稳定的、主要由自由软件构成的操作系统。Ubuntu 拥有庞大的社区，用户可以方便地从社区中获得帮助。随着云计算的流行，Ubuntu 推出了一个云计算解决方案 Ubuntu Cloud Infrastructure（UCI），它是一套为云计算环境设计的工具和服务，提供用于部署和管理云的开源工具，包括 OpenStack。可以在其官网找到相关信息。

4. Red Hat Linux

Red Hat Linux 是现今最流行的 Linux 版本之一，它不仅塑造了自己的品牌形象，而且吸引了越来越多的用户。Red Hat 在 1994 年创立，当时在全世界聘用了 500 多名员工，他们都致力于创立开放的源码体系。

Red Hat Linux 是公共环境中表现优秀的服务器系统，它能向用户提供一套完整的服务，特别适合在公共网络中使用。企业可整合裸机服务器、虚拟机基础设施即服务（IaaS）和平台即服务（PaaS），以构建一个强大稳健的数据中心环境，满足不断变化的业务需求。

Red Hat Linux 的安装过程简单明了，它的图形安装界面提供了简易设置服务器的全部信息；磁盘分区过程可以自动完成，也可以使用 GUI 工具完成，这对于 Linux 新手来说非常简单。可以说 Red Hat Linux 是满足大众需求的最优版本之一，在服务器和桌面系统中都工作得很好。Red Hat Linux 的唯一缺陷是带有一些不标准的内核补丁，这使得它难以按用户的需求进行定制。Red Hat Linux 通过论坛、电子邮件列表、电话等提供广泛的技术支持，电话技术支持对于要求更高技术支持水平的集团客户更有吸引力。

5. CentOS

社区企业操作系统（Community Enterprise Operating System，CentOS）是一个基于 Red Hat Enterprise Linux 的源码再编译出来的免费版，由 Red Hat Enterprise Linux（红帽企业 Linux，RHEL）依照开源规定释出的源码编译而成。由于它们源自同样的源码，因此有些要求高度稳定性的服务器用 CentOS 替代了商业版的 RHEL。两者的不同之处在于，CentOS 并不包含封闭源码软件，而 RHEL 包含。

通过安全更新，每个版本的 CentOS 都能获得 10 年的支持。新版本的 CentOS 大约每两年发布一次，而每个版本的 CentOS 会定期（大概每 6 个月）更新一次，以便支持新的硬件。CentOS 通过这种方式建立了一个具有高预测性、高重复性的安全、稳定、低维护率的 Linux 环境。

CentOS 具有以下特点。

（1）CentOS 完全免费。

（2）CentOS 独有的 YUM 命令支持在线升级，可以即时更新系统。

（3）CentOS 拥有一系列的安全组件和机制，如防火墙，能够提供比较高的安全性。

（4）CentOS 具有稳定的环境。

（5）CentOS 在大规模的系统中也能够发挥很好的性能。

本书以 CentOS 7.6 为例介绍 Linux 的使用，书中出现的各种操作如无特别说明，均以 CentOS 7.6 为实现平台，所有案例都经过了编者的验证。

1.1.3　Linux 的优缺点

Linux 是一种开源的、免费的操作系统，广泛用于服务器、个人计算机（Personal Computer，PC）和嵌入式设备等。

Linux 的优点如下。

* 开源：Linux 的源码对所有人开放，任何人都可以查看、修改和发布。这使得用户可以自由地定制 Linux 源码以满足自身的需求。

* 支持多用户和多任务：Linux 可以同时支持多个用户登录和执行多个任务，其适用于众多应用场景。

* 具备稳定性和可靠性：Linux 以其稳定性和可靠性而闻名，可以长时间运行而不会崩溃，适用于需要持续稳定运行的服务器和嵌入式设备。

* 具备高度的安全性：Linux 具有高度的安全性。由于其开源的本质，有许多用户对其进行代码审查，从而减少了潜在的漏洞和安全威胁。

* 具备可扩展性：Linux 可以根据需要添加新的功能和驱动程序，因此非常灵活且可扩展。这使得 Linux 在许多设备中得到广泛应用，包括服务器、移动设备、物联网设备等。

总体而言，Linux 在自由开放、稳定可靠、安全性高、灵活和可扩展等方面具有许多优点，因此成为许多用户和组织的首选操作系统。

Linux 的缺点如下。

* 没有特定厂商提供服务，遇到问题难以解决。

* 在 Linux 上运行的软件并不丰富。

* Linux 的图形界面不够友好，系统操作主要依靠命令完成，这提高了使用 Linux 的门槛。

1.2　Linux 的安装

1.2.1　安装虚拟机

在学习 Linux 的过程中要进行大量的实验操作，而完成这些实验操作较方便的方法就是借助虚拟机（Virtual Machine）。虚拟机是指通过软件模拟的、具有完整硬件系统功能的、运行在完全隔离环境中的完整计算机系统。

Linux 的安装

使用虚拟机，一方面可以很方便地搭建各种网络环境，为实验奠定基础；另一方面可以保护真机，在完成硬盘分区、系统安装等操作时，对真机没有任何影响。

虚拟机众多，本书选用的是威睿工作站（VMware Workstation）。它是一款功能强大的桌面虚拟机，提供了在单一桌面上同时运行不同操作系统，并完成开发、测试、部署新应用程序的优秀解决方案。

VMware Workstation 可以得到主机的一部分硬件资源，把这些硬件资源当作一台全新的主机（虚拟机）来使用，允许操作系统和应用程序在虚拟机上运行。对于企业的 IT 开发人员和系统管理员来说，VMware Workstation 在虚拟网络、实时快照、拖曳共享文件夹、支持 PXE（Preboot Execution Environment，预启动执行环境）等方面的特点使其成为他们工作中的重要工具。

下面介绍 VMware Workstation 的安装过程，需先在官网下载适合自己操作系统的安装文件。这里以在 Windows 10 中安装 VMware Workstation 14 Pro 为例进行演示。

双击下载好的安装文件 VMware-workstation-full-14.1.2-8497320.exe（可以从本书配套的资源中找到），启动虚拟机安装向导，如图 1-2 所示。

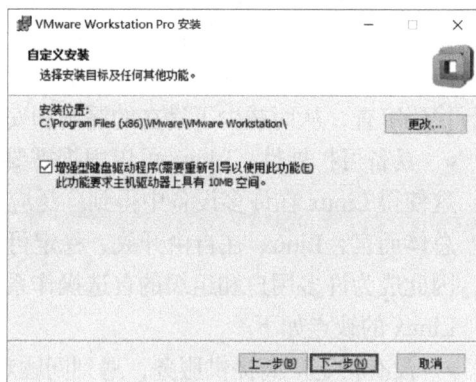

单击"下一步"按钮，在出现的对话框中勾选"我接受许可协议中的条款"复选框，再单击"下一步"按钮，在出现的对话框中勾选"增强型键盘驱动程序(需要重新引导以使用此功能"复选框，如图 1-3 所示。

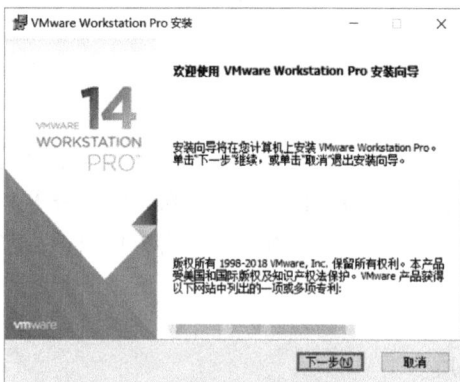

图 1-2　启动虚拟机安装向导　　　　　　　　图 1-3　自定义安装选项

单击"下一步"按钮，在出现的对话框中取消勾选所有复选框，如图 1-4 所示。

单击"下一步"按钮，在出现的对话框中直接单击"下一步"按钮，再单击"安装"按钮，执行安装程序，如图 1-5 所示。

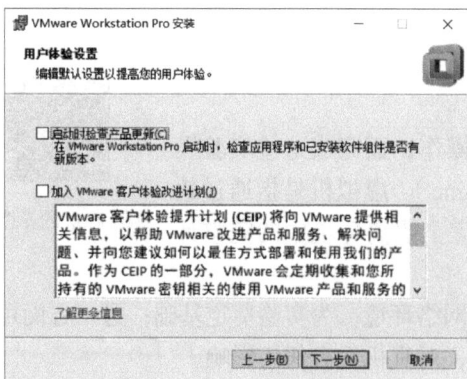

图 1-4　用户体验设置　　　　　　　　　　图 1-5　执行安装程序

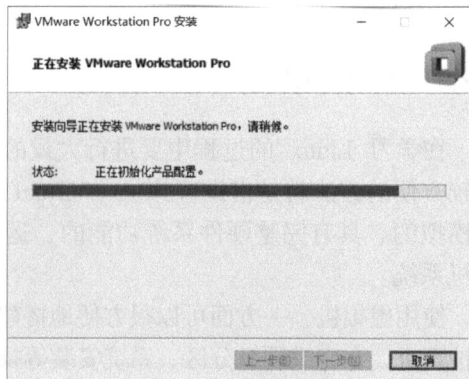

安装程序执行完成后会出现图 1-6 所示的对话框。

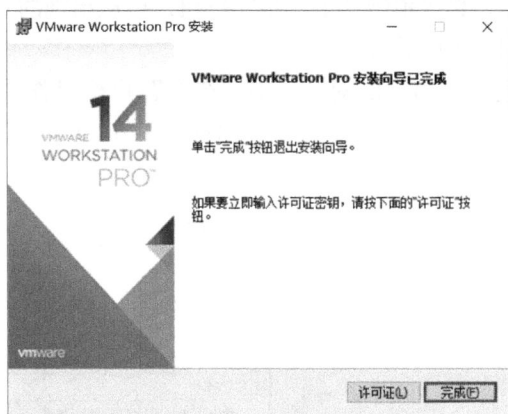

图 1-6　完成安装

单击"许可证"按钮，在出现的对话框中输入相应的许可证密钥，单击"输入"按钮，再单击"完成"按钮。若提示是否重启系统，可以选择"否"，这样就完成了 VMware Workstation 14 Pro 的安装。

1.2.2　安装 CentOS 7.6

从 CentOS 官网下载 Linux 的发行版 CentOS 7.6 的安装文件。

注意　可优先选择离自己所在城市距离最近的服务器进行下载安装，这样下载速度会比较快。下载后会得到文件 CentOS-7-x86_64-DVD-1810.iso，其对应版本为 7.6。

双击桌面上的"VMware Workstation Pro"图标，会出现图 1-7 所示的"VMware Workstation"窗口。

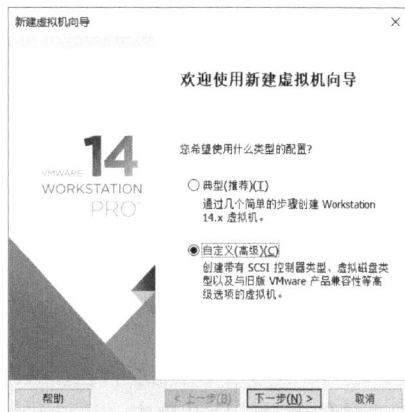

单击窗口中的"创建新的虚拟机"按钮，会弹出"新建虚拟机向导"对话框，如图 1-8 所示。

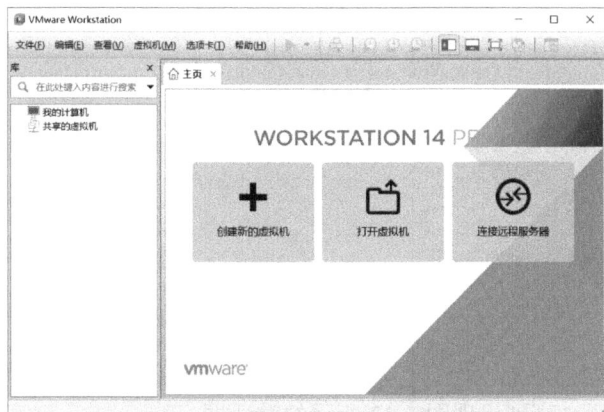

图 1-7　"VMware Workstation"窗口

图 1-8　"新建虚拟机向导"对话框

选中"自定义(高级)"单选按钮，单击"下一步"按钮，进入"虚拟机硬件兼容性"选择对话框，这里不做更改，直接单击"下一步"按钮，再从出现的对话框中选中"稍后安装操作系统"单选按钮，如图 1-9 所示。

单击"下一步"按钮，在出现的对话框中，选择客户机操作系统为"Linux"、版本为"CentOS 7 64 位"，然后单击"下一步"按钮，出现图 1-10 所示的对话框。

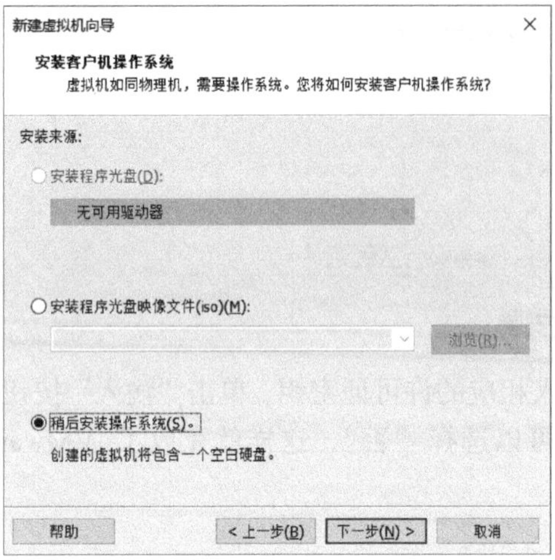

图 1-9　安装客户机操作系统 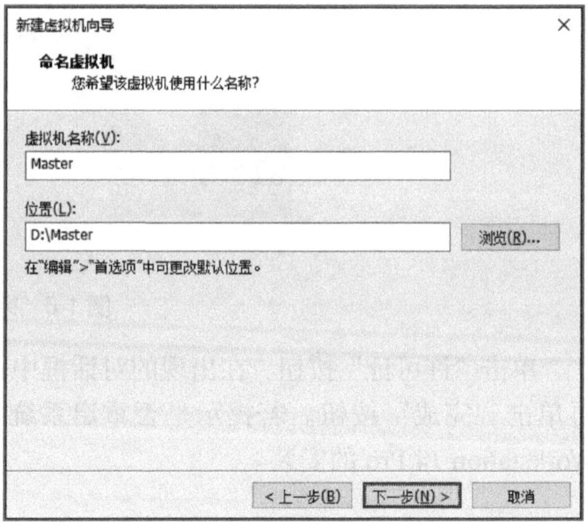　　　　　　　　图 1-10　命名虚拟机

将虚拟机的名称设置为"Master"，位置设置为"D:\Master"，单击"下一步"按钮，在出现的对话框中设置处理器数量为"2"，其他设置保持默认，然后单击"下一步"按钮，出现图 1-11 所示的对话框。

设置虚拟机的内存为 2048MB，即 2GB，单击"下一步"按钮，出现图 1-12 所示的对话框。

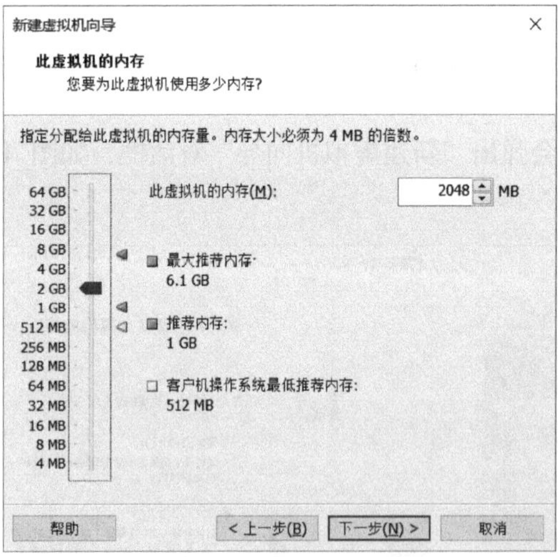

图 1-11　设置虚拟机内存 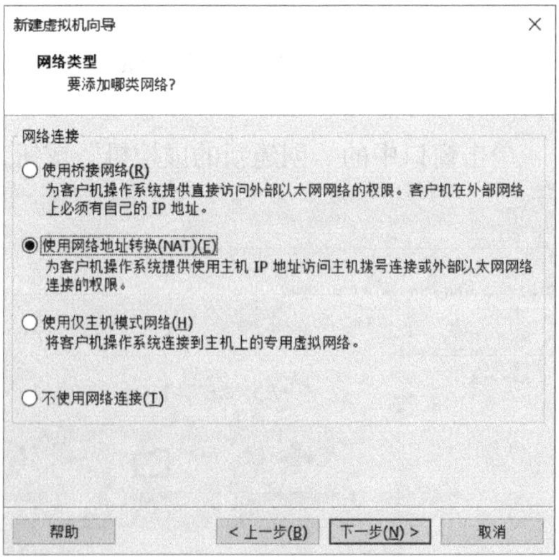　　　　　　　　图 1-12　设置网络类型

选中"使用网络地址转换(NAT)"单选按钮，单击"下一步"按钮，在随后出现的界面中直接使用默认值并单击"下一步"按钮，直到出现图 1-13 所示的对话框。

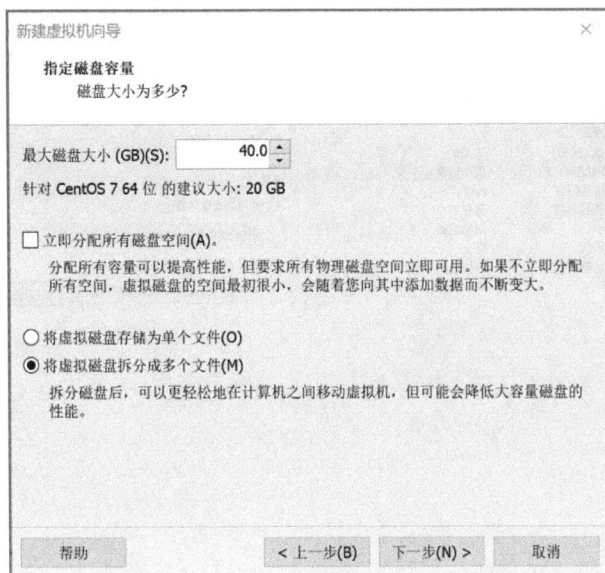

图 1-13　设置磁盘容量

将"最大磁盘大小(GB)"设置为 40GB，单击"下一步"按钮，在出现的对话框中使用默认值，直接单击"下一步"按钮；在出现的对话框中单击"完成"按钮，出现图 1-14 所示的窗口。

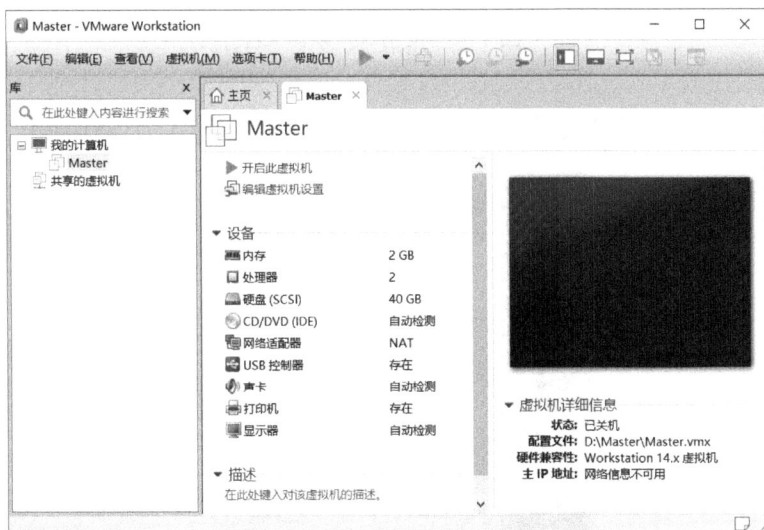

图 1-14　虚拟机初步设置完成

单击"编辑虚拟机设置"，在弹出的对话框中选择"硬件"→"CD/DVD(IDE)"，选中"使用 ISO 映像文件"单选按钮，单击"浏览"按钮，找到并选择文件 CentOS-7-x86_64-DVD-1810.iso，完成后单击"确定"按钮，如图 1-15 所示。

单击"选项"→"常规"，在增强型键盘下拉列表中选择"在可用时使用"，然后单击"确定"按钮，完成设置，回到图 1-14 所示的对话框。单击"开启此虚拟机"，然后按 Tab 键，再按 Enter 键，稍等一会儿即可出现图 1-16 所示的对话框。

图 1-15　使用 ISO 映像文件

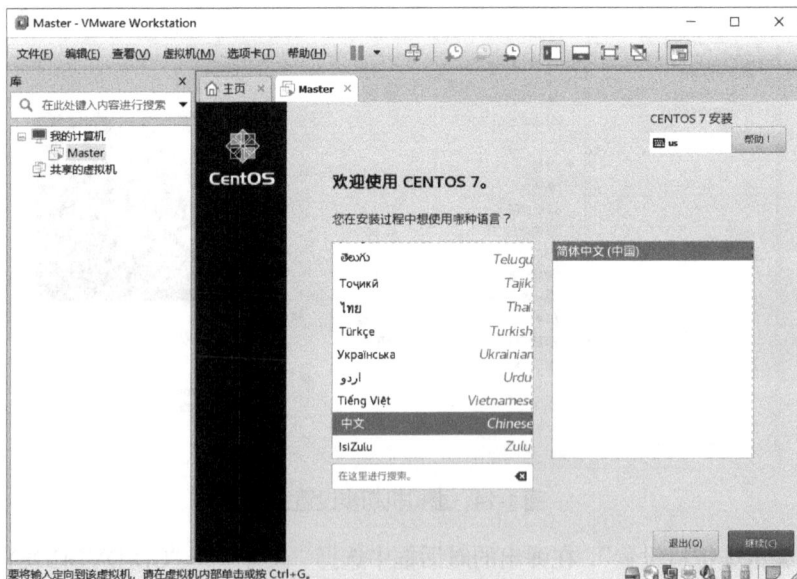

图 1-16　设置安装语言

　　选择"中文"→"简体中文(中国)"后单击"继续"按钮，进入"安装信息摘要"界面，单击"日期和时间"，设置正确的时间后单击"完成"按钮；单击"键盘"，添加"英语(美国)"并将它设为默认的键盘布局；单击"语言支持"，添加"简体中文"和"English(United States)"；

单击"软件选择",选中"带 GUI 的服务器",并选中"KDE";单击"安装位置",选中"我
要配置分区",单击"完成"按钮进入"手动分区"界面,设置"/boot"为"512MiB","swap"
为"4096MiB","/"为"10GiB","/home"为"15GiB",如图 1-17 所示。

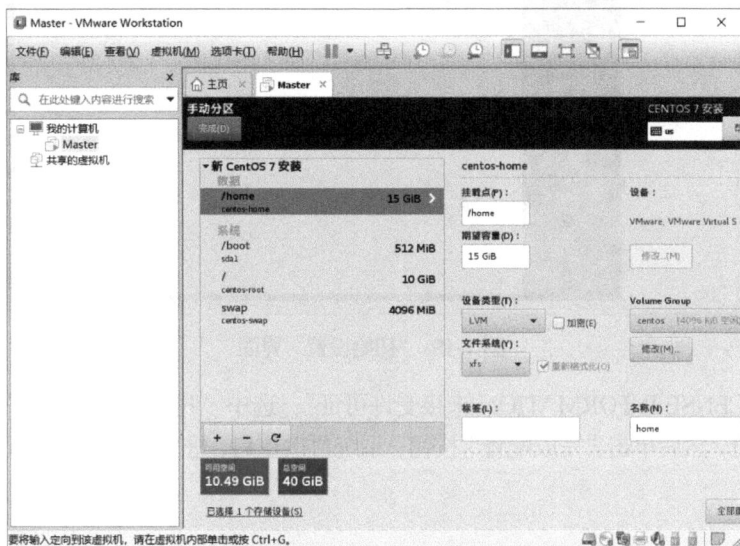

图 1-17　手动分区的相关设置

单击"完成"按钮,在弹出的对话框中单击"接受更改"按钮,返回"安装信息摘要"
界面;单击"网络和主机名",选择"配置"→"常规",选中"可用时自动连接到这个网络",
单击"保存"按钮;然后单击"完成"按钮返回"安装信息摘要"界面,如图 1-18 所示。

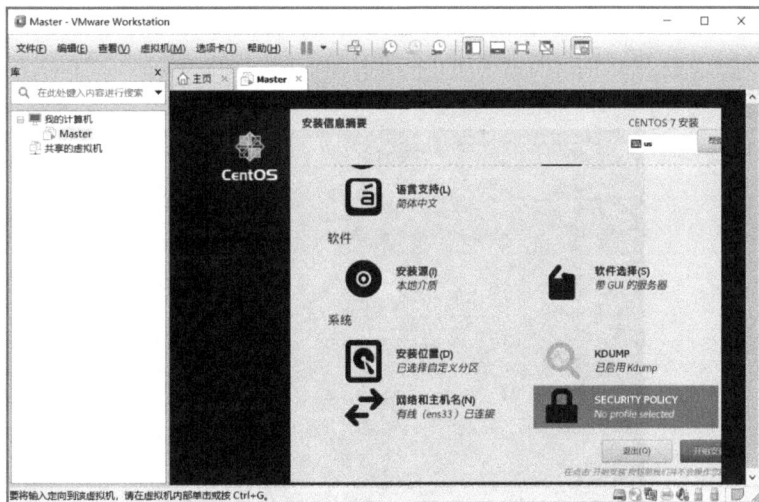

图 1-18　"安装信息摘要"界面

单击"开始安装"按钮,CentOS 正式开始安装,安装时间稍长,请耐心等待。在等待的
同时,可以设置超级用户(root 用户)的密码,并且需要设置一个一般账户,如设置账户"tang"
及其密码。安装完成后,单击"完成"按钮,系统自动重启,进入图 1-19 所示的"初始设置"
界面。

11

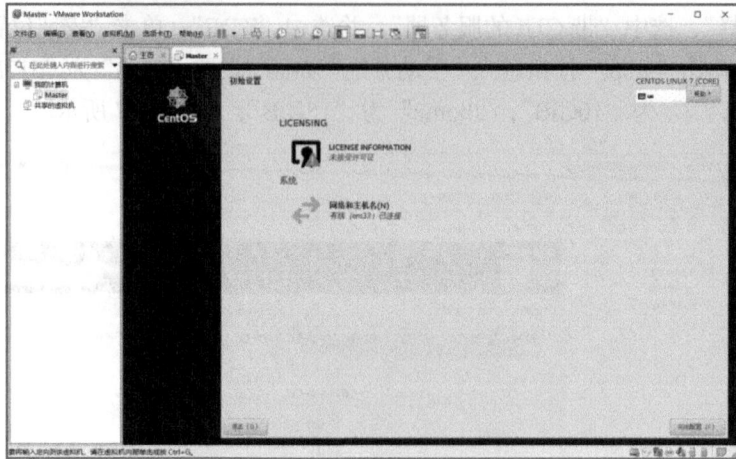

图 1-19　"初始设置"界面

单击"LICENSE INFORMATION 未接受许可证"，选中"我同意许可协议"单选按钮后单击"完成"按钮，然后单击"完成配置"按钮，系统再次重启，进入登录界面。至此，CentOS 7.6 安装完成。

1.3　登录 Linux

Linux 的使用

1.3.1　本地登录

首先启动虚拟机，然后选择相应的虚拟机，如"Master"，再单击"开启此虚拟机"即可启动 Linux，进入登录界面，选择用户名，输入密码，如图 1-20 所示。

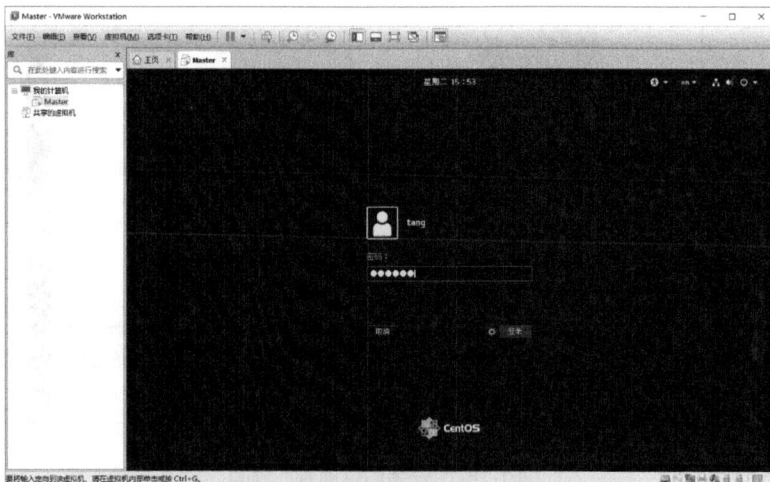

图 1-20　登录界面

单击"登录"按钮即可登录系统。若是首次登录，会出现欢迎窗口，单击"汉语"→"前进"，其他设置可以跳过，然后单击"开始使用 CentOS Linux(S)"按钮，如图 1-21 所示，即可进入系统主界面。

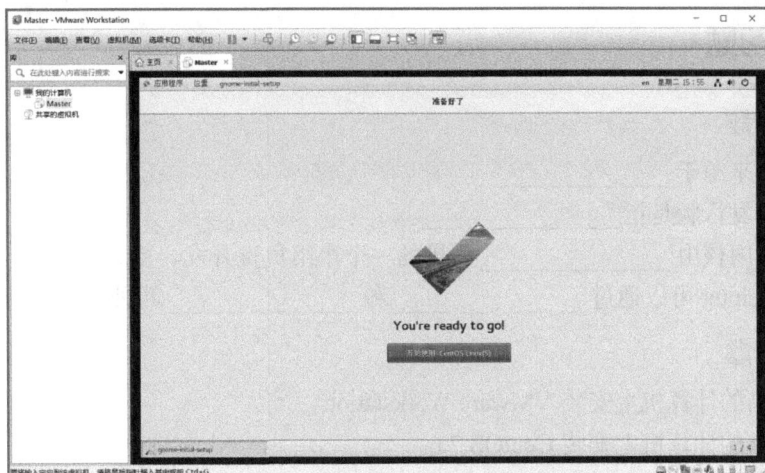

图 1-21　单击"开始使用 CentOS Linux(S)"按钮

1.3.2　远程登录

远程登录可以使用 Windows 的 OpenSSH 客户端实现。

Windows 10 中已内置 OpenSSH 客户端，若没有则可自行安装，方法如下。

打开 Windows 10，依次单击"开始"→"设置"→"应用"→"管理可选功能"→"增加功能"，在列表中找到"OpenSSH 客户端"并对其进行安装，安装之后就可以直接在命令提示符窗口中使用安全外壳（Secure Shell，SSH）命令了。

其语法格式如下。

```
ssh 远程主机名或 IP 地址 -l 登录名
```

例：用 SSH 命令登录互联网协议（Internet Protocol，IP）地址为 192.168.125.128 的主机，具体操作如下。

先执行如下命令。

```
ssh 192.168.125.128 -l root
```

再输入密码即可远程登录，如图 1-22 所示。

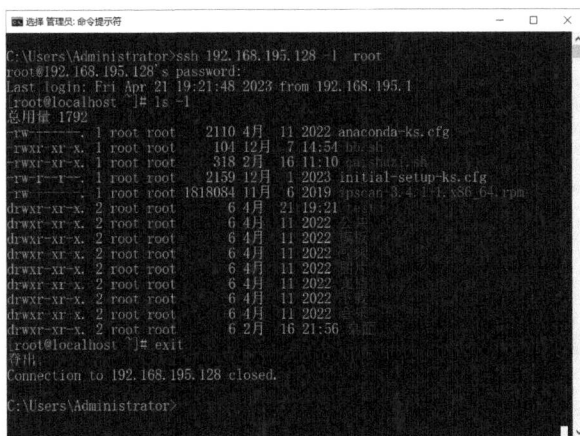

图 1-22　远程登录

1.4 习题

一、填空题

1. Linux 来源于_____。
2. Linux 发行版是指_____。
3. Linux 内核由_____领导的一个小组负责开发、更新。
4. 使用 Linux 可以通过_____和_____两种方式登录。

二、操作题

1. 在自己的计算机上安装 VMware Workstation。
2. 在自己的计算机上安装 CentOS 7.6。
3. 本地登录 CentOS 7.6。
4. 远程登录 CentOS 7.6。

第❷章 基础命令

本章导读

一般使用鼠标即可操作 Windows，其优点是简单、容易上手，其缺点是不能快速、批量、自动化管理系统。Linux 是一个以命令管理为主的操作系统，可以快速、批量、自动化管理系统，命令是 Linux 操作的根本，能熟练使用基础命令对系统进行管理和配置是 Linux 系统管理员必备的技能。

知识目标

- 理解 Shell 的作用。
- 掌握 Shell 命令的语法格式。
- 掌握常用 Shell 命令及其选项。

能力目标

- 能够使用常用目录和文件处理命令。
- 能够使用常用文本处理命令和其他常用命令。
- 能够使用文本编辑器 Vi。

素质目标

具有科学探索精神。

本章知识导图

```
                          ┌─────────────────────┐
                    ┌─────┤    Shell命令基础      │
                    │     └─────────────────────┘
                    │                    ┌──────────────────────┐
                    │                ┌───┤      Shell简介        │
                    │                │   └──────────────────────┘
                    │                │   ┌──────────────────────┐
                    │                ├───┤   Shell命令的语法格式  │
                    │                │   └──────────────────────┘
                    │                │   ┌──────────────────────┐
                    │                └───┤   Shell命令的常用帮助  │
                    │                    └──────────────────────┘
                    │     ┌─────────────────────┐
                    ├─────┤  常用目录和文件处理命令 │
                    │     └─────────────────────┘
                    │                │   ┌──────────────────────┐
                    │                ├───┤     目录处理命令       │
                    │                │   └──────────────────────┘
                    │                │   ┌──────────────────────┐
                    │                └───┤     文件处理命令       │
                    │                    └──────────────────────┘
  ┌──────┐          │     ┌─────────────────────┐
  │ 本章 │          ├─────┤    常用文本处理命令    │
  │ 知识 ├──────────┤     └─────────────────────┘
  │ 导图 │          │                │   ┌──────────────────────┐
  └──────┘          │                ├───┤     文本操作命令       │
                    │                │   └──────────────────────┘
                    │                │   ┌──────────────────────┐
                    │                ├───┤      查找命令         │
                    │                │   └──────────────────────┘
                    │                │   ┌──────────────────────┐
                    │                └───┤      压缩命令         │
                    │                    └──────────────────────┘
                    │     ┌─────────────────────┐
                    ├─────┤      其他常用命令      │
                    │     └─────────────────────┘
                    │                │   ┌──────────────────────┐
                    │                ├───┤     链接文件命令       │
                    │                │   └──────────────────────┘
                    │                │   ┌──────────────────────┐
                    │                ├───┤     设置别名命令       │
                    │                │   └──────────────────────┘
                    │                │   ┌──────────────────────┐
                    │                ├───┤    查看历史记录命令     │
                    │                │   └──────────────────────┘
                    │                │   ┌──────────────────────┐
                    │                ├───┤      重定向命令       │
                    │                │   └──────────────────────┘
                    │                │   ┌──────────────────────┐
                    │                └───┤      管道命令         │
                    │                    └──────────────────────┘
                    │     ┌─────────────────────┐
                    └─────┤      文本编辑器       │
                          └─────────────────────┘
```

2.1 Shell 命令基础

2.1.1 Shell 简介

Shell 命令基础

Shell 是一个命令行解释器，它接收用户输入的命令，并解释这些命令以执行相应的操作。Shell 不仅是一个用户与 Linux 内核交互的界面，也是一款强大的编程工具，允许用户编写复杂的脚本以实现各种任务的自动化。它解释用户输入的命令并把它们送到内核中执行。Shell

允许用户对命令进行编辑，也允许用户编写由 Shell 命令组成的程序，还允许用户使用条件语句、循环语句等流程控制语句。

当用户成功登录后，系统将执行 Shell 程序，提供命令提示符：对于普通用户，用"$"作为命令提示符；对于超级用户，用"#"作为命令提示符。一旦出现命令提示符，用户就可以输入命令名称及命令所需的选项和参数，系统将执行命令。若要中止命令的执行，可以按 Ctrl+C 组合键；若要退出登录，可以执行 logout 命令、exit 命令或按 Ctrl+D 组合键。

Shell 有多种类型，常用的有 Bourne Shell（简称为 sh）、C Shell（简称为 csh）和 Korn Shell（简称为 ksh）3 种，它们各有优缺点。

Bourne Shell 在 Shell 编程方面表现相当优秀，但在处理与用户的交互方面不如另外两种 Shell。Linux 默认的 Shell 是 Bourne Again Shell。它是 Bourne Shell 的扩展，简称为 Bash，完全向后兼容 Bourne Shell，并且在 Bourne Shell 的基础上增加、增强了很多特性。

C Shell 是一种比 Bourne Shell 更适用于编程的 Shell，其语法与 C 语言的很相似。

Korn Shell 集合了 C Shell 和 Bourne Shell 的优点并且完全兼容 Bourne Shell。

例：使用 chsh -l 命令来查看系统自带的 Shell，如图 2-1 所示。

```
[root@localhost ~] # chsh -l
/bin/sh
/bin/bash
/sbin/nologin
/usr/bin/sh
/usr/bin/bash
/usr/sbin/nologin
/bin/tcsh
/bin/csh
```

图 2-1　查看系统自带的 Shell

也可以使用 chsh -s <shell>修改默认的 Shell。

Linux 也提供了一种便于用户操作的图形化用户界面（Graphical User Interface，GUI）——X-Window 系统。X-Window 系统是一种基于网络的分布式 GUI，它提供了一种用于显示 GUI 的标准协议，X-Window 系统是由 MIT（麻省理工学院）开发的，目前已成为 Linux 中最常用的窗口系统之一，它就像 Windows 的操作界面一样，有窗口、图标和菜单等，用户可以通过鼠标进行管理操作。

2.1.2　Shell 命令的语法格式

Shell 命令的语法格式如下。

命令 选项 参数

命令：要执行的命令或程序的名称。

选项：可选项，用来改变命令的行为或提供更多的功能。

参数：命令的输入数据或要操作的对象。

命令、选项、参数之间必须用空格或制表符隔开。

选项是包括一个或多个字母的组合，其前面带有一个短横线（短横线是必需的，Linux 用它来区别选项和参数）。选项可用于改变命令执行的动作的类型。当然，也可以没有选项。

例：不带选项的 ls 命令，如图 2-2 所示。

```
[root@localhost ~]# ls
anaconda-ks.cfg  initial-setup-ks.cfg  公共  模板  视频  图片  文档  下载  音乐  桌面
```

图 2-2　不带选项的 ls 命令

图 2-2 所示的命令是不带选项的 ls 命令，使用该命令可以列出当前目录中的所有文件和文件夹，但只会列出各个文件和文件夹的名称，而不显示其他信息。

例：加了选项-l 的 ls 命令，如图 2-3 所示。

```
[root@localhost ~]# ls -l
总用量 8
-rw-------. 1 root root 2110 4月  11 16:55 anaconda-ks.cfg
-rw-r--r--. 1 root root 2159 4月  11 16:56 initial-setup-ks.cfg
drwxr-xr-x. 2 root root    6 4月  11 11:17 公共
drwxr-xr-x. 2 root root    6 4月  11 11:17 模板
drwxr-xr-x. 2 root root    6 4月  11 11:17 视频
drwxr-xr-x. 2 root root    6 4月  11 11:17 图片
drwxr-xr-x. 2 root root    6 4月  11 11:17 文档
drwxr-xr-x. 2 root root    6 4月  11 11:17 下载
drwxr-xr-x. 2 root root    6 4月  11 11:17 音乐
drwxr-xr-x. 2 root root    6 4月  11 11:17 桌面
```

图 2-3　加了选项-l 的 ls 命令

加入选项-l 的 ls 命令会为每个文件和文件夹列出一行信息，包括其大小和最近被修改的时间等。

大多数命令都可以接收参数，参数用于指定命令的输入数据或要操作的对象，它紧跟在命令和选项之后，没有特定的前缀。

例：加了选项和参数的 ls 命令，如图 2-4 所示。

```
[root@localhost ~]# ls -l *.cfg
-rw-------. 1 root root 2110 4月  11 16:55 anaconda-ks.cfg
-rw-r--r--. 1 root root 2159 4月  11 16:56 initial-setup-ks.cfg
```

图 2-4　加了选项和参数的 ls 命令

有些命令可以加参数也可以不加参数，还有一些命令需要给出最小数目的参数。

2.1.3　Shell 命令的常用帮助

由于 Linux 的命令以及选项和参数非常多，用户很难记住所有命令的用法。借助 Linux 提供的各种命令帮助，此问题便可迎刃而解。

1. help 命令

help 命令的作用是显示命令的帮助信息，是必须要掌握的。

help 命令有两种用法。

（1）第一种用法针对内部命令。

其语法格式如下。

```
help [命令]
```

例：查看 cd 命令的帮助信息，如图 2-5 所示。

```
[root@localhost ~]# help cd
cd: cd [-L|[-P [-e]]] [dir]
    Change the shell working directory.

    Change the current directory to DIR.  The default DIR is the value of the
    HOME shell variable.

    The variable CDPATH defines the search path for the directory containing
    DIR.  Alternative directory names in CDPATH are separated by a colon (:).
    A null directory name is the same as the current directory.  If DIR begins
    with a slash (/), then CDPATH is not used.

    If the directory is not found, and the shell option `cdable_vars' is set,
    the word is assumed to be  a variable name.  If that variable has a value,
    its value is used for DIR.

    Options:
      -L        force symbolic links to be followed
      -P        use the physical directory structure without following symbolic
      links
      -e        if the -P option is supplied, and the current working directory
      cannot be determined successfully, exit with a non-zero status

    The default is to follow symbolic links, as if `-L' were specified.

    Exit Status:
    Returns 0 if the directory is changed, and if $PWD is set successfully when
    -P is used; non-zero otherwise.
```

图 2-5　查看 cd 命令的帮助信息

（2）第二种用法针对外部命令，使用长格式的选项。

其语法格式如下。

```
命令 --help
```

其作用是查看命令的选项的帮助信息。

例：查看 mkdir 命令中选项的帮助信息，如图 2-6 所示。

```
[root@localhost ~]# mkdir --help
用法：mkdir [选项]... 目录...
Create the DIRECTORY(ies), if they do not already exist.

Mandatory arguments to long options are mandatory for short options too.
  -m, --mode=MODE    set file mode (as in chmod), not a=rwx - umask
  -p, --parents      no error if existing, make parent directories as needed
  -v, --verbose      print a message for each created directory
  -Z                 set SELinux security context of each created directory
                       to the default type
      --context[=CTX]  like -Z, or if CTX is specified then set the SELinux
                         or SMACK security context to CTX
      --help         显示此帮助信息并退出
      --version      显示版本信息并退出

GNU coreutils online help:
请问                                              报告 mkdir 的翻译错误
要获取完整文档，请运行：info coreutils 'mkdir invocation'
```

图 2-6　查看 mkdir 命令中选项的帮助信息

2. man 命令

可以通过 man 命令来查看命令的使用手册。

其语法格式如下。

```
man [要查询的命令]
```

例：查看 ls 命令的使用手册，输入命令"man ls"并按 Enter 键。

```
[root@localhost ~]#man ls
```

结果如图 2-7 所示。

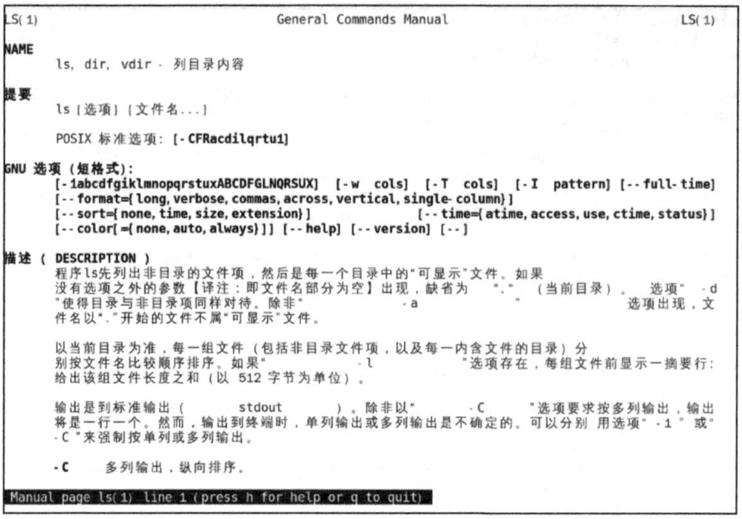

```
LS(1)                     General Commands Manual                     LS(1)

NAME
       ls, dir, vdir - 列目录内容

提要
       ls [选项] [文件名...]

       POSIX 标准选项: [-CFRacdilqrtu1]

GNU 选项 (短格式):
       [-1abcdfgiklmnopqrstuxABCDFGLNQRSUX] [-w cols] [-T cols] [-I pattern] [--full-time]
       [--format={long,verbose,commas,across,vertical,single-column}]
       [--sort={none,time,size,extension}]        [--time={atime,access,use,ctime,status}]
       [--color[={none,auto,always}]] [--help] [--version] [--]

描述 ( DESCRIPTION )
       程序ls先列出非目录的文件项，然后是每一个目录中的"可显示"文件。如果
       没有选项之外的参数【译注：即文件名部分为空】出现，缺省为 "." （当前目录）。 选项" -d
       "使得目录与非目录项同样对待。除非"      -a      "            选项出现，文
       件名以"."开始的文件不属"可显示"文件。

       以当前目录为准，每一组文件（包括非目录文件项，以及每一内含文件的目录）分
       别按文件名比较顺序排序。如果"      -l      "选项存在，每组文件前显示一摘要行:
       给出该组文件长度之和（以 512 字节为单位）。

       输出是到标准输出（    stdout    ）。除非以"    -C    "选项要求按多列输出，输出
       将是一行一个。然而，输出到终端时，单列输出或多列输出是不确定的。可以分别 用选项" -1 " 或"
       -C "来强制按单列或多列输出。

       -C     多列输出，纵向排序。

Manual page ls(1) line 1 (press h for help or q to quit)
```

图 2-7　查看 ls 命令的使用手册

按 Page Down 键可将使用手册下翻一页，按 Page Up 键可将使用手册上翻一页，按 Home 键可将使用手册翻到第一页，按 End 键可将使用手册翻到最后一页。

3. info 命令

info 命令可以用于查看命令、程序、库和系统文档的详细信息。这些信息比通过 man 命令查询到的更详细，包括常用示例、常见问题等。

其语法格式如下。

```
info [OPTION]... [MENU-ITEM...]
```

例：查看 ls 命令的详细信息，输入命令"info ls"并按 Enter 键。

```
[root@localhost ~]#info ls
```

结果如图 2-8 所示。

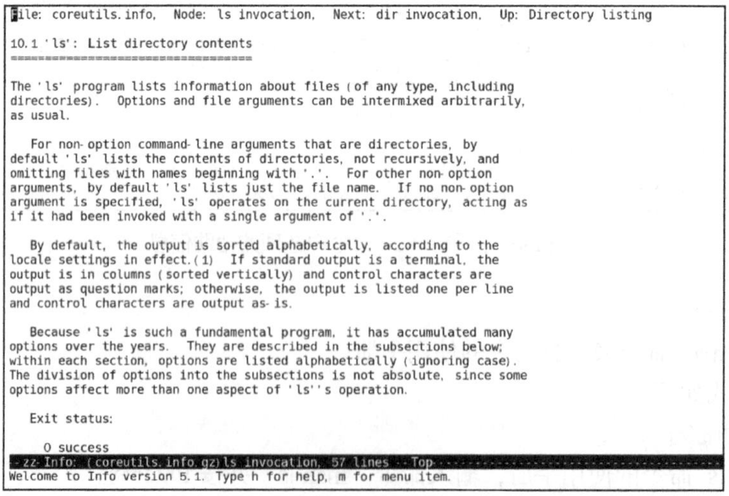

```
File: coreutils.info,  Node: ls invocation,  Next: dir invocation,  Up: Directory listing

10.1 'ls': List directory contents
==================================

The 'ls' program lists information about files (of any type, including
directories).  Options and file arguments can be intermixed arbitrarily,
as usual.

   For non-option command-line arguments that are directories, by
default 'ls' lists the contents of directories, not recursively, and
omitting files with names beginning with '.'.  For other non-option
arguments, by default 'ls' lists just the file name.  If no non-option
argument is specified, 'ls' operates on the current directory, acting as
if it had been invoked with a single argument of '.'.

   By default, the output is sorted alphabetically, according to the
locale settings in effect.(1)  If standard output is a terminal, the
output is in columns (sorted vertically) and control characters are
output as question marks; otherwise, the output is listed one per line
and control characters are output as-is.

   Because 'ls' is such a fundamental program, it has accumulated many
options over the years.  They are described in the subsections below;
within each section, options are listed alphabetically (ignoring case).
The division of options into the subsections is not absolute, since some
options affect more than one aspect of 'ls''s operation.

   Exit status:

     0 success
-zz-Info: (coreutils.info.gz)ls invocation, 57 lines --Top--------------------
Welcome to Info version 5.1. Type h for help, m for menu item.
```

图 2-8　查看 ls 命令的详细信息

按 Page Down 键可将详细信息下翻一页，按 Page Up 键可将详细信息上翻一页，按 Home 键可将详细信息翻到第一页，按 End 键可将详细信息翻到最后一页。

4．其他获取帮助信息的方法

（1）查询系统中的帮助文档。

```
[root@localhost ~]$ ls -l /usr/share/doc
总用量 72
drwxr-xr-x.   2 root root   32 12月   4 15:31 abattis-cantarell-fonts-0.0.25
drwxr-xr-x.  2 root root  35 12月 4 15:33 abrt-2.1.11
drwxr-xr-x.  3 root root  18 12月 4 15:33 abrt-dbus-2.1.11
……
```

（2）通过官网获取 Linux 文档。

用户可到 CentOS 的官网查阅关于 CentOS 7.6 的帮助文档，还可以到官方维基查阅相关帮助文档，也可以发布相关问题、寻求帮助。

5．命令自动补全

在命令行中输入字符后，按两次 Tab 键，Shell 就会自动列出以这些字符开头的所有可用命令。如果只有一个命令匹配，按一次 Tab 键就会自动将命令补全。比如，想更改密码，但只记得对应命令的前几个字符是 pass。这时候，输入"pass"后按 Tab 键，Shell 就自动输出 passwd，非常方便。在命令、路径、文件名等需要补全的情况下都可以使用命令自动补全功能。

6．判断命令是内部命令还是外部命令

内部命令指的是集成在 Shell 里的命令，属于 Shell 的一部分，系统中没有与内部命令单独对应的程序文件。只要 Shell 被执行，内部命令会自动加入内存，用户就可以直接使用，如 cd 命令等。

不可能把所有的命令都集成在 Shell 内，更多的命令是独立于 Shell 的，这些命令就称为外部命令。每个外部命令都对应系统中的一个程序文件，而系统必须知道外部命令对应的程序文件所在的位置，这样才能由 Shell 加载并执行外部命令，如 cp 命令就属于外部命令。

可以使用 type 命令来判断命令是内部命令还是外部命令。

例：判断 cd 命令和 find 命令是内部命令还是外部命令。

```
[root@localhost ~]# type cd
cd 是 shell 内嵌
[root@localhost ~]# type find
find 是 /usr/bin/find
```

也可以使用 which 命令查找外部命令对应的文件，其查找范围由环境变量 PATH 决定。

例：查找外部命令 find 对应的文件。

```
[root@localhost ~]# which find
/usr/bin/find
[root@localhost ~]#
```

2.2 常用目录和文件处理命令

2.2.1 目录处理命令

下面讲解常用的目录处理命令。

1. 显示当前目录命令 pwd

pwd 命令的主要功能就是显示当前目录，当前目录就是当前所处的目录。

其语法格式如下。

```
pwd
```

Linux 是一个多用户操作系统，当某个用户登录操作系统时就会自动处于某个目录下，这个目录被称为主目录。对普通用户来说，当创建用户的时候，通常会在/home 目录下面创建一个与用户同名的子目录，该目录就是用户的主目录。对于 root 用户来说，主目录就是/root。

---

pwd 命令不需要带任何选项或参数。

例：显示工作目录。

```
[root@localhost ~]$ pwd
/root
```

注意

---

2. 显示目录内容命令 ls

ls 命令是 Linux 中较常用的命令，默认情况下用来显示当前目录里的内容。如果指定了其他目录，它就会显示指定目录里的文件及其子目录，不仅可以显示包含的文件和文件夹，还可以显示文件权限（包括目录、文件权限）和目录信息等。

其语法格式如下。

```
ls [选项] 文件或目录
```

常用的选项如下。

-a：显示所有文件和文件夹，包括隐藏文件和文件夹。

-l：显示详细信息。

-d：仅显示目录名，不显示目录下的内容列表。

-h：以易于阅读的格式输出文件和文件夹大小。

-t：按照文件和目录的修改时间排序。

-R：连同子目录的内容一起列出。

选项可以组合使用。

例：显示当前目录下所有文件和文件夹的详细信息。

```
[tang@localhost ~]$ ls -lR
```

注意

---

3. 创建目录命令 mkdir

mkdir 命令的主要功能是创建一个或多个空目录。

其语法格式如下。

```
mkdir [选项] 目录名
```

常用的选项如下。

-p：递归创建目录，即如果目录的上级目录不存在就先创建上级目录。

-v：输出创建目录的详细信息。

例：用 mkdir 命令创建目录。

```
[tang@localhost ~]$ mkdir /tmp/temp1
```

4. 切换目录命令 cd

cd 命令用于实现将当前用户的工作目录切换到指定的目录。

其语法格式如下。

```
cd 目录名
```

例：切换到指定目录。

```
[tang@localhost ~]$ cd /tmp/temp1
```

例：返回上一级目录。

```
[tang@localhost ~]$ cd ..
```

例：切换到用户的主目录（方法一）。

```
[tang@localhost ~]$ cd ~
```

例：切换到用户的主目录（方法二）。

```
[tang@localhost ~]$ cd
```

例：返回用户之前的工作目录。

```
[tang@localhost ~]$ cd -
```

5. 删除空目录命令 rmdir

rmdir 命令用于从目录中删除一个或者多个子空目录，删除某目录时必须对其父目录有写入权限。

其语法格式如下。

```
rmdir [选项] 目录名
```

常用的选项如下。

-p：删除指定的目录后，若该目录的上级目录为空也一并删除。

-v：输出删除目录的详细信息。

如果某目录下存在文件，则不能使用 rmdir 命令删除该目录。

例：删除/tem/temp1 目录。

```
[tang@localhost temp1]$ cd
[tang@localhost ~]$ rmdir /tmp/temp1
```

注意

在系统中表示某个目录或文件的位置时，可以使用绝对路径或相对路径。

- 绝对路径：以根目录 "/" 作为开始，如/root。
- 相对路径：以当前目录作为开始，在开头不使用 "/" 符号，如../etc。

另外，还可以使用两个特殊的符号："." 和 ".."。

- "."：表示当前目录，如./1.txt 表示当前目录下的 1.txt 文件。
- ".."：表示上一级目录，如../1.txt 表示上一级目录下的 1.txt 文件。

2.2.2 文件处理命令

下面讲解常用的文件处理命令。

文件处理命令

1. touch 命令

touch 命令的主要作用是更改文件的日期时间属性，包括访问日期时间和修改日期时间，若文件不存在，则系统会建立一个空的新文件。

其语法格式如下。

```
touch [选项] 文件名
```

常用的选项如下。

-a：只更改访问日期时间。

-d：表示"字符串"，在该命令中，使用指定字符串表示日期时间，不使用当前系统日期时间。

-m：只更改修改日期时间。

-r：把指定文件或目录的日期时间设成参考文档或目录的日期时间。

-t：使用指定的日期时间，而非当前的日期时间。

例：用 touch 命令修改文件的访问日期时间。

```
[root@localhost ~]# ls -l initial-setup-ks.cfg
-rw-r--r--. 1 root root 2159 4月  11 16:56 initial-setup-ks.cfg
[root@localhost ~]# touch -d "12/1/2023 12:12:12" initial-setup-ks.cfg
[root@localhost ~]# ls -l initial-setup-ks.cfg
-rw-r--r--. 1 root root 2159 12月  1 2023 initial-setup-ks.cfg
```

2. 显示文件内容命令

（1）cat 命令。

cat 命令常用来显示文件内容，或者将几个文件的内容拼接起来显示，或者从标准输入中读取内容并显示。它常与重定向命令配合使用。

其语法格式如下。

```
cat [选项] 文件名
```

常用的选项如下。

-A：相当于-vET。

-b：为输出的非空行编号。

-e：相当于-vE。

-E：在每行结束处显示 "$"。

-n：为输出的所有行编号。

-s：不输出多个空行。

-t：相当于-vT。

-T：将制表符显示为^I。

　　该命令仅适用于内容较少的文件。

　　例：显示网卡配置文件的内容。

```
[tang@localhost ~]$ cat /etc/sysconfig/network-scripts/ifcfg-ens33
TYPE=Ethernet
PROXY_METHOD=none
BROWSER_ONLY=no
BOOTPROTO=dhcp
DEFROUTE=yes
IPV4_FAILURE_FATAL=no
IPV6INIT=yes
IPV6_AUTOCONF=yes
IPV6_DEFROUTE=yes
IPV6_FAILURE_FATAL=no
IPV6_ADDR_GEN_MODE=stable-privacy
NAME=ens33
UUID=48987c99-d4fd-4e37-a726-16a4d7a49ba3
DEVICE=ens33
ONBOOT=yes
IPV6_PRIVACY=no
```

　　（2）tac 命令。

　　tac 命令是反序显示文件内容的命令，用于将文件内容以行为单位反序输出，即第一行最后显示，最后一行先显示。

　　其语法格式如下。

```
tac [选项] 文件名
```

　　该命令的输出顺序与 cat 命令的输出顺序相反，也仅适用于内容较少的文件。

　　例：反序显示网卡配置文件的内容。

```
[tang@localhost ~]$ tac /etc/sysconfig/network-scripts/ifcfg-ens33
IPV6_PRIVACY=no
ONBOOT=yes
DEVICE=ens33
UUID=48987c99-d4fd-4e37-a726-16a4d7a49ba3
NAME=ens33
IPV6_ADDR_GEN_MODE=stable-privacy
IPV6_FAILURE_FATAL=no
IPV6_DEFROUTE=yes
IPV6_AUTOCONF=yes
IPV6INIT=yes
IPV4_FAILURE_FATAL=no
DEFROUTE=yes
BOOTPROTO=dhcp
BROWSER_ONLY=no
```

```
PROXY_METHOD=none
TYPE=Ethernet
```

（3）more 命令。

more 命令类似于 cat 命令，不过它会以一页一页的形式显示文件内容，更方便用户逐页阅读。

其语法格式如下。

```
more [选项] 文件名
```

常用的选项如下。

-d：显示帮助信息，而不是响铃。

-f：统计逻辑行数而不是屏幕行数。

-l：不要在任何包含^L（换页）的行之后暂停。

-p：不滚屏，清屏并显示文本。

-u：抑制下画线。

-s：将多个空行压缩为一行。

-NUM：指定每屏显示的行数为 NUM。

+NUM：从文件的第 NUM 行开始显示。

+/string：从匹配搜索字符串 string 的文件位置开始显示。

该命令执行时，按 Space 键或 F 键可向后翻页，按 B 键可向前翻页，按 Enter 键可换行，按 Q 键可退出。

例：分页显示/etc/services 文件的内容。

```
[tang@localhost ~]$ more -f /etc/services
# /etc/services:
# $Id: services,v 1.55 2013/04/14 ovasik Exp $
#
# Network services, Internet style
# IANA services version: last updated 2013-04-10
#
# Note that it is presently the policy of IANA to assign a single well-known
# port number for both TCP and UDP; hence, most entries here have two entries
# even if the protocol doesn't support UDP operations.
# Updated from RFC 1700, "Assigned Numbers" (October 1994).  Not all ports
# are included, only the more common ones.
#
# The latest IANA port assignments can be gotten from
#        http://www.iana.org/assignments/port-numbers
# The Well Known Ports are those from 0 through 1023.
# The Registered Ports are those from 1024 through 49151
# The Dynamic and/or Private Ports are those from 49152 through 65535
#
# Each line describes one service, and is of the form:
#
```

```
# service-name  port/protocol  [aliases ...]    [# comment]

tcpmux          1/tcp                            # TCP port service multiplexer
tcpmux          1/udp                            # TCP port service multiplexer
rje             5/tcp                            # Remote Job Entry
rje             5/udp                            # Remote Job Entry
echo            7/tcp
echo            7/udp
discard         9/tcp          sink null
discard         9/udp          sink null
systat          11/tcp         users
systat          11/udp         users
--More--(0%)
```

（4）less 命令。

less 命令与 more 命令相似，但是其功能比 more 命令的功能强大许多。

其语法格式如下。

```
less [选项] 文件名
```

常用的选项如下。

-b 缓冲区大小：设置缓冲区的大小。

-e：文件显示完后，自动退出。

-f：强制显示文件。

-g：只标记最后搜索的关键词。

-I：忽略搜索关键词的大小写。

-m：显示完成的百分比。

-N：显示每行的行号。

-o 文件名：将 less 输出的内容保存在指定文件中。

-Q：不使用警告音。

-s：显示连续空行为一行。

-S：某行内容过长时将超出部分舍弃。

-x 数量：将制表符显示为指定数量的空格。

该命令执行时，按 Space 键、F 键或 Page Down 键可向后翻页，按 Page Up 键可向前翻页，按 Enter 键或↓键可换行（逐行往后显示），按↑键则可逐行往前显示，按 Q 键可退出。

输入"/想搜索的关键词"，然后按 Enter 键，则向后搜索。

输入"?想搜索的关键词"，然后按 Enter 键，则向前搜索。

例：分页显示/etc/services 文件的内容。

```
[tang@localhost ~]$ less  /etc/services
……
```

（5）head 命令。

head 命令可用于查看文件中开头部分的内容，其有一个常用的选项 –n，用于显示行数，默认值为 10，即显示文件前 10 行的内容。如果为该命令提供了多个文件名，则每个文件中的数据都以其文件名开头。

其语法格式如下。

```
head [选项] 文件名
```

常用的选项如下。

-c n：显示文件的前 *n* 个字节的内容。

-c -n：显示文件除了最后 *n* 个字节外的其他内容。

-n：显示文件的前 *n* 行的内容。

-q：不显示包含给定文件名的文件开头部分的内容。

-v：总是显示包含给定文件名的文件开头部分的内容。

例：显示/etc/services 文件前 7 行的内容。

```
[tang@localhost 图片]$ head -7  /etc/services
# /etc/services:
# $Id: services,v 1.55 2013/04/14 ovasik Exp $
#
# Network services, Internet style
# IANA services version: last updated 2013-04-10
#
# Note that it is presently the policy of IANA to assign a single well-known
```

（6）tail 命令。

tail 命令用于显示文件结尾部分的内容，Linux 默认在屏幕上显示指定文件的最后 10 行的内容。如果该命令中给定的文件不止一个，则在显示的每个文件的内容前面加上文件名。如果该命令中没有指定文件或者文件名为 "-"，则读取标准输入中的内容。

其语法格式如下。

```
tail [选项] 文件名
```

常用的选项如下。

-f：可实时监视文件的增长，当新内容追加到文件时，会自动更新并显示，直到按 Ctrl+C 组合键才停止显示。

-F：实时跟踪文件，如果文件不存在，则继续尝试。

-n K：只显示文件中最后 *K* 行的内容。

-n +K：显示文件的全部内容。

例：显示/etc/passwd 文件中最后 10 行的内容。

```
[tang@localhost ~]$ tail -f /etc/passwd
geoclue:x:992:986:User for geoclue:/var/lib/geoclue:/sbin/nologin
gluster:x:991:985:GlusterFS daemons:/var/run/gluster:/sbin/nologin
gdm:x:42:42::/var/lib/gdm:/sbin/nologin
gnome-initial-setup:x:990:984::/run/gnome-initial-setup/:/sbin/nologin
sshd:x:74:74:Privilege-separated SSH:/var/empty/sshd:/sbin/nologin
avahi:x:70:70:Avahi mDNS/DNS-SD Stack:/var/run/avahi-daemon:/sbin/nologin
postfix:x:89:89::/var/spool/postfix:/sbin/nologin
```

```
ntp:x:38:38::/etc/ntp:/sbin/nologin
tcpdump:x:72:72::/:/sbin/nologin
tang:x:1000:1000:tang:/home/tang:/bin/bash
```

3. 复制文件或目录命令 cp

cp 命令用来将一个或多个源文件或者目录复制到指定的文件或目录。cp 命令的功能非常强大且灵活，允许用户以多种方式复制文件和目录。

其语法格式如下。

```
cp [选项] 源文件或目录 目标文件或目录
```

常用的选项如下。

-a：将文件的属性一起复制。

-f：如果无法打开现有目标文件，则将其删除，然后重试。

-i：若目标文件存在，则询问是否覆盖。

-n：不要覆盖已存在的文件（使-i 选项失效）。

-p：保留指定的属性，如模式、所有权、时间戳等，与-a 选项类似，常用于备份。

-r：递归复制目录及其子目录内的所有内容。

-u：只有在源文件的修改时间比目标文件晚或目标文件不存在时才进行复制。

-v：显示详细的复制步骤。

例：将/etc 目录里的配置文件复制到指定目录下。

```
[root@localhost ~]# mkdir etcbak
[root@localhost ~]# cp /etc/*.conf etcbak
```

4. 剪切文件或目录命令 mv

mv 命令的语法格式与 cp 命令的相同。

例如：将 anaconda-ks.cfg 文件移动到 aa 目录中。

```
[root@localhost ~]# mkdir aa
[root@localhost ~]# mv anaconda-ks.cfg/root/aa
```

5. 删除文件或目录命令 rm

rm 命令的功能为删除某个目录中的一个或多个文件或目录。它也可以将某个目录及其中的所有文件及子目录均删除。对于链接文件，它只会删除链接，原有文件均保持不变。

其语法格式如下。

```
rm [选项] 文件或目录
```

常用的选项如下。

-f：强制删除。

-i：在删除之前给出提示信息。

-r：递归删除目录及其内容。

例：删除 etcbak 目录。

```
[root@localhost ~]# rm -rf  etcbak
[root@localhost ~]#
```

6. 查看文件或目录大小命令 du

du 命令用于查看文件或目录所占磁盘空间的大小。

其语法格式如下。

```
du [选项] 文件或目录
```

常用的选项如下。

-h：以人类可读的格式输出文件大小，例如 1KB、234MB、2GB 等易读的单位显示目录的大小。

-s：显示目录总大小。

例：查看当前目录的大小。

```
[tang@localhost ~]$ du -hs ~
204M    /home/tang
```

2.3 常用文本处理命令

本节主要讲解 Linux 中常用的文本处理命令。

常用文本处理命令

2.3.1 文本操作命令

1. 统计命令 wc

wc 命令的作用是统计指定文件的字节数、字符数、行数等，并将统计结果输出。若不指定文件名或文件名为 "-"，则 wc 命令会从标准输入中读取数据。

其语法格式如下。

```
wc [选项] 文件名
```

常用的选项如下。

-c：显示字节数。

-m：显示字符数。

-l：显示行数。

-L：显示最长行的长度。

-w：显示单词个数。

例：统计文件信息。

```
[tang@localhost ~]$ wc /etc/resolv.conf
 3  8 74 /etc/resolv.conf
[tang@localhost ~]$ wc -l /etc/passwd
43 /etc/passwd
```

2. 排序命令 sort

sort 命令用于将文本文件的内容以行为单位来排序。

其语法格式如下。

```
sort [选项] 文件名
```

常用的选项如下。

-b：忽略每行前面出现的空格字符。

-c：检查输入内容是否已排序，若已排序，则不进行操作。

-f：排序时，忽略字母大小写。

-M：将前面 3 个字母依照月份的缩写进行排序。

-n：依照数值的大小排序。

-o 文件名：将排序后的结果存入指定的文件中。

-r：以相反的顺序排列。

-t 分隔字符：指定排序时所用的分隔字符。

-k：选择对哪个区间进行排序。

例：将文件/etc/passwd 的内容用半角冒号分隔后，按照第 3 列的数值大小来排序，并将结果存入文件中。

```
[tang@localhost ~]$ sort -n -k 3 -t: /etc/passwd -o /tmp/pwd.txt
[tang@localhost ~]$ cat /tmp/pwd.txt
root:x:0:0:root:/root:/bin/bash
bin:x:1:1:bin:/bin:/sbin/nologin
daemon:x:2:2:daemon:/sbin:/sbin/nologin
adm:x:3:4:adm:/var/adm:/sbin/nologin
lp:x:4:7:lp:/var/spool/lpd:/sbin/nologin
sync:x:5:0:sync:/sbin:/bin/sync
……
```

3. 去重命令 uniq

uniq 命令可以去除排序后文件中的重复行，因此 uniq 命令常与 sort 命令组合使用。也就是说，为了使 uniq 起作用，所有的重复行必须是相邻的。

其语法格式如下。

```
uniq [选项] 文件名
```

常用的选项如下。

-c：进行计数。

-i：忽略字母的大小写。

-u：只显示唯一的行。

例：去掉 testfile 文件中重复的行。

```
[tang@localhost ~]$ echo -e "hello\nworld\nfriend\nhello\nworld\nhello">testfile
[tang@localhost ~]$ cat testfile
hello
world
friend
hello
world
hello
```

```
[tang@localhost ~]$ sort testfile -otestfile
[tang@localhost ~]$ cat testfile
friend
hello
hello
hello
world
world
[tang@localhost ~]$ uniq -c testfile
      1 friend
      3 hello
      2 world
```

说明：echo 命令用于在终端输出文本。-e 选项表示启用转义字符的解析。>表示输出重定向，后面会介绍。

2.3.2　查找命令

1．文本查找命令 grep

grep 命令是一个功能强大的文本搜索命令，能使用正则表达式搜索文本，并把匹配的行输出。

其语法格式如下。

```
grep [选项] 正则表达式 文件
```

常用的选项如下。

-c：只输出匹配的行数。

-I：不区分字母的大小写（只适用于单字符）。

-h：查询多文件时不显示文件名。

-l：查询多文件时只输出包含匹配文本的文件名。

-n：显示匹配行及行号。

-s：不显示不存在匹配文本时出现的错误信息。

-v：显示不包含匹配文本的所有行。

如果有任意行被匹配，退出状态为 0，否则退出状态为 1。

这里的正则表达式也可以是简单的文本，如"hello world"。

注意

例：在文件中查找指定的内容。

```
[tang@localhost ~]$ cat testfile
friend
hello
hello
```

```
hello
world
world
[tang@localhost ~]$ grep 'hello' testfile
hello
hello
hello
[tang@localhost ~]$ grep -c 'hello' testfile
3
[tang@localhost ~]$ grep -n 'hello' testfile
2:hello
3:hello
4:hello
```

2. 文件查找命令 find

find 命令用来在指定目录下查找文件，任何位于选项之前的字符串都视为将要被查找的目录名，如果不带任何选项，则在当前目录下查找文件。

其语法格式如下。

```
find [路径] [选项] [表达式]
```

路径默认为当前目录的路径。

表达式默认为"-print"，也可以由操作符、选项和比较测试等组成。

常用的选项如下。

-mount、-xdev：只检查和指定目录在同一个文件系统中的文件，避免列出其他文件系统中的文件。

-amin n：在过去 n 分钟内被读取过的文件。

-anewer file：比 file 文件更晚被读取过的文件。

-atime n：在过去 n 天内被读取过的文件。

-cmin n：在过去 n 分钟内被修改过的文件。

-cnewer file：比 file 文件更新的文件。

-ctime n：在过去 n 天内被修改过的文件。

-mtime：按文件最后修改时间进行匹配。

-empty：空的文件。

-gid n、-group name：GID（Group Identifier，组标识符）是 n 或组名是 name 的文件。

-ipath p、-path p：路径名称符合 p 的文件，ipath 会忽略字母大小写。

-name name, -iname name：文件名称符合 name 的文件，iname 会忽略字母大小写。

-size n 文件大小：n 是单位，其中，b 表示 512 字节的块，c 表示字节数，k 表示 KB。

-type c：文件类型是 c 的文件。

-exec command：执行 command。

-ok command：类似于-exec command，可以让用户确认是否执行查找后的操作，如果回应不以 y 或 Y 开头，则不会执行 command 而是返回 false。

例：列出当前目录及其子目录下所有扩展名为 ".c" 的文件。

```
[tang@localhost ~]$ find . -name "*.c"
```

例：列出当前目录及其子目录下的所有普通文件。

```
[tang@localhost ~]$ find . -type f
```

例：列出当前目录及其子目录下所有最近 20 天内更新过的文件。

```
[tang@localhost ~]$ find . -ctime -20
```

例：查找/var/log 目录中修改时间在 7 天以前的普通文件，并在删除之前进行确认。

```
[tang@localhost ~]$ find /var/log -type f -mtime +7 -ok rm {} \;
```

例：查找当前目录中所有文件大小为 0 的普通文件，并列出它们的完整路径。

```
[tang@localhost ~]$ find / -type f -size 0 -exec ls -l {} \;
```

2.3.3　压缩命令

tar 命令用于为文件和目录创建压缩文件。利用 tar 命令，可以为某一特定文件创建压缩文件（备份文件），也可以在压缩文件中改变文件，还可以向压缩文件中加入新的文件。tar 命令最初用来在磁带上创建压缩文件，

打包和压缩命令

现在，用户可以利用它在任何设备上创建压缩文件。利用 tar 命令，还可以把多个文件和目录打包成一个文件，这便于文件的网络传输。

首先要弄清两个概念：打包和压缩。打包是将多个文件或目录变成一个文件，压缩则是将一个大文件通过压缩算法变成一个小文件。Linux 中的很多压缩程序只能针对一个文件进行压缩。有了 tar 命令，在需要压缩多个文件时，可以先用该命令将多个文件打包成一个文件，然后用压缩程序进行压缩。

其语法格式如下。

```
tar [选项] 文件名
```

常用的选项如下。

-c：建立压缩文件。

-x：解压文件。

-t：查看文件内容。

-r：向压缩文件末尾追加文件。

-u：更新原压缩文件中的文件。

这是 5 个独立的选项，压缩、解压文件时必定且只能用到其中一个，这些选项可以和别的选项组合使用。下面的选项根据需要在压缩或解压文件时是可选的。

-z：用 gzip 解压文件。

-j：用 bzip2 解压文件。

-Z：用 compress 解压文件。

-v：在解压文件的过程中，将正在处理的文件名显示出来。

-O：将文件解压到标准输出。

-C：指定存放解压文件的目的位置。

-f：使用的压缩文件名，切记，这是最后一个选项，后面只能接文件名。

例：将所有.png 文件打成一个名为 all.tar 的包，-c 表示建立压缩文件，-f 用于指定包的名称。

```
[tang@localhost ~]$ tar -cf all.tar *.png
```

例：将所有.gif 文件追加到 all.tar 包里，-r 表示追加文件。

```
[tang@localhost ~]$tar -rf all.tar *.gif
```

例：更新原来 all.tar 包中的 logo.gif 文件，-u 表示更新文件。

```
[tang@localhost ~]$ tar -uf all.tar logo.gif
```

例：列出 all.tar 包中的所有文件，-t 表示查看文件内容。

```
[tang@localhost ~]$ tar -tf all.tar
```

例：解压 all.tar 包，-x 表示解压文件。

```
[tang@localhost ~]$ tar -xf all.tar
```

例：将目录里的所有.png 文件打包成 png.tar 包。

```
[tang@localhost ~]$ tar -cvf png.tar *.png
```

例：将目录里的所有.png 文件打包成 png.tar 包后，再用 gzip 压缩，生成一个 gzip 压缩文件，并将其命名为 png.tar.gz。

```
[tang@localhost ~]$ tar -czf png.tar.gz *.png
```

例：将目录里的所有.png 文件打包成 png.tar 包后，再用 bzip2 压缩，生成一个 bzip2 压缩文件，并将其命名为 png.tar.bz2。

```
[tang@localhost ~]$ tar -cjf png.tar.bz2 *.png
```

例：将目录里的所有.png 文件打包成 png.tar 包后，再用 compress 压缩，生成一个 umcompress 压缩文件，并将其命名为 png.tar.Z。

```
[tang@localhost ~]$ tar -cZf png.tar.Z *.png
```

例：解压.tar 包。

```
[tang@localhost ~]$ tar -xvf file.tar
```

例：解压.tar.gz 文件。

```
[tang@localhost ~]$ tar -xzvf file.tar.gz
```

2.4　其他常用命令

2.4.1　链接文件命令

ln 命令是 Linux 中一个非常重要的命令，它的功能是为一个文件在另外一个位置建立一个同步的链接。若要在不同的目录下用到相同的文件，可以不必在每一个目录下都放一个相同的文件，而只在某个固定的目录下放该文件，然后在其他目录下用 ln 命令链接它，这样可以避免重复占用磁盘空间。

其语法格式如下。

```
ln [选项]源文件或目录 目标文件或目录
```

常用的选项如下。

-d：允许超级用户制作目录的硬链接。

-f：强制执行。

-i：交互模式，若文件存在，则提示用户是否覆盖。

-s：符号链接。

-v：显示详细的处理过程。

在 Linux 的文件系统中，可以将链接视为文件的别名，而链接分为两种：硬链接（Hard Link）与符号链接（Symbolic Link）。硬链接是指一个文件可以有多个名称（在不同的目录中），以副本的形式存在，起到防止误删除的作用。而符号链接（后称为软链接）则是指产生一个特殊的文件，该文件的内容是指向另一个文件的路径。硬链接只存在于同一个文件系统中，而软链接可以跨越不同的文件系统。

软链接的特点如下。

（1）软链接以路径的形式存在，类似于 Windows 中的快捷方式。

（2）软链接可以跨越不同的文件系统，而硬链接不可以。

（3）通过软链接可以对一个不存在的文件进行链接。

（4）通过软链接可以对目录进行链接。

硬链接的特点如下。

（1）硬链接以文件副本的形式存在，但不占用实际空间。

（2）普通用户不允许给目录创建硬链接。

（3）硬链接只能在同一个文件系统中创建。

例：给文件创建软链接。

```
[root@localhost ~]# ln -s  testfile  file1
[root@localhost ~]# ls -l file1
lrwxrwxrwx. 1 root root 8 4月 21 23:34 file1 -> testfile
[root@localhost ~]#
```

例：给文件创建硬链接。

```
[root@localhost ~]#
[root@localhost ~]# ln testfile  file2
[root@localhost ~]# ls -l file*
lrwxrwxrwx. 1 root root   8 4月  21 23:34 file1 -> testfile
-rw-r--r--. 2 root root 2159 4月  21 23:33 file2
[root@localhost ~]#
```

2.4.2 设置别名命令

用户可利用 alias 命令自定义其他命令的别名。alias 命令设置的别名仅限于该次登录时有效。若要每次登录时自动设置好别名，可在.profile 或.cshrc 中设置命令的别名。

其语法格式如下。

```
alias [别名]='[命令名称]'
```

若不加任何参数，该命令可列出目前所有的别名设置。

例：列出目前所有的别名设置。

```
[tang@localhost ~]$ alias
alias egrep='egrep --color=auto'
```

```
alias fgrep='fgrep --color=auto'
alias grep='grep --color=auto'
alias l.='ls -d .* --color=auto'
alias ll='ls -l --color=auto'
alias ls='ls --color=auto'
alias vi='vim'
alias which='alias | /usr/bin/which --tty-only --read-alias --show-dot --show
-tilde'
[tang@localhost ~]$ alias ge='gedit'
[tang@localhost ~]$ alias
alias egrep='egrep --color=auto'
alias fgrep='fgrep --color=auto'
alias ge='gedit'
alias grep='grep --color=auto'
alias l.='ls -d .* --color=auto'
alias ll='ls -l --color=auto'
alias ls='ls --color=auto'
alias vi='vim'
alias which='alias | /usr/bin/which --tty-only --read-alias --show-dot --show
-tilde'
```

可以使用 unalias 命令取消设置的别名。

2.4.3　查看历史记录命令

history 命令用于查看历史记录和执行的历史命令，读取历史命令文件中的命令到历史命令缓冲区中和将历史命令缓冲区中的命令写入历史命令文件中。history 命令单独执行时，仅显示历史记录，使用符号"!"可以执行指定序号的历史命令。例如，要执行第 2 个历史命令，则输入"!2"。

历史命令是保存在历史命令缓冲区中的，当退出或者登录 Shell 时，系统会自动保存或读取历史命令缓冲区。在历史命令缓冲区中能够存储 1000 条历史命令，该数量由环境变量 HISTSIZE 进行控制。执行 history 命令时默认并不显示历史命令的执行时间，但历史命令的执行时间会被记录。

> 注意　如果想查询某个用户在系统上执行了什么命令，可以使用 root 用户登录系统，检查 Home 目录中用户主目录下的.bash_history 文件，该文件记录了用户执行的历史命令及其信息。

其语法格式如下。

```
history [选项] [参数]
```

常用的选项如下。

-N：显示历史记录中最近的 N 条记录。

-c：清空当前历史记录。

-a：将当前终端的历史命令添加到历史命令文件中。

-r：将历史命令文件中的命令读取到当前历史命令缓冲区中。

-w：保存历史命令列表到指定的历史命令文件中。

-d\<offset\>：删除历史命令缓冲区中第 offset 个命令。

-n\<filename\>：读取指定文件。

n：输出最近执行的 n 个历史命令。

例：查看历史记录。

```
[tang@localhost ~]$ history
```

例：查看历史记录中的后 5 条记录。

```
[tang@localhost ~]$ history 5
```

例：执行历史记录中的第 10 条命令。

```
[tang@localhost ~]$ !10
```

例：使用"!!"执行上一个命令。

```
[tang@localhost ~]$ !!
```

2.4.4　重定向命令

重定向是指将原来从标准输入中读取数据的操作重定向为从其他文件中读取数据；将原来要输出到标准输出的内容重定向为输出到指定的其他文件中。

重定向命令有以下几个。

- <：标准输入重定向。
- >：标准输出重定向，清空原来的内容后添加新的内容。
- >>：标准输出重定向，在原来内容的后面添加新的内容。

例：将原先输出到屏幕中的数据改为输出到 test.txt 文件中。

```
[tang@localhost ~]$ echo "hello world" >> ./test.txt
```

例：wc 命令使用输入重定向的方式来统计 testfile 文件。

```
[tang@localhost ~]$ wc <testfile
 8  8 53
```

2.4.5　管道命令

管道命令"|"用来连接多个命令，前一个命令的输出会作为后一个命令的操作对象。

管道命令的操作符是"|"，它只能处理由前一个命令传出的正确输出，对错误输出是没有直接处理能力的。然后，输出会被传递给后一个命令，作为操作对象。

其语法格式如下。

```
命令 1 | 命令 2 | …
```

"命令 1"的输出作为"命令 2"的输入，然后"命令 2"的输出作为"命令 3"的输入，如果"命令 3"有输出，那么该输出就会直接显示在屏幕上了。由于管道命令的作用，"命令 1"和"命令 2"的输出是不会显示在屏幕上面的。

注意　　管道右边的命令，必须能够接收前面命令传递过来的数据，否则会将数据抛弃而导致命令执行失败。

例：分页显示/etc 目录中内容的详细信息。

```
[tang@localhost ~]$ ls -l /etc | more
```

例：将一个字符串输入一个文件中。

```
[tang@localhost ~]$ echo "Hello World" | cat > hello.txt
```

2.5　文本编辑器

所有的 Linux 都会内置文本编辑器 Vi，其他文本编辑器则不一定会有。

目前使用比较多的文本编辑器是 Vim。Vim 具有程序编辑的能力，可以自动辨别语法的正确性，方便程序设计。Vim 是从 Vi 发展而来的一个文本编辑器，具有代码补全、编译及错误跳转等方便编程的功能，被广泛使用。

文本编辑器

简单来说，Vi 是旧的文本处理器，而 Vim 则是一种很好用的程序开发工具。我们习惯将 Vim 称作 Vi。Vi 共有 3 种模式，分别是命令模式（Command Mode）、输入模式（Insert Mode）和底线命令模式（Last Line Mode）。这 3 种模式的介绍如下。

1. 命令模式

用户启动 Vi 后，便会进入命令模式。

此模式下的键盘动作会被 Vi 识别为命令，而非输入字符。此时按 i 键，并不会输入一个字符，而是被当作一个命令。

以下是几个常用的命令。

i：切换到输入模式，以输入字符。

x：删除当前光标所在处的字符。

/string：搜索字符串 string。

?string：从当前光标位置向下搜索字符串 string。

:：切换到底线命令模式，以在最后一行输入命令。

若想要编辑文本，则需要启动 Vi，进入命令模式后按 i 键，切换到输入模式。

命令模式只提供一些基本的命令，因此仍要依靠底线命令模式输入更多命令。

2. 输入模式

在命令模式中按 i 键就会进入输入模式。

在输入模式中，可以使用以下按键。

Shift+字符组合键：输入字符。

Enter 键：换行。

BackSpace 键：删除光标前的一个字符。

Delete 键：删除光标后的一个字符。

方向键：在文本中移动光标。

Home/End 键：移动光标到行首/行尾。

Page Up/Page Down 键：上/下翻页。

Insert 键：光标切换为插入/替换状态。

yy：将当前行复制到缓冲区。

p：在光标后粘贴剪切板里的内容。

P：在光标前粘贴剪切板里的内容。

dd：删除当前行。

Esc 键：退出输入模式，切换到命令模式。

3. 底线命令模式

在命令模式中按 "："（冒号）就会进入底线命令模式。

在底线命令模式中，可以输入包含单个字符或多个字符的命令，可用的命令非常多。

在底线命令模式中，基本的命令有以下两个（已经省略了半角冒号）。

q：退出程序。

w：保存文件。

按 Esc 键可以随时退出底线命令模式。

使用 Vi 进入命令模式。

例：使用 Vi 建立一个名为 "test.txt" 的文件。

```
[tang@localhost ~]$ vi test.txt
```

直接输入 vi 文件名并按 Enter 键，就能够进入 Vi 的命令模式，如图 2-9 所示。

按 i 键进入输入模式，可编辑文字。

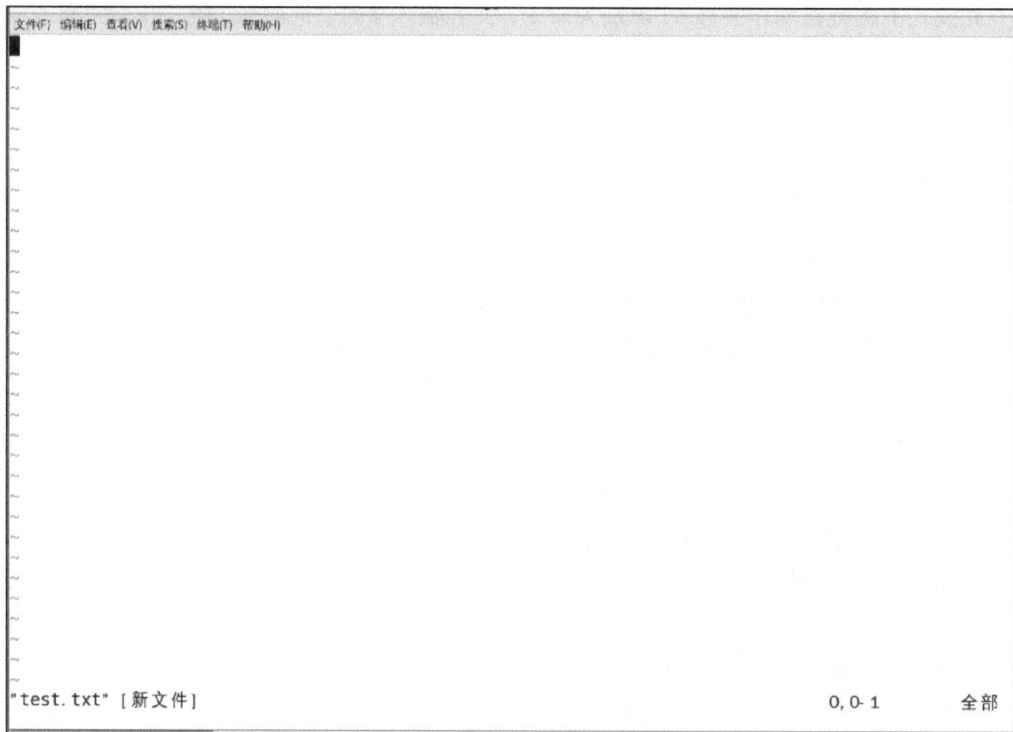

图 2-9　进入 Vi 的命令模式

在输入模式中，状态栏左下角会出现"-- 插入 --"字样，这是可以输入任意字符的提示，如图 2-10 所示。

图 2-10　Vi 的输入模式

这个时候，除了 Esc 键之外，其他键都可以视作一般的输入按键，所以在该模式下可以进行文本编辑。

按照图 2-10 的样式编辑完毕后应该如何退出输入模式（即退出 Vi）呢？先按 Esc 键进入命令模式（此时状态栏左下角的"--插入--"不见了），再输入":wq"（底线命令模式）并按 Enter 键，就可以保存文件并退出 Vi，如图 2-11 所示。

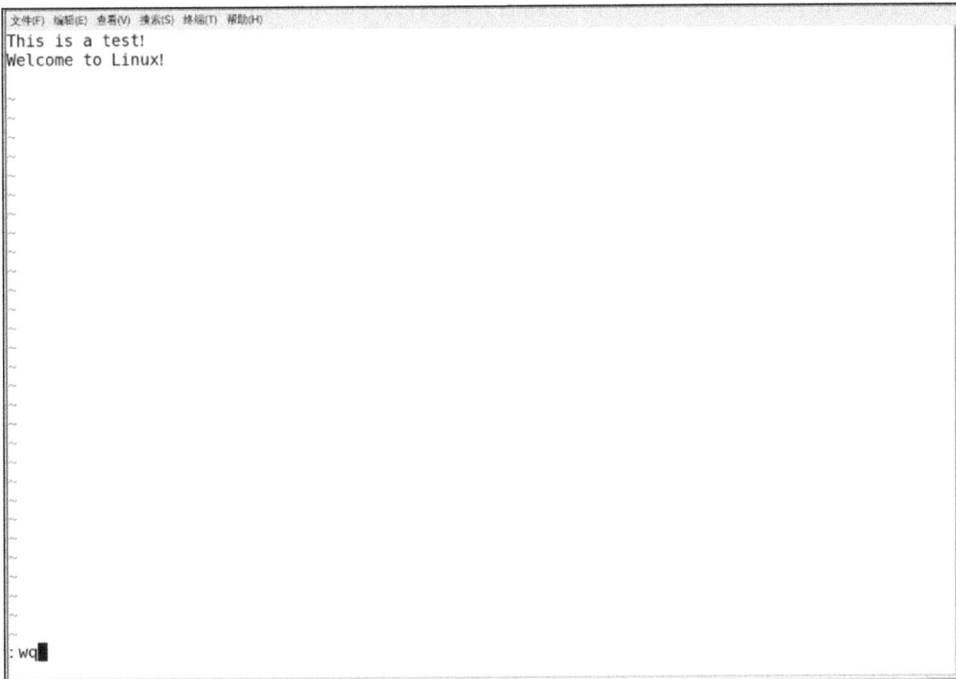

图 2-11　Vi 的底线命令模式

2.6 习题

一、填空题

1. 如果需要查看更为详细和全面的信息，可以使用_____命令。

2. 可以使用_____命令来判断一个命令是内部命令还是外部命令。

3. Vi 共有 3 种模式，分别是_____、_____和_____。

4. 查看历史记录的命令是_____，连接多个指令的命令是_____。

二、操作题

1. 在用户主目录里分别创建两个名为 test1 和 test2 的目录，在 test2 目录中创建名为 file 的目录。

2. 进入 file 目录，并显示当前所在路径，返回 root 用户主目录，再将 file 目录删除。

3. 显示当前目录下所有文件（包含隐藏文件）的详细信息，以及/etc/inittab 文件的详细信息。

4. 显示/dev 目录中所有以"sd"开头的文件的详细信息。

5. 进入/root/test1/目录，创建一个名为 temp1 的空文件。

6. 将 temp1 文件复制一份，保存在/root/test1/目录下，文件名为 temp1.bak。

7. 将 temp1.bak 文件改名为 temp.bak，并将 temp.bak 文件移动到/tmp/目录下。

8. 将 temp1 文件删除，将/root/test2/目录强制删除。

9. 用 cat 命令查看/etc/sysconfig/network-scripts/ifcfg-eth0 文件的内容，用 Tab 键补全文件名。

10. 查看/etc/passwd 文件的前 10 行内容，统计/etc/passwd 文件的行数。

11. 查找/etc 目录下以"http"开头的文件。

12. 在 boot 目录中查找大小超过 1024KB 而且文件名以"init"开头的文件。

第 ❸ 章 用户与权限管理

本章导读

Linux 是多用户操作系统，为了实现资源的分配及出于对安全的考虑，必须对用户进行不同权限的分配。借助组可以更高效地管理用户权限，进而实现对用户的管理。Linux 中的每个文件和目录都有访问权限，权限用于确定用户通过何种方式对文件和目录进行访问和操作，从而确保系统的安全。

知识目标

- 理解 Linux 中用户和组的类型。
- 理解文件和目录的权限与归属的作用。
- 了解系统高级权限的用法及作用。

能力目标

- 能够使用用户和组的操作命令。
- 能够使用权限与归属的操作命令。
- 能够使用系统高级权限的操作命令。

素质目标

具有追求卓越和精益求精的工匠精神。

本章知识导图

3.1 用户管理

3.1.1 用户简介

Linux 是一个多用户、多任务的分时操作系统，任何一个要使用系统资源的用户，都必须首先向系统管理员申请一个账号，然后使用这个账号进入系统。用户是指在 Linux 中创建和管理的用户账户。每个用户都有自己的用户名、密码、主目录（home directory）和权限设置等，以确保系统的安全性和多用户环境的正常运作。

在 Linux 中，有两种类型的用户。

- 系统用户：通常用于一个守护进程或程序中。
- 可交互式用户：通常用来访问或管理系统资源。

两种类型用户的主要区别如下。

系统用户是在安装 Linux 及部分应用程序时自动添加的一些特定的低权限用户，这些用户一般不允许登录到系统，仅用于维持系统或某个程序的正常运行，如 bin、daemon、ftp、

mail 等。

可交互式用户通过 Shell 或物理控制台登录系统以访问和操作资源，可交互式用户分为两种，普通用户和超级用户。

- 普通用户需要由超级用户进行创建，其拥有的权限受到一定限制，一般只在用户自己的主目录中拥有完全权限。
- 超级用户（root 用户）对所有的命令和文件有访问、修改和执行权限，一旦操作失误很容易对系统造成损坏。一般不建议直接以 root 用户登录系统，即应该在 root 用户之外建立一个普通用户，进行日常工作时以普通用户登录系统。

Linux 中与用户账号相关的配置文件主要有两个：/etc/passwd 文件和/etc/shadow 文件。前者用于保存用户的基本信息，后者用于保存用户的密码相关信息，这两个文件是互补的。

1. /etc/passwd 文件

/etc/passwd 文件是文本文件，包含用户登录需要的相关信息，每行代表一个用户的信息，该文件对所有用户可读。

/etc/passwd 文件存储格式如下所示。

```
name:password:UID:GID:comment:directory:shell
```

每行的各字段之间用半角冒号":"分隔，其格式和具体含义如下。

- 第 1 个字段：用户名。
- 第 2 个字段：密码占位符，只表示这是一个密码字段，用户的密码并不是存放在这里，而是存放在/etc/shadow 文件中。
- 第 3 个字段：用户的标识符。
- 第 4 个字段：用户所属组的标识符。
- 第 5 个字段：用户注释信息，可填写与用户相关的一些说明信息，该字段是可选的。
- 第 6 个字段：用户的主目录。
- 第 7 个字段：用户登录所用的 Shell 类型，默认为/bin/bash。

基于系统运行和管理需要，所有用户都可以访问/etc/passwd 文件中的内容，但是只有 root 用户才能修改。

例：查看 root 用户的信息。

```
[root@localhost ~]# grep root /etc/passwd
root:x:0:0:root:/root:/bin/bash
operator:x:11:0:operator:/root:/sbin/nologin
```

2. /etc/shadow 文件

/etc/shadow 文件包含用户密码的加密信息及其他相关安全信息。安全起见，只有 root 用户才有权限查看/etc/shadow 文件中的内容，普通用户无法查看；即使是 root 用户，也不允许直接编辑/etc/shadow 文件中的内容。

/etc/shadow 文件存储格式如下。

```
login name:$encryption algorithm$ salt$ encrypted password:date of last password
change:minimum   password   age:maximum   password   age:   password   warning
period:password inactivity period:account expiration date:reserved field
```

每行的各字段之间用半角冒号“:”分隔，其格式和具体含义如下。

- 第 1 个字段：用户名。
- 第 2 个字段：首先是使用的加密算法，其次是 salt（对登录口令的加密方式）随机数，最后是加密后的密码，$为分隔符。
- 第 3 个字段：从 1970 年 1 月 1 日起，密码被修改的天数（最后一次更改密码的日期）。
- 第 4 个字段：密码最小期限，即密码最近更改日期到下次允许更改日期之间的天数（比如设置为 10，则表示更改密码后 10 天内不允许再次更改；0 表示无限制，可在任何时间修改）。
- 第 5 个字段：密码最大期限，即密码最近更改日期到系统强制用户更改密码日期之间的天数（比如设置为 100，则表示更改密码后 100 天，系统将强制要求用户再次更改密码；1 表示永不修改）。
- 第 6 个字段：密码警告时间段，在密码过期前，用户被警告的天数（比如，设置密码最大期限为 100、密码警告时间段为 5，则表示更改密码后第 96～100 天这 5 天，用户将被警告“密码即将过期”；-1 表示没有警告）。
- 第 7 个字段：密码禁用期，密码过期到系统自动禁用的天数（-1 表示永远不会被禁用）。
- 第 8 个字段：用户过期日期（-1 表示该用户被启用）。
- 第 9 个字段：保留字段，目前无作用。

例：查看/etc/shadow 文件中 root 用户的相关信息。

```
[root@localhost ~]# grep root /etc/shadow
root:$6$wbrpEyda85Pon/Zj$yZt6p5KqtQNb38TXNMyGq.8msPTjvg0.C/BtKpKyHIdZlocyqW6h
hJKu23V4eM.MF8sRS7OkqNaaSqCV6bpZ4/::0:99999:7:::
```

3.1.2 用户管理命令

1. 创建用户

可以使用 useradd 命令创建新的用户，如图 3-1 所示。

```
[root@localhost ~]# useradd --help
用法：useradd [选项] 登录
      useradd -D
      useradd -D [选项]

选项：
  -b, --base-dir BASE_DIR       新账户的主目录的基目录
  -c, --comment COMMENT         新账户的 GECOS 字段
  -d, --home-dir HOME_DIR       新账户的主目录
  -D, --defaults                显示或更改默认的 useradd 配置
 -e, --expiredate EXPIRE_DATE  新账户的过期日期
  -f, --inactive INACTIVE       新账户的密码不活动期
  -g, --gid GROUP               新账户主组的名称或 ID
  -G, --groups GROUPS   新账户的附加组列表
  -h, --help                    显示此帮助信息并退出
  -k, --skel SKEL_DIR   使用此目录作为骨架目录
  -K, --key KEY=VALUE           不使用 /etc/login.defs 中的默认值
  -l, --no-log-init     不要将此用户添加到最近登录和登录失败数据库
  -m, --create-home     创建用户的主目录
  -M, --no-create-home          不创建用户的主目录
  -N, --no-user-group   不创建同名的组
  -o, --non-unique              允许使用重复的 UID 创建用户
  -p, --password PASSWORD               加密后的新账户密码
  -r, --system                  创建一个系统账户
  -R, --root CHROOT_DIR         chroot 到的目录
  -s, --shell SHELL             新账户的登录 shell
  -u, --uid UID                 新账户的用户 ID
  -U, --user-group              创建与用户同名的组
  -Z, --selinux-user SEUSER             为 SELinux 用户映射使用指定 SEUSER
```

图 3-1　useradd 命令的语法格式

例：创建一个新的用户 user01，同时创建该用户的主目录。

```
[root@localhost ~]# useradd -m user01
```

创建好用户以后，可以通过查看/etc/passwd 文件确认用户是否创建成功。

例：查看 user01 用户。

```
[root@localhost ~]# grep user01 /etc/passwd
user01:x:1001:1001::/home/user01:/bin/bash
```

2. 为用户设置密码

刚创建的用户没有密码且不能使用，需要设置密码才能使用，可以使用 passwd 命令设置密码。root 用户可以为自己和其他用户指定密码，普通用户只能修改自己的密码。

其语法格式如下。

```
passwd [选项] 用户名
```

常用的选项如下。

-d：清空密码。

-l：锁定用户账号。

-u：解锁用户账号。

例：为 user01 用户设置密码。

```
[root@localhost ~]# passwd user01
更改用户 user01 的密码。
新的密码：
无效的密码：密码少于 8 个字符
重新输入新的密码：
passwd：所有的身份验证令牌已经成功更新。
```

> 当 root 用户为普通用户设置密码时，密码即使不符合规则要求，也可以设置成功。但如果普通用户要修改自己的密码，则密码必须要符合规则要求。

3. 修改用户

修改用户就是根据实际情况更改用户的有关属性，如 UID、主目录、组、登录 Shell 等。修改已有用户的信息使用 usermod 命令。

其语法格式如下。

```
usermod [选项] 用户名
```

常用的选项如图 3-2 所示。

例：将 user01 用户的名称改为 student01。

```
[root@localhost ~]# usermod -l student01 user01
```

4. 删除用户

如果一个用户不再使用，可以从系统中将其删除。删除用户就是将/etc/passwd 等系统文件中该用户对应的记录删除，必要时还可以删除用户的主目录。

可以使用 userdel 命令删除一个已有的用户。

```
[root@localhost ~]# usermod --help
用法：usermod [选项] 登录

选项：
 -c, --comment 注释              GECOS 字段的新值
 -d, --home HOME_DIR             用户的新主目录
 -e, --expiredate EXPIRE_DATE    设定账户过期的日期为 EXPIRE_DATE
 -f, --inactive INACTIVE         过期 INACTIVE 天后，设定密码为失效状态
 -g, --gid GROUP                 强制使用 GROUP 为新主组
 -G, --groups GROUPS             新的附加组列表 GROUPS
 -a, --append GROUP              将用户追加至上边 -G 中提到的附加组中，
                                 并不从其他组中删除此用户
 -h, --help                      显示此帮助信息
 -l, --login LOGIN               新的登录名称
 -L, --lock                      锁定用户账号
 -m, --move-home                 将主目录内容移至新位置（仅与 -d 一起使用）
 -o, --non-unique                允许使用重复的(非唯一的) UID
 -p, --password PASSWORD         将加密过的密码（PASSWORD）设为新密码
 -R, --root CHROOT_DIR           chroot 到的目录
 -s, --shell SHELL               该用户账号的新登录 shell
 -u, --uid UID                   用户账号的新 UID
 -U, --unlock                    解锁用户账号
 -Z, --selinux-user  SEUSER       用户账户的新 SELinux 用户映射
```

图 3-2　usermod 命令的语法格式

其语法格式如下。

```
userdel [选项] 用户名
```

常用的选项如下。

-r：把用户的主目录一起删除。

例：删除 student01 用户。

```
[root@localhost ~]# userdel -r student
```

此命令可以删除 student01 用户在配置文件（主要是/etc/passwd、/etc/shadow、/etc/group等文件）中的记录，同时删除该用户的主目录。

3.2　组管理

3.2.1　组简介

具有某种共同特征的用户集合就是组，组的设置主要是为了方便检查、设置文件或目录的访问权限，每个用户至少属于一个组，这个组称为该用户的基本组。

在 Linux 中，每创建一个用户就会自动创建一个与该用户同名的组。比如创建了一个名为 user01 的普通用户，那么同时也将自动创建一个名为 user01 的组。user01 用户默认属于user01 组，这个组是 user01 用户的基本组。

每个用户还可以同时加入多个组，这些另外加入的组称为该用户的附加组。例如，将user01 用户再加入电子邮件管理员组 mailadm，那么 user01 用户就同时属于 user01 组、mailadm 组，user01 组是其基本组，mailadm 组是其附加组。

与组账号相关的配置文件也有两个：/etc/group 文件和/etc/gshadow 文件。前者用于保存组账号的基本信息，后者用于保存组账号的密码等信息，但这两个文件在实际应用中很少使用，了解即可。

1. /etc/group 文件

/etc/group 文件用于保存组账号的基本信息，每行保存一个组账号的信息，包括 4 个字段。
/etc/group 文件存储格式如下。

```
group_name:password:GID:user_list
```

各字段的含义如下。

- 第 1 个字段：组名。
- 第 2 个字段：组的密码，用占位符 x 表示，组一般不设密码。
- 第 3 个字段：组标识符。
- 第 4 个字段：用户列表，注意，这里列出的是以该组为附加组的用户列表，以该组为基本组的用户并没有被列出。

例：查看/etc/group 文件中 root 的相关信息。

```
[root@localhost ~]# grep root /etc/group
root:x:0:
```

2. /etc/gshadow 文件

/etc/gshadow 文件包含组账号的密码等信息，与/etc/shadow 文件类似，只能被 root 用户查看。/etc/gshadow 文件和/etc/group 文件是互补的两个文件。大型服务器往往面对很多用户和组，为其定制一些关系结构比较复杂的权限模型、设置组密码是有必要的。

/etc/gshadow 文件存储格式如下。

```
groupname:password:admin,admin,...:member,member,...
```

各字段的含义如下。

- 第 1 个字段：组的名称，由字母或数字构成。
- 第 2 个字段：组密码，这个字段可以是空或 "!"，如果是空或 "!"，表示没有密码。
- 第 3 个字段：组管理员，这个字段也可以为空，如果有多个组管理员，用逗号分隔。
- 第 4 个字段：组内用户列表，如果有多个用户，用逗号分隔。

例：查看/etc/gshadow 文件中 root 的相关信息。

```
[root@localhost ~]# grep root /etc/gshadow
root:!::
```

3.2.2 组管理命令

1. 添加组

可以使用 groupadd 命令添加一个新组。
其语法格式如下。

```
groupadd 选项 组
```

常用的选项如下。

-g：指定新组的 GID。

-o：一般与-g 选项同时使用，表示新组的 GID 可以与系统已有组的 GID 相同。

例：添加 GID 为 1003 的 user01 组。

```
[root@localhost ~]# groupadd -g 1003 user01
```

例：查看新添加的组。

```
[root@localhost ~]# grep group /etc/group
user01:x:1003:
```

2. 查看 UID 和 GID

id 命令用于显示用户或组信息，它可以显示当前登录用户的标识符（User Identification，UID）、基本组的标识符（GID）、附加组的列表、用户和组的名称等信息。

其语法格式如下。

```
id [选项] 用户名称
```

常用的选项如下。

-u 或–user：显示用户的标识符。

-g 或–group：显示基本组的标识符。

-G 或–groups：显示附加组的标识符。

-n 或–name：显示用户和组的名称。

例：查看 user01 用户的信息。

```
[root@localhost ~]# id user01
uid=1001(user01) gid=1001(user01) 组=1001(user01)
```

UID 是 Linux 中每一个用户的唯一标识符。

- root 用户的 UID 为固定值 0。
- 系统用户的 UID 为 1～999。
- 普通用户的 UID 为 1000～60000。

每一个组也有一个数字形式的标识符，称为 GID。

- root 用户的组的 GID 为固定值 0。
- 系统用户的组的 GID 为 1～999。
- 普通用户的组的 GID 为 1000～60000。

3. 修改组

修改组的属性使用 groupmod 命令，其语法格式如下。

```
groupmod [选项] 组
```

常用的选项如下。

-g GID：修改组的 GID。

-n 组名称：修改组名称，-n 后面跟的是新的组名称。

例：修改 group01 组的 GID 并查看修改内容。

```
[root@localhost ~]# groupmod -g 1004 group01
[root@localhost ~]# grep group /etc/group
Group01:x:1004:
```

4. 删除组

删除组使用 groupdel 命令，其语法格式如下。

```
groupdel 组
```

例：删除 group01 组。

```
[root@localhost ~]# groupdel group01
```

5. 组密码管理

gpasswd 命令是组文件/etc/group 和/etc/gshadow 的管理命令。

其语法格式如下。

```
gpasswd [选项] [参数]
```

常用的选项如下。

-a：添加用户到组。

-d：从组中删除用户。

-A：指定管理员。

-M：指定组成员。

-r：删除密码。

参数用于指定要管理的组。

例：将 user01 用户添加到 group02 组。

```
[root@localhost ~]#gpasswd -a user01 group02
```

> **注意**　添加用户到某一个组可以使用 usermod -G 这个命令，但是以前为该用户添加的组就会被清空。若想要添加一个用户到一个组，同时保留以前添加的组，可使用 gpasswd 命令添加用户。

例：将 user01 用户设置为 group01 组的管理员。

```
[root@localhost ~]#gpasswd -A user01 group01
```

3.3　权限与归属管理

3.3.1　权限与归属简介

在 Linux 的文件系统中，文件或目录有两个属性：访问权限和文件归属，简称为"权限"和"归属"。其中，权限包括读取、写入、执行 3 种基本类型，归属包括属主（拥有该文件的用户账号）、属组（拥有该文件的组账号）和其他用户。Linux 根据文件或目录的权限、归属来对用户访问数据的过程进行控制，提高文件或目录访问的安全性。

权限管理

每个文件或目录都有 3 种权限，如表 3-1 所示。

表 3-1　文件或目录的权限

代表字符	权限	对文件的含义	对目录的含义
r	读取权限	可以读取文件内容	可以列出目录中的文件列表
w	写入权限	可以修改文件	可以在目录中创建、删除文件
x	执行权限	可以执行文件	可以使用 cd 命令进入目录

权限用数字表示，如图 3-3 所示。

权限	二进制数字	十进制数字
---	000	0
--x	001	1
-w-	010	2
-wx	011	3
r--	100	4
r-x	101	5
rw-	110	6
rwx	111	7

图 3-3　权限的数字表示

重点记忆：读（r）＝4，写（w）＝2，执行（x）＝1。

用"ls -l"命令查看文件详细信息时，会看到文件和目录的权限与归属设置，如图 3-4 所示。

```
[root@localhost ~]# ls -l
总用量 2556
drwxr-xr-x. 2 root root       6 4月  26 06:35 公共
drwxr-xr-x. 2 root root       6 4月  26 06:35 模板
drwxr-xr-x. 2 root root       6 4月  26 06:35 视频
drwxr-xr-x. 2 root root     100 5月   9 03:45 图片
drwxr-xr-x. 2 root root       6 4月  26 06:35 文档
drwxr-xr-x. 2 root root       6 4月  26 06:35 下载
drwxr-xr-x. 2 root root       6 4月  26 06:35 音乐
drwxr-xr-x. 2 root root       6 4月  29 04:25 桌面
-rw-------. 1 root root    1082 4月  26 06:23 anaconda-ks.cfg
-rwxr-xr-x. 1 root root      62 5月   9 04:00 a.sh
-rw-r--r--. 1 root root    1309 4月  26 06:29 initial-setup-ks.cfg
-rw-r--r--. 1 root root       0 6月   1 12:12 lele.txt
```

图 3-4　查看文件和目录的权限与归属设置

其中，第 1 个字符表示对象的类型，d 代表目录，l 代表链接，-代表普通文件。

第 2～4 个字符代表属主对文件的权限，r 代表读取，w 代表写入，x 代表执行。如"rw-"表示属主对该文件拥有读取和写入权限，没有执行权限。

第 5～7 个字符代表属组对文件的权限，r 代表读取，w 代表写入，x 代表执行。如"r-x"表示属组内的用户对该文件拥有读取和执行权限，没有写入权限。

第 8～10 个字符代表其他用户对文件的权限，r 代表读取，w 代表写入，x 代表执行。如"r--"表示其他用户对该文件拥有读取权限，没有写入和执行权限。

文件的权限主要针对 3 类对象进行定义。

- user：属主（文件所有者）。
- group：属组。
- other：其他用户。

3.3.2　权限与归属管理命令

1. 设置文件或目录的权限

可以使用 chmod 命令来设置文件或目录的权限，有以下两种用法。

其语法格式如下。

```
chmod[选项]文件或目录的权限
```

常用的选项如下。

-R：对目录内的全部内容进行相同操作。

（1）数字形式的 chmod 命令。

在数字形式的 chmod 命令中，r、w、x 分别对应一个二进制数字，如 101 就代表拥有读取和执行的权限。而转为十进制数字的话，4 就代表 r，2 就代表 w，1 就代表 x，3 个数字之和可与权限对应。如 7=4+2+1，就对应着 rwx；5=4+1，就对应着 r-x；777 就对应着 rwxrwxrwx，即属主、属组、其他用户对该文件都拥有读取、写入、执行的权限。

例：修改文件权限。

```
[root@localhost ~]# ls -l b.txt
-rw-r--r--. 1 root root 0 1月  21 11:26 b.txt
[root@localhost ~]# chmod 755 b.txt
[root@localhost ~]# ls -l b.txt
-rwxr-xr-x. 1 root root 0 1月  21 11:26 b.txt
```

文件原来的权限是属主拥有读取、写入权限，属组和其他用户拥有读取权限。755 中的 7 代表 4+2+1，即拥有读取、写入、执行权限，5 代表 4+1，即拥有读取和执行权限。

（2）字符形式的 chmod 命令。

chmod 命令也可以使用字符来赋予权限，如 u、g、o、a 这 4 种，分别代表属主权限、属组权限、其他用户权限和所有用户权限，在这些字符后面通过 "+" 和 "–" 符号来控制权限的添加和移除，再跟上权限类型。

例：修改文件权限。

```
[root@localhost ~]# ls -l b.txt
-rw-r--r--. 1 root root 0 1月  21 11:26 b.txt
[root@localhost ~]# chmod u+x b.txt
[root@localhost ~]# chmod g+x b.txt
[root@localhost ~]# chmod o+x b.txt
[root@localhost ~]# ls -l b.txt
-rwxr-xr-x. 1 root root 0 1月  21 11:26 b.txt
```

常用的权限有如下几个。

- -rw-------（600）：只有属主才有读取和写入的权限。
- -rw-r--r--（644）：只有属主才有读取和写入的权限，属组和其他用户只有读取的权限。
- -rw-rw-rw-（666）：每个用户都有读取和写入的权限。
- -rwx------（700）：只有属主才有读取、写入和执行的权限。
- -rwx--x—x（711）：只有属主才有读取、写入和执行的权限，属组和其他用户只有执行的权限。

- -rwxr-xr-x（755）：只有属主才有读取、写入和执行的权限，属组和其他用户只有读取和执行权限。
- -rwxrwxrwx（777）：每个用户都有读取、写入和执行的权限。

例：给 testfile 文件的属主增加执行权限。

```
[tang@localhost ~]$ chmod u+x testfile
```

例：给 testfile 文件的属主分配读取、写入、执行的权限，给 testfile 文件的属组分配读取、执行的权限，给其他用户分配执行的权限。

```
[tang@localhost ~]$ chmod 751 testfile
```

例：上例的另一种实现形式。

```
[tang@localhost ~]$ chmod u=rwx,g=rx,o=x testfile
```

例：为所有用户分配读取的权限。

```
[tang@localhost ~]$ chmod =r testfile
```

例：用数字的形式为所有用户分配读取的权限。

```
[tang@localhost ~]$ chmod 444 testfile
```

例：用字符的形式为所有用户分配读取的权限。

```
[tang@localhost ~]$ chmod a-wx,a+r testfile
```

例：递归地给 directory 目录下所有文件和子目录的属主分配读取的权限。

```
[tang@localhost ~]$ chmod -R u+r directory
```

例：给属主分配读取、写入和执行的权限，给属组和其他用户分配读取、执行的权限。

```
[tang@localhost ~]$ chmod 755 testfile
```

2. 设置文件和目录的掩码

在系统中创建目录或文件时，目录或文件所具有的默认权限就是由 umask 值决定的。umask 值是一个八进制数，由 3 个数字组成，分别代表属主、属组和其他用户的权限掩码。umask 值的设置有助于提高系统的安全性。限制新创建文件或目录的默认权限，可以降低潜在的安全风险。

用户可以使用 umask 命令设置文件的默认 umask 值，默认 umask 值告知系统，当创建一个文件或目录时不应该赋予哪些权限。

其语法格式如下。

```
umask [-S] [u1u2u3]
```

说明如下。

- u1 表示不允许属主具有的权限。
- u2 表示不允许同组的用户具有的权限。
- u3 表示不允许其他用户具有的权限。

在默认情况下，对于目录，用户所能拥有的最大权限是 777；对于文件，用户所能拥有的最大权限是目录的最大权限去掉执行权限，即 666。因为执行权限对于目录是必需的，没有执行权限将无法进入目录，而文件拥有执行权限风险太高，出于保护文件安全的目的，避免出现意外，所以一般在赋初始权限时必须去掉 x。

对于用户创建的目录，默认的权限就是用 777 减去默认 umask 值的结果，即 755；对于用户创建的文件，默认的权限则是用 666 减去默认 umask 值的结果，即 644。

例：查看当前用户文件的默认 umask 值。

```
[root@localhost ~]# umask
0022
```

例：在使用默认 umask 值的情况下创建文件和目录。

```
[root@localhost ~]# touch testfile
[root@localhost ~]# ll testfile
-rw-r--r--. 1 root root 0 2月  20 15:52 testfile
testfile 权限是 644=666-022
[root@localhost ~]# mkdir test
[root@localhost ~]# ll -d test
drwxr-xr-x. 2 root root 6 2月  20 15:59 test
目录 test 权限是 755=777-022
```

umask 命令只能临时修改 umask 值，系统重启之后 umask 值将还原成默认值。如果要永久修改 umask 值，可以修改配置文件/etc/bashrc。

3. 设置文件或目录的属主和属组命令

使用 chown 命令可以更改文件或目录的属主和属组，语法格式如下。

```
chown [选项] 属主   文件或目录
chown [选项] :属组   文件或目录
chown [选项] 属主:属组   文件或目录
```

常用的选项如下。

-R：递归修改指定目录下所有文件、子目录的归属。

例：修改 b.txt 文件的属主和属组。

```
[root@localhost ~]# ls -l b.txt
-rwxr-xr-x. 1 root root 0 1月  21 11:26 b.txt
[root@localhost ~]# chown User01:User01 b.txt
[root@localhost ~]# ls -l b.txt
-rwxr-xr-x. 1 User01 User01 0 1月  21 11:26 b.txt
```

3.4 系统高级权限

对文件或目录进行访问控制时，读取、写入、执行是最基本的 3 种权限类型。除此之外，在 Linux 中还有 Set 位、粘滞位（Sticky Bit）和 ACL 等高级权限，高级权限用于为文件或目录提供额外的控制方式。

系统高级权限

3.4.1 Set 位权限

Set 位权限（Set Bit Permissions）是为了使"用户没有取得特权但要完成一项必须要有特权才可以完成的任务"而产生的，一般用来给可执行的程序或脚本文件设置权限，其中 SUID 表示对属主增加 Set 位权限，SGID 表示对属组内用户增加 Set 位权限。如果执行文件被设置了 SUID、SGID，那么任何用户在执行该文件时，将获得该文件属主、属组账号对应的身份。但是不恰当地使用 Set 位权限可能使系统的安全遭到破坏，所以应该尽量避免使用 Set 位权限。

Set 位权限可以通过 chmod 命令设置，其语法格式如下。

```
chmod u+s 可执行文件 //设置 SUID 位
chmod u-s 可执行文件 //去掉 SUID 位
chmod g+s 可执行文件 //设置 SGID 位
chmod g-s 可执行文件 //去掉 SGID 位
```

关于上面命令的几点说明如下。

- 设置对象：可执行文件。

完成设置后，此文件的使用者在使用文件的过程中会临时获得该文件的属主身份及部分权限。

- 设置位置：SUID 附加在属主的 x 权限上，表示对属主增加 Set 位权限；SGID 附加在属组的 x 权限上，表示对属组内的用户增加 Set 位权限。
- 设置后的变化：此文件属主的 x 权限会变为 s。

例：修改文件属主权限，附加 SUID。

```
[root@localhost ~]# chmod u+s /usr/bin/mkdir
```

查看文件属主权限，x 已变为 s。其他用户使用 mkdir 命令时，会拥有此文件属主的身份和部分权限。

```
 [root@localhost ~]# ls -l /usr/bin/mkdir
-rwsr-xr-x. 1 root root 79760 4月  11 2018 /usr/bin/mkdir
User01 用户创建目录 test
[User01@localhost ~]$ mkdir test
[User01@localhost ~]$ ls -l
总用量 0
-rw-rw-r--. 1 User01  User01 0 1月  14 22:07 a.txt
drwxrwxr-x. 2 root User01 6 1月  14 22:21 test
```

3.4.2 粘滞位权限

在通常情况下，用户只要具备某个目录的写入权限，就可以删除该目录中的任何文件。粘滞位权限就是针对此种情况设置的。当目录被设置了粘滞位权限之后，即便用户对该目录拥有写入权限，也不能删除该目录中其他用户的文件，而只有该文件的属主和 root 用户才有权限将其删除，这保持了一种动态的平衡：允许用户在目录中任意写入、删除数据，但是禁止其随意删除其他用户的数据。

其语法格式如下。

```
chmod o+t 目录
```

关于上面命令的几点说明如下。

- 设置对象：开放写入权限的目录。

为公共目录（例如，权限为 777 的目录）设置粘滞位权限后，用户不能删除该目录中其他用户的文件，即阻止用户滥用写入权限（禁止操作别人的文件）。

- 设置位置：粘滞位权限附加在其他用户的 x 权限上。
- 设置后的变化：此目录的其他用户的 x 权限会变为 t。

例：为公共目录 tmp 设置粘滞位权限。

```
[root@localhost ~]# chmod o+t/tmp
[root@localhost ~]# cd/tmp
[root@localhost tmp]# ls -l ..|grep tmp
drwxrwxrwt.  14 root root 4096 1月  14 22:58 tmp
[root@localhost tmp]# su User01
[User01@localhost tmp]$ touch a.txt
[User01@localhost tmp]$ exit
exit
[root@localhost tmp]# su wen
[wen@localhost tmp]$ touch b.txt
[wen@localhost tmp]$ ls -l *.txt
-rw-rw-r--. 1 User01 User01 0 1月  14 23:02 a.txt
-rw-rw-r--. 1 wen wen 0 1月  14 23:02 b.txt
wen 用户删除 User01 用户创建的文件
[wen@localhost tmp]$ rm a.txt
rm: 是否删除有写保护的普通空文件 "a.txt"? yes
rm: 无法删除"a.txt"：不允许的操作
```

3.4.3　ACL 权限

Linux 中传统权限的设置方法比较简单，仅涉及属主、属组、其他用户 3 种身份和读取、写入、执行 3 种权限。传统权限设置方法有一定的局限性，在进行比较复杂的权限设置时，如将某个目录开放给某个特定的用户使用时，传统权限设置方法就无法满足需求了。

比如，某一目录权限如下所示。

```
drwx------.  2 root root    6 1月   14 21:55 abc
```

User01 用户对此目录无任何权限，因此无法进入目录，当给 User01 用户的属组赋予 rwx 权限时，才能进入目录。但是属组中的其他用户也会拥有此权限。而 ACL 权限可以单独为用户设置对此目录的权限，使其可以操作这个目录。

ACL（Access Control List，访问控制列表）是一个针对文件或目录的访问控制列表。ACL 权限在基本权限管理的基础上为文件系统提供了一个额外的、灵活的权限管理机制，被设计为 UNIX 文件权限管理的补充机制，它允许给任何的用户或组设置任何文件或目录的访问权限。

1. 设置 ACL 权限

setfacl 命令用于设置 ACL 权限。
其语法格式如下。

```
setfacl [-bkRd] [-m|-x ACL 参数] 目标文件名
```

常用的选项与参数如下。

-m：设置后续的 ACL 参数，不可与-x 选项一起使用。

-x：删除后续的 ACL 参数，不可与-m 选项一起使用。

-b：删除所有的 ACL 参数。

-k：删除默认的 ACL 参数。

-R：递归设置 ACL 参数。

-d：设置默认 ACL 参数，只对目录有效。

对指定的用户和组进行权限设置，不影响其他用户和组的权限，所用命令的语法格式如下。

```
setfacl -m u/g: 用户名/组名 权限
```

权限为 r、w、x 的组合形式；如用户名或组名为空，代表为当前文件属主和属组设置权限。

例：为用户设置 ACL 权限。

```
[root@localhost ~]# ls -ld abc
drwxr-xr-x. 2 root root 6 1月  14 21:55 abc
[root@localhost ~]# setfacl -m u:User01:rwx abc
[root@localhost ~]# ls -ld abc
drwxrwxr-x+ 2 root root 6 1月  14 21:55 abc
```

2. 管理 ACL 权限

getfacl 命令用于管理 ACL 权限，它也可以用于查看文件或目录的 ACL 权限，其语法格式如下。

```
getfacl  目标文件或目录
```

例：查看 ACL 权限。

```
[root@localhost ~]# getfacl abc
# file: abc
# owner: root
# group: root
user::rwx
user:User01:rwx
group::r-x
mask::rwx
other::r-x
```

例：删除 ACL 权限。

```
[root@localhost ~]# setfacl -x u:User01 abc
[root@localhost ~]# getfacl abc
# file: abc
# owner: root
# group: root
user::rwx
```

```
group::r-x
mask::r-x
other::r-x
```

例：使文件或子目录继承父目录的权限。

```
[root@localhost ~]# setfacl -m d:u:User01:rwx abc
[root@localhost ~]# getfacl abc
# file: abc
# owner: root
# group: root
user::rwx
group::r-x
mask::r-x
other::r-x
default:user::rwx
default:user:User01:rwx
default:group::r-x
default:mask::rwx
default:other::r-x
```

可以看到，上面的输出中多了一些以 default 开头的行，这些 default 权限信息只能在目录上设置，然后被目录中创建的文件和子目录继承。

```
[root@localhost abc]# mkdir sub_abc
[root@localhost abc]# getfacl sub_abc
# file: sub_abc
# owner: root
# group: root
user::rwx
user:User01:rwx
group::r-x
mask::rwx
other::r-x
default:user::rwx
default:user:User01:rwx
default:group::r-x
default:mask::rwx
default:other::r-x
```

子目录 sub_abc 继承了父目录 abc 的 ACL 权限。

例：递归删除父目录及其子目录的 ACL 权限。

```
[root@localhost ~]# setfacl -R -b abc
```

3.5 习题

一、填空题

1. 为用户设置密码的命令是_____，用_____命令查看文件和目录的 umask 值。

2. Linux 文件的权限一般把用户分为_____、_____和_____ 3 类。

3. Linux 的高级权限有_____、_____和_____。

4. 改变文件的属主的命令是_____。

5. 改变文件或目录的权限使用_____命令。

二、操作题

1. 创建一个 testfile 文件，设置文件属主、属组 user01 具有读取、写入权限，其他用户无权限。

2. 创建新用户 wen，设置其组为 gwen 组并创建 home 目录。

3. 为特定用户 wen 设置 ACL 权限，使其对 testfile 文件具有读取、写入权限。

4. 改变用户 wen 的密码最大期限为 2028-11-25。

第 4 章 文件系统与磁盘管理

本章导读

用户进行系统操作、浏览网页、使用手机时常会使用文件系统。文件系统非常重要，它管理着很多文件，这些文件其实就是数据，这些数据是存储在磁盘上的。因此，在 Linux 中，规划、管理磁盘和文件系统都是管理员的重要工作内容。

知识目标

- 了解文件系统的概念。
- 掌握几种常见的文件系统类型。

能力目标

- 能够使用磁盘管理的常用命令。
- 能够使用 LVM 的相关命令。
- 能够使用 RAID 5 的管理命令。

素质目标

具有自我学习和持续学习的能力。

本章知识导图

```
                    ┌─────────────────┐
              ┌─────┤     文件系统      │
              │     └─────────────────┘        ┌──────────────────┐
              │                      ┌──────────┤   文件系统简介     │
              │                      │          └──────────────────┘
              │                      │          ┌──────────────────┐
              │                      ├──────────┤   文件系统类型     │
              │                      │          └──────────────────┘
              │                      │          ┌──────────────────┐
              │                      └──────────┤  文件系统的目录结构 │
              │                                 └──────────────────┘
              │     ┌─────────────────┐
              ├─────┤     硬盘管理      │
         ┌────┤     └─────────────────┘        ┌──────────────────┐
         │本   │                      ┌──────────┤    添加新硬盘     │
         │章   │                      │          └──────────────────┘
         │知   │                      │          ┌──────────────────┐
         │识   │                      ├──────────┤    硬盘分区       │
         │导   │                      │          └──────────────────┘
         │图   │                      │          ┌──────────────────┐
         └────┤                      ├──────────┤    格式化分区     │
              │                      │          └──────────────────┘
              │                      │          ┌──────────────────┐
              │                      └──────────┤  挂载与卸载存储设备 │
              │                                 └──────────────────┘
              │     ┌─────────────────┐
              ├─────┤     逻辑卷管理     │
              │     └─────────────────┘        ┌──────────────────┐
              │                      ┌──────────┤  逻辑卷管理相关概念 │
              │                      │          └──────────────────┘
              │                      │          ┌──────────────────┐
              │                      ├──────────┤   逻辑卷基本管理   │
              │                      │          └──────────────────┘
              │                      │          ┌──────────────────┐
              │                      └──────────┤   逻辑卷其他管理   │
              │                                 └──────────────────┘
              │     ┌─────────────────┐
              └─────┤     RAID管理     │
                    └─────────────────┘        ┌──────────────────┐
                                    ┌──────────┤    RAID简介      │
                                    │          └──────────────────┘
                                    │          ┌──────────────────┐
                                    ├──────────┤   RAID 5搭建     │
                                    │          └──────────────────┘
                                    │          ┌──────────────────┐
                                    └──────────┤   RAID 5测试     │
                                               └──────────────────┘
```

4.1 文件系统

4.1.1 文件系统简介

进入 Linux 的根目录，可以看到很多子目录，每个子目录里有很多的目录和文件，这些目录和文件就是文件系统的"表象"。它们存在磁盘上，但用户并不知道它们在磁盘中的具体存储方式。用户可以创建、删除和复制目录或文件，这些功能是通过一个软件实现的，这个软件就是文件系统。

虽然磁盘的内部非常复杂，但磁盘生产厂商做了很多工作，将磁盘的复杂性隐藏起来了。对于普通用户来说，磁盘就是一个线性空间，就像 C 语言中的数组一样，通过下标就可以访问其空间（读写数据）。虽然可以直接访问磁盘的空间，但是如果缺乏规划地访问，那么最终结果可能就是数据被毫无规律地放到磁盘上，查找数据会非常费劲，甚至可能找不到需要的数据。

因此，文件系统出现了。文件系统可实现对磁盘空间的统一管理。一方面，文件系统可以对磁盘空间进行统一规划；另一方面，文件系统可以给普通用户提供人性化的接口。就像快递寄存处的货架，将空间进行规划和编排，这样用户可以根据编号方便地找到具体的货物。文件系统也是类似的，将磁盘空间进行规划和编排，这样用户可以通过文件名找到具体的数据，而不用关心数据到底是怎么存储的。

文件系统是操作系统不可或缺的一部分，它为用户提供了方便、高效、可靠的文件管理功能。通过文件系统，用户可以轻松地创建、存储、查找、修改和删除文件，而无须关心底层存储设备的实现细节。

4.1.2　文件系统类型

一个分区或磁盘在作为文件系统使用前，需要被初始化，并写入记录的数据结构。这个过程就叫建立文件系统。

不同的文件系统采用不同的方法来管理磁盘空间，各有优劣。文件系统包含分区，格式化操作针对的是分区。分区格式化是指采用指定的文件系统类型对分区进行登记、索引并建立相应的管理表格的过程。在 Windows 中，通常都是采用 FAT（File Allocation Table，文件分配表）32 或 NTFS（New Technology File System，新技术文件系统），而 Linux 则支持几十种文件系统，常见的有 Ext2、Ext3、Ext4、XFS、VFAT 等，目前硬盘分区通常采用 Ext3 或 Ext4。

Ext3（Third Extended File System，第三代扩展文件系统）是 Ext2（Second Extended File System，第二代扩展文件系统）的日志版本，它在 Ext2 的基础上增加了日志的功能。Ext3 提供了 3 种日志模式：日志（Journal）、顺序（Ordered）和回写（Writeback）。与 Ext2 相比，Ext3 提供了更好的安全性以及向上、向下的兼容性。因此，在 Linux 中可以挂载一个 Ext3 代替 Ext2。Ext3 被广泛应用于目前的 Linux 中。Ext3 的缺点是缺乏现代文件系统具有的高速数据处理和解压性能。此外，使用 Ext3 还要考虑磁盘限额问题。

Ext4 即第四代扩展文件系统（Fourth Extended File System），是 Linux 下的日志文件系统，也是 Ext3 的后继版本。Ext3 最多只能支持 32TB 的文件系统和 2TB 的文件，根据具体使用的系统架构和设置，实际容量上限可能比这两个数字还要低。而 Ext4 容量可以达到 1EB，文件容量则可以达到 16TB，这是两个非常大的数字。对一般的台式计算机和服务器而言，文件容量可能并不重要，但对大型磁盘阵列的用户而言，这就非常重要了。

XFS（X File System，新一代文件系统）是 SGI（Silicon Graphics，美国硅图公司）开发的高级日志文件系统，其具有可伸缩性，非常健壮。SGI 将其移植到了 Linux 中。在 Linux 环境下，目前可用的最新 XFS 版本为 1.2，它可以很好地工作在 2.4 版本的内核下。

VFAT（Virtual File Allocation Table，虚拟文件分配表）是一种主要用于处理长文件的文件系统，它运行在保护模式下并使用 V-Cache（会根据 Windows 启动时存在的物理内存数量来确定最大缓存的大小）进行缓存，还具有和 Windows 文件系统和 Linux 文件系统兼容的特性。因此，VFAT 可以作为 Windows 系统分区和 Linux 系统交换分区的文件系统来使用。

为了方便对各类文件系统进行统一管理，Linux 引入了虚拟文件系统（Virtual File System，VFS），它为各类文件系统提供了一个统一的操作界面和应用编程接口。VFS 的作用就是采用标准的 UNIX 调用位于不同物理介质上的不同文件系统。

VFS 是一个可以让 open()、read()、write() 等系统通过调用不必关心底层的存储介质和文件系统类型就可以工作的黏合层。在 DOS（Disk Operating System，磁盘操作系统）中，访问本地文件系统之外的文件系统需要使用特殊的工具。而在 Linux 下，通过 VFS，一个抽象的通用访问接口屏蔽了底层文件系统和物理介质的差异性。每一种类型的文件系统都隐藏了实现的细节。因此，对于 VFS 和内核的其他部分而言，每一种类型的文件系统看起来都是一样的。

以上介绍的 Ext3、Ext4、XFS、VFAT 和 VFS 等文件系统都是普通本地文件系统，这些文件系统只能在本地进行格式化并使用，还有一种常用的分布式文件系统。

相对于本地文件系统，分布式文件系统（Distributed File System，DFS）是一种通过网络连接多个节点（可以理解为计算机或存储设备），共同管理和存储数据的文件系统。

分布式文件系统解决了资源共享问题。以网络文件系统（Network File System，NFS）为例，它分为服务端和客户端，客户端通过某种协议连接到服务端，此时会在客户端的目录树中映射一个子树，这样在客户端就能访问服务端的文件系统。然而，对于客户端来说，这个映射关系是透明的，也就是用户不知道这个子树存在于远程计算机。因此分布式文件系统最大的特点是多个客户端可以访问相同的服务端。

4.1.3　文件系统的目录结构

Windows 为每个分区分配了一个盘符，在资源管理器中通过盘符就可以访问相应的分区。每个分区可以使用独立的文件系统，且都有一个根目录。

Linux 将所有的目录和文件数据组织为一个树形目录结构，即目录树，整个系统中只存在一个根目录，所有的分区、目录和文件都在根目录下面，如下所示。

```
[root@localhost ~]# cd /
[root@localhost /]# ls
bin   dev   home   lib64   mnt    proc   run    srv    tmp    var
boot  etc   lib    media   opt    root   sbin   sys    usr
```

根目录是 Linux 最重要的目录，所有的目录都是由根目录衍生出来的，且根目录与开机、还原、系统修复等动作有关。根目录很重要，需要时刻保持根目录的整洁和规范，避免在根目录下随意添加不必要的文件和目录；需要定期对根目录进行备份和恢复，以防根目录中的文件和目录因各种原因发生变化；需要注意根目录的安全性，采取措施加强其安全性，如使用 SELinux（安全增强型 Linux，它是 Linux 内核的一个功能，提供了访问控制机制，用于限制用户和应用程序对系统资源的访问）进行访问控制。

根目录及其中常用目录的作用，如表 4-1 所示。

表 4-1　根目录及其中常用目录的作用

目录名	描述
/	根目录，根目录下一般只存放目录，最好不要存放文件。/etc、/bin、/dev、/lib、/sbin 应该和根目录放置在一个分区中
/bin	存放系统中常用的二进制可执行文件。基础系统所需要的命令均位于此目录中，例如 ls、cp、mkdir 等命令。该目录的功能和/usr/bin 的类似，其中的文件都是可执行的，包含普通用户都可以使用的命令

续表

目录名	描述
/boot	存放 Linux 内核和系统启动文件，包括 GRUB、Lilo 启动程序
/dev	存放所有设备文件
/etc	存放系统的所有配置文件,；例如/etc/passwd 存放用户信息，/etc/hostname 存放主机名，等等。在/etc/fstab 中写入一些分区信息，就能实现开机自动挂载分区
/home	用户主目录的默认位置
/lib	存放共享的库文件，包含许多被/bin 和/sbin 中程序使用的库文件
/opt	作为可选文件和程序的存放目录。自定义软件会安装在这里；有些用户自己编译的软件，也可以安装在这里
/media	即插即用型设备的目录自动在这个目录下创建。例如 USB 设备自动挂载后会在这个目录下产生一个目录；CD-ROM/DVD 设备自动挂载后，也会在这个目录中创建一个目录，该目录用于存放临时读入的文件
/mnt	此目录通常用于作为被挂载的文件系统的挂载点
/root	根用户（超级用户）的主目录
/sbin	大多数涉及系统管理的命令的存放地，也是 root 用户的可执行命令的存放地。普通用户无权执行这个目录下的命令。这个目录和/usr/sbin、/usr/X11R6/sbin 或/usr/local/sbin 目录是相似的。注意，目录/sbin 中包含的命令，都是只有 root 用户才能执行的命令

4.2 硬盘管理

4.2.1 添加新硬盘

磁盘管理

从广义上来说，硬盘、光盘和 U 盘等用来保存数据信息的存储设备都可以称为磁盘，硬盘是计算机主机的重要组件。无论是在 Windows 中还是在 Linux 中使用硬盘，规划和管理硬盘都是非常重要的工作。

对于新购置的物理硬盘，不管是用于 Windows 还是 Linux，都要进行如下操作。
- 分区。
- 分区必须要经过格式化才能创建文件系统。
- 被格式化的分区必须挂载到操作系统相应的目录下。

Windows 自动帮用户完成了挂载分区到目录的工作，即自动将分区挂载到盘符；Linux 除了会自动挂载根分区外，其余的分区都需要用户自己配置，所有的分区必须挂载到文件系统相应的目录下面。

1. 查看分区信息

fdisk -l 命令的作用是列出当前系统中所有存储设备及其分区的信息，在本机上执行此命令的结果如图 4-1 所示。

```
[root@localhost ~]# fdisk -l
磁盘 /dev/sda：42.9 GB，42949672960 字节，83886080 个扇区
Units = 扇区 of 1 * 512 = 512 bytes
扇区大小(逻辑/物理)：512 字节 / 512 字节
I/O 大小(最小/最佳)：512 字节 / 512 字节
磁盘标签类型：dos
磁盘标识符：0x000dd830

   设备 Boot      Start        End      Blocks   Id  System
/dev/sda1   *      2048    1050623      524288   83  Linux
/dev/sda2       1050624   61884415    30416896   8e  Linux LVM

磁盘 /dev/mapper/centos-root：10.7 GB，10737418240 字节，20971520 个扇区
Units = 扇区 of 1 * 512 = 512 bytes
扇区大小(逻辑/物理)：512 字节 / 512 字节
I/O 大小(最小/最佳)：512 字节 / 512 字节


磁盘 /dev/mapper/centos-swap：4294 MB，4294967296 字节，8388608 个扇区
Units = 扇区 of 1 * 512 = 512 bytes
扇区大小(逻辑/物理)：512 字节 / 512 字节
I/O 大小(最小/最佳)：512 字节 / 512 字节


磁盘 /dev/mapper/centos-home：16.1 GB，16106127360 字节，31457280 个扇区
Units = 扇区 of 1 * 512 = 512 bytes
扇区大小(逻辑/物理)：512 字节 / 512 字节
I/O 大小(最小/最佳)：512 字节 / 512 字节
```

图 4-1　查看分区信息

上述信息包含在第 1 章安装 CentOS 7.6 时将硬盘分成根分区、/boot 分区、/home 分区和交换分区的整体情况和每个分区的信息，其中分区信息的各字段含义如下。

- 设备：分区的设备文件名称。
- Boot：是否是引导分区。是，则带有 "*" 标识。
- Start：该分区在硬盘中的起始位置（柱面数）。
- End：该分区在硬盘中的结束位置（柱面数）。
- Blocks：分区的大小。
- Id：分区类型的 ID，对于 Ext4 分区为 83，对于 LVM（Logical Volume Manager，逻辑卷管理）分区为 8e。
- System：分区类型。"Linux" 代表 Ext4，"Linux LVM" 代表逻辑卷。

2. 在虚拟机中添加硬盘

练习硬盘分区操作，需要先在虚拟机中添加一块硬盘。由于 SCSI（Small Computer System Interface，小型计算机系统接口）硬盘支持热插拔，因此可以在虚拟机开机的状态下直接添加硬盘。

打开虚拟机，选择菜单栏中的 "虚拟机" → "设置"，进入 "虚拟机设置" 窗口，然后单击下方的 "添加" 按钮，打开图 4-2 所示的 "添加硬件向导" 对话框。

然后依照图形界面的提示，添加一块容量为 20GB 的 SCSI 硬盘，最后需要重启系统以识别新增加的硬盘。系统重启之后，再执行 fdisk -l 命令查看硬盘分区信息，如图 4-3 所示，可以看到新增加的硬盘/dev/sdb。系统识别到新增加的硬盘后，就可以在该硬盘上建立新的分区了。

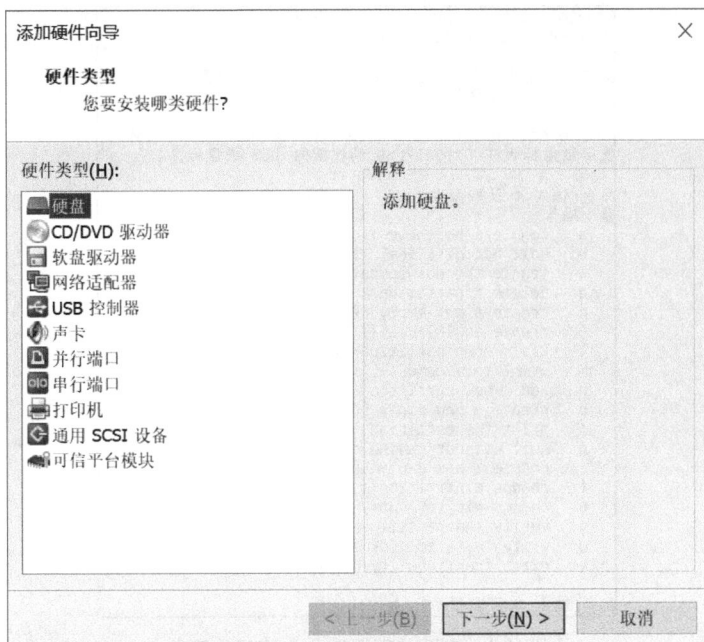

图 4-2　"添加硬件向导"对话框

图 4-3　新增加硬盘后的分区信息

4.2.2　硬盘分区

继续使用 fdisk 命令对新增加的硬盘/dev/sdb 进行分区操作，在此硬盘上创建一个主分区和一个扩展分区，在扩展分区上再创建两个逻辑分区。

主分区也叫引导分区，最少创建 1 个，最多创建 4 个；扩展分区最多创建 1 个，严格意义上来讲它不是一个真正的分区，它仅仅是一个指向下一个分区的指针；逻辑分区创建在扩展分区之上，可以创建多个逻辑分区。

执行 fdisk /dev/sdb 命令，进入交互式的分区管理界面，在该界面中的"命令（输入 m 获取帮助）："提示符后，用户可以通过输入特定的分区操作命令来完成各项分区管理任务。例如，输入"m"可以查看分区操作命令的帮助信息，如图 4-4 所示。

```
[ root@localhost ~]# fdisk /dev/sdb
欢迎使用 fdisk (util- linux 2.23.2)。

更改将停留在内存中，直到您决定将更改写入磁盘。
使用写入命令前请三思。

Device does not contain a recognized partition table
使用磁盘标识符 0xb5a371ab 创建新的 DOS 磁盘标签。

命令(输入 m 获取帮助): m
命令操作
   a   toggle a bootable flag
   b   edit bsd disklabel
   c   toggle the dos compatibility flag
   d   delete a partition
   g   create a new empty GPT partition table
   G   create an IRIX (SGI) partition table
   l   list known partition types
   m   print this menu
   n   add a new partition
   o   create a new empty DOS partition table
   p   print the partition table
   q   quit without saving changes
   s   create a new empty Sun disklabel
   t   change a partition's system id
   u   change display/entry units
   v   verify the partition table
   w   write table to disk and exit
   x   extra functionality (experts only)

命令(输入 m 获取帮助):
```

图 4-4　查看分区操作命令的帮助信息

输入"n"可以进行创建分区的操作，包括创建主分区和扩展分区。然后根据提示继续输入"p"选择创建主分区，输入"e"选择创建扩展分区。之后依次输入分区号、起始扇区、Last 扇区或分区大小即可创建新分区。

选择分区号时，主分区和扩展分区的分区号只能为 1～4。分区的起始位置一般由 fdisk 命令默认识别，Last 扇区或分区大小可以使用"+size{K,M,G}"的形式指定，如"+5G"表示将分区大小设置为 5GB。

下面首先创建一个大小为 7GB 的主分区，主分区创建结束之后，输入"p"查看已创建好的分区/dev/sdb1，操作过程如图 4-5 所示。

```
命令(输入 m 获取帮助): n
Partition type:
   p   primary (0 primary, 0 extended, 4 free)
   e   extended
Select (default p): p
分区号 (1-4, 默认 1): 1
起始 扇区 (2048-41943039, 默认为 2048):
将使用默认值 2048
Last 扇区, +扇区 or +size{K,M,G} (2048-41943039, 默认为 41943039): +7G
分区 1 已设置为 Linux 类型, 大小设为 7 GiB

命令(输入 m 获取帮助): P

磁盘 /dev/sdb: 21.5 GB, 21474836480 字节, 41943040 个扇区
Units = 扇区 of 1 * 512 = 512 bytes
扇区大小(逻辑/物理): 512 字节 / 512 字节
I/O 大小(最小/最佳): 512 字节 / 512 字节
磁盘标签类型: dos
磁盘标识符: 0xb5a371ab

   设备 Boot      Start         End      Blocks   Id  System
/dev/sdb1          2048    14682111     7340032   83  Linux
```

图 4-5　创建主分区并进行查看

然后创建扩展分区，需要特别注意的是，必须将此硬盘所有的剩余空间全部分配给扩展分区。扩展分区创建结束之后，输入"p"查看已创建好的主分区/dev/sdb1 和扩展分区/dev/sdb2，操作过程如图 4-6 所示。

```
命令(输入 m 获取帮助)：n
Partition type:
   p   primary (1 primary, 0 extended, 3 free)
   e   extended
Select (default p): e
分区号 (2-4, 默认 2)：2
起始 扇区 (14682112-41943039, 默认 14682112)：
将使用默认值 14682112
Last 扇区, +扇区 or +size{K,M,G} (14682112-41943039, 默认为 41943039)：
将使用默认值 41943039
分区 2 已设置为 Extended 类型，大小设为 13 GiB

命令(输入 m 获取帮助)：p

磁盘 /dev/sdb：21.5 GB, 21474836480 字节，41943040 个扇区
Units = 扇区 of 1 * 512 = 512 bytes
扇区大小(逻辑/物理)：512 字节 / 512 字节
I/O 大小(最小/最佳)：512 字节 / 512 字节
磁盘标签类型：dos
磁盘标识符：0xb5a371ab

    设备 Boot       Start          End        Blocks   Id  System
/dev/sdb1            2048     14682111       7340032   83  Linux
/dev/sdb2        14682112     41943039      13630464    5  Extended
```

图 4-6　创建扩展分区并进行查看

接着在扩展分区上再创建两个逻辑分区，在创建逻辑分区的时候就不需要指定分区号了，系统会自动从 5 开始顺序编号。操作过程如图 4-7 所示。

```
命令(输入 m 获取帮助)：n
Partition type:
   p   primary (1 primary, 1 extended, 2 free)
   l   logical (numbered from 5)
Select (default p): l
添加逻辑分区 5
起始 扇区 (14684160-41943039, 默认为 14684160)：
将使用默认值 14684160
Last 扇区, +扇区 or +size{K,M,G} (14684160-41943039, 默认为 41943039)：+7G
分区 5 已设置为 Linux 类型，大小设为 7 GiB

命令(输入 m 获取帮助)：n
Partition type:
   p   primary (1 primary, 1 extended, 2 free)
   l   logical (numbered from 5)
Select (default p): l
添加逻辑分区 6
起始 扇区 (29366272-41943039, 默认为 29366272)：
将使用默认值 29366272
Last 扇区, +扇区 or +size{K,M,G} (29366272-41943039, 默认为 41943039)：
将使用默认值 41943039
分区 6 已设置为 Linux 类型，大小设为 6 GiB
```

图 4-7　创建两个逻辑分区

最后再次输入"p"，查看分区信息，如图 4-8 所示。

```
命令(输入 m 获取帮助)：p

磁盘 /dev/sdb：21.5 GB, 21474836480 字节，41943040 个扇区
Units = 扇区 of 1 * 512 = 512 bytes
扇区大小(逻辑/物理)：512 字节 / 512 字节
I/O 大小(最小/最佳)：512 字节 / 512 字节
磁盘标签类型：dos
磁盘标识符：0xb5a371ab

    设备 Boot       Start          End        Blocks   Id  System
/dev/sdb1            2048     14682111       7340032   83  Linux
/dev/sdb2        14682112     41943039      13630464    5  Extended
/dev/sdb5        14684160     29364223       7340032   83  Linux
/dev/sdb6        29366272     41943039       6288384   83  Linux
```

图 4-8　查看硬盘/dev/sdb 的分区信息

完成对硬盘的分区以后，可输入"w"保存所做的操作后退出，若操作过程中出错，可输入"q"不保存所做的操作直接退出，然后重新使用 fdisk 命令进行操作。硬盘分区完成以后，一般需要重启系统以使分区设置生效。如果不想重启系统，可以使用 partprobe 命令使系统获知分区表的变化情况。执行 partprobe 命令探测/dev/sdb 硬盘中分区表的变化情况，

如下所示。

```
[root@localhost ~]# partprobe /dev/sdb
```

至此，完成硬盘的分区操作。

4.2.3　格式化分区

分区创建完成之后，还不能直接使用，必须经过格式化才能使用，这是因为操作系统必须按照一定的方式来管理硬盘分区。格式化的作用就是在分区中创建文件系统。Linux 专用的文件系统是 Ext，包含 Ext3、Ext4 等诸多版本，在 CentOS 中默认使用的是 Ext4。

mkfs 命令的作用就是在硬盘分区上创建文件系统。mkfs 命令本身并不执行建立文件系统的任务，而是调用相关的程序来执行。

其语法格式如下。

```
mkfs  [选项]  [参数]
```

常用的选项如下。

fs：指定建立文件系统时的参数。

-t<文件系统类型>：指定要建立何种类型的文件系统。

-v：显示该命令的版本信息与详细的使用方法。

-V：显示简要的使用方法。

-c：在创建文件系统前，检查该分区中是否有坏道。

-q：执行时不显示任何信息。

例：列出以 mkfs 开头的所有命令。

```
[root@localhost ~]# mkfs        //输入命令后按两次 Tab 键
mkfs           mkfs.cramfs    mkfs.ext3    mkfs.fat      mkfs.msdos    mkfs.xfs
mkfs.btrfs     mkfs.ext2      mkfs.ext4    mkfs.minix    mkfs.vfat
```

将前面创建的分区/dev/sdb1 通过 Ext4 进行格式化，如图 4-9 所示。

```
[root@localhost ~]# mkfs -t ext4 /dev/sdb1
mke2fs 1.42.9 (28-Dec-2013)
文件系统标签=
OS type: Linux
块大小=4096 (log=2)
分块大小=4096 (log=2)
Stride=0 blocks, Stripe width=0 blocks
458752 inodes, 1835008 blocks
91750 blocks (5.00%) reserved for the super user
第一个数据块=0
Maximum filesystem blocks=1879048192
56 block groups
32768 blocks per group, 32768 fragments per group
8192 inodes per group
Superblock backups stored on blocks:
        32768, 98304, 163840, 229376, 294912, 819200, 884736, 1605632

Allocating group tables: 完成
正在写入inode表: 完成
Creating journal (32768 blocks): 完成
Writing superblocks and filesystem accounting information: 完成
```

图 4-9　格式化/dev/sdb1 分区

用同样的方法对/dev/sdb5 和/dev/sdb6 进行格式化。需要注意的是，格式化时会清除分区上的所有数据，为了安全，需备份重要资料。

4.2.4　挂载与卸载存储设备

　　挂载就是将系统中的一个目录作为挂载点,用户通过访问这个目录来实现对存储设备(如硬盘分区、USB 设备、CD-ROM 光盘等)的数据进行存取操作,作为挂载点的目录就相当于一个访问存储设备的入口,从而使得这些存储设备上的文件能够被访问。例如把/dev/sdb5 挂载到/tmp/目录中,当用户在/tmp/目录下执行数据存取操作时,Linux 就知道要到/dev/sdb5 上执行相关的操作。挂载示意如图 4-10 所示。

图 4-10　挂载示意

　　在安装 Linux 的过程中,自动建立或识别的分区通常会由系统自动完成挂载,如根分区、/boot 分区等。后来新增的硬盘分区、USB 设备等,必须由管理员手动挂载。

　　Linux 中提供了两个默认的挂载点:/mnt 和/media。

- /mnt 用作手动挂载点。
- /media 用作系统自动挂载点。

　　从理论上讲,Linux 中的任何一个目录都可以作为挂载点,但从系统的角度出发,以下几个目录不能作为挂载点:/bin、/sbin、/etc、/lib 和/lib64。

1．手动挂载

　　mount 命令的作用就是将一个存储设备(如硬盘分区、USB 设备、CD-ROM 光盘等)挂载到一个已存在的目录中,从而将该存储设备和该目录联系起来。访问这个目录就是访问该存储设备。

　　其语法格式如下。

```
mount [-t 文件系统类型] 设备文件名 挂载点
```

　　常用的选项如下。

　　-t vfstype:指定要挂载的设备上的文件系统类型。

　　-r:只读挂载。

　　-w:读写挂载。

　　-a:自动挂载所有支持自动挂载的设备(在/etc/fstab 文件中挂载选项为"自动挂载"的设备)。

　　其中,文件系统类型通常可以省略,由系统自动识别;设备文件名对应分区的设备文件名,如/dev/sdb1;挂载点为用户指定的用于挂载的目录。

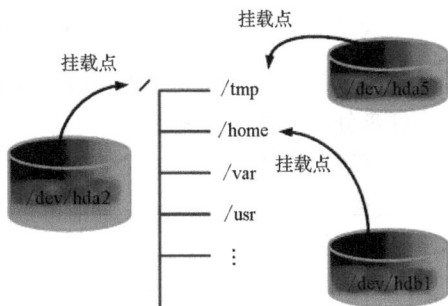

注意

挂载点需要满足以下几个要求。

- 如果挂载点事先存在,可以用 mkdir 命令新建挂载点。
- 挂载点不可被其他进程使用。
- 挂载点下原有文件将被隐藏。

　　将前面格式化过的硬盘分区/dev/sdb1、/dev/sdb5 和/dev/sdb6 分别挂载到/mnt/data1、

/mnt/data2 和/mnt/data3 目录中，如图 4-11 所示。

```
[root@localhost /]# cd /mnt
[root@localhost mnt]# mkdir data1 data2 data3
[root@localhost mnt]# mount /dev/sdb1 /mnt/data1
[root@localhost mnt]# mount /dev/sdb5 /mnt/data2
[root@localhost mnt]# mount /dev/sdb6 /mnt/data3
```

图 4-11　将硬盘分区挂载到指定目录中

完成挂载后，可以使用 df 命令查看挂载情况。df 命令主要用来查看系统中已经挂载的各个硬盘分区的使用情况。

其语法格式如下。

df　[选项]　[文件]

常用的选项如下。

-a：显示全部文件系统列表。

-h：以易于阅读的方式显示。

-H：等同于 "-h"，计算时，1K=1000，而不是 1K=1024。

-l：只显示本地文件系统。

-T：显示文件系统类型。

例：查看磁盘挂载情况，如图 4-12 所示。

```
[root@localhost mnt]# df -hT
文件系统                  类型       容量   已用   可用   已用% 挂载点
/dev/mapper/centos-root  xfs        10G   4.9G   5.2G   49%  /
devtmpfs                 devtmpfs  471M      0   471M    0%  /dev
tmpfs                    tmpfs     488M      0   488M    0%  /dev/shm
tmpfs                    tmpfs     488M   8.6M   479M    2%  /run
tmpfs                    tmpfs     488M      0   488M    0%  /sys/fs/cgroup
/dev/mapper/centos-home  xfs        15G    37M    15G    1%  /home
/dev/sda1                xfs       509M   163M   346M   33%  /boot
tmpfs                    tmpfs      98M    36K    98M    1%  /run/user/0
/dev/sdb1                ext4      6.8G    32M   6.4G    1%  /mnt/data1
/dev/sdb5                ext4      6.8G    32M   6.4G    1%  /mnt/data2
/dev/sdb6                ext4      5.8G    24M   5.5G    1%  /mnt/data3
```

图 4-12　查看磁盘挂载情况

由图 4-12 可以看出，df 命令输出了 tmpfs。那么 tmpfs 是什么呢？它其实是一个临时文件系统，驻留在内存中，所以/dev/shm 目录不在硬盘中，而在内存中，其读写速度非常快，可以提供较高的访问速率。但因为它在内存中，所以断电后其数据会丢失。内存中的数据不像硬盘中的数据那样可以被永久保存。利用 tmpfs 的这个特性可以提高服务器性能，把一些对读写性能要求较高，但又可以丢失的数据保存在/dev/shm 目录中，以提高访问速率。

2. 自动挂载

通过 mount 命令挂载的存储设备在 Linux 关机或重启时都会自动被卸载，所以一般手动挂载存储设备之后都必须把挂载信息写入/etc/fstab 文件中。系统启动时会自动读取/etc/fstab 文件中的内容，根据文件里面的配置挂载存储设备，这样就不需要每次启动系统之后手动进行挂载了。

/etc/fstab 文件称为文件系统表（File System Table），其中的内容为系统中已存在的挂载信息，如图 4 -13 所示。

```
[root@localhost ~]# cat /etc/fstab
#
# /etc/fstab
# Created by anaconda on Wed Feb 27 06:54:07 2023
#
# Accessible filesystems, by reference, are maintained under '/dev/disk'
# See man pages fstab(5), findfs(8), mount(8) and/or blkid(8) for more info
#
UUID=5073d641-978b-477d-8aef-75de392e7583 /                       xfs      defaults        0 0
UUID=049e5095-cabe-471c-beff-c3b0838cc98a /boot                   xfs      defaults        0 0
UUID=bc06b4cd-b85e-4de9-ad74-414f975c9ec5 swap                    swap     defaults        0 0
```

图 4-13　/etc/fstab 文件中的内容

文件中的每一行对应一个自动挂载设备，每行包括 6 列，每列的字段含义如下。

- 第 1 个字段：需要挂载的存储设备文件名。
- 第 2 个字段：挂载点，必须是一个目录而且必须使用绝对路径。
- 第 3 个字段：文件系统类型，可以写成 auto，由系统自动检测。
- 第 4 个字段：挂载参数，一般都采用 defaults，还可以设置为 rw、suid、dev、exec、auto、nouser、async 等参数。
- 第 5 个字段：能否被 dump 命令备份，dump 命令是一个用于备份的命令，通常这个字段的取值为 0 或者 1（0 表示不能，1 表示能）。
- 第 6 个字段：在启动过程中，是否用 fsck（用于检查与修复文件系统）命令来检查文件系统，0 表示不检查，1 表示检查。

下面利用文本编辑器 Vim 修改/etc/fstab 文件来实现硬盘分区的自动挂载，如图 4-14 所示。

```
[root@localhost ~]# cat /etc/fstab
#
# /etc/fstab
# Created by anaconda on Wed Feb 27 06:54:07 2023
#
# Accessible filesystems, by reference, are maintained under '/dev/disk'
# See man pages fstab(5), findfs(8), mount(8) and/or blkid(8) for more info
#
UUID=5073d641-978b-477d-8aef-75de392e7583 /                       xfs      defaults        0 0
UUID=049e5095-cabe-471c-beff-c3b0838cc98a /boot                   xfs      defaults        0 0
UUID=bc06b4cd-b85e-4de9-ad74-414f975c9ec5 swap                    swap     defaults        0 0

/dev/sdb1 /mnt/data1 auto defaults 0 0
/dev/sdb5 /mnt/data2 auto defaults 0 0
/dev/sdb6 /mnt/data3 auto defaults 0 0
```

图 4-14　修改/etc/fstab 文件实现自动挂载

修改完/etc/fstab 文件之后，可以执行 mount -a 命令，自动挂载系统中的所有硬盘分区。

3. 卸载存储设备

umount 命令用于卸载一个已挂载的存储设备（如硬盘分区、USB 设备、CD-ROM 光盘等），相当于 Windows 里的弹出设备命令。

其语法格式如下。

```
umount 设备文件名称|挂载目录
```

常用的选项如下。

-h：输出简要帮助信息。

-v：输出详细帮助信息。

-n：卸载的时候不会更新/etc/mtab 文件。

　　-r：如果卸载失败，则先将其重新挂载为只读模式，然后再尝试卸载它。

　　-a：将/etc/mtab 文件中记录的文件系统全部卸载。

　　-t：指定文件系统类型，如 ext3、fat32、iso9600 等。

　　-f：强制卸载。

　　在使用 umount 命令卸载存储设备时，必须保证此时的存储设备不能处于 busy（忙碌）状态。使存储设备处于 busy 状态的情况：存储设备中有打开的文件，某个进程的工作目录在此存储设备中，存储设备的缓存文件正在被使用等。

　　下面使用 umount 命令卸载/dev/sdb1，如图 4-15 所示。

```
[root@localhost ~]# cd /mnt/data1
[root@localhost data1]# umount /dev/sdb1
umount: /mnt/data1：目标忙。
        (有些情况下通过 lsof(8) 或 fuser(1) 可以
         找到有关使用该设备的进程的有用信息)
[root@localhost data1]# cd ..
[root@localhost mnt]# umount /dev/sdb1
```

图 4-15　卸载/dev/sdb1

4.3　逻辑卷管理

4.3.1　逻辑卷管理相关概念

逻辑卷管理

　　早期，硬盘（Hard Disk Driver）呈现给操作系统的是一组连续的物理块。整个硬盘都分配给文件系统，由操作系统或应用程序使用。这样做的缺点是缺乏灵活性：当一个硬盘的空间使用完时，想要扩展文件系统就很困难；而当硬盘的空间增大时，把整个硬盘分配给文件系统又会出现不能充分利用空间的问题。

　　用户在安装 Linux 时遇到的一个常见问题就是如何正确评估各分区的大小，以分配合适的硬盘空间。普通的磁盘分区管理方式在逻辑分区划分好之后就无法再改变其大小，当一个逻辑分区存放不下某个文件时，这个文件受上层文件系统的限制，不能跨越多个分区存放，所以不能同时放到其他分区上。当某个分区空间耗尽时，解决这一问题的方法通常是使用软链接，或者使用调整分区大小的工具，但这并没有从根本上解决问题。随着逻辑卷管理功能的出现，上述问题都迎刃而解，用户在无须关机的情况下可以方便地调整各个分区的大小。

　　逻辑卷管理（Logical Volume Manager，LVM）的设计目的就是实现对磁盘的动态管理。LVM 是建立在磁盘分区和文件系统之间的一个逻辑层，管理员利用 LVM 不用重新分区磁盘就可以动态调整文件系统的大小，并且利用 LVM 的文件系统可以跨越磁盘。当服务器添加了新的磁盘后，管理员不必将已有的磁盘文件移动到新的磁盘上，通过 LVM 就可以直接使文件系统跨越磁盘。可以说，LVM 提供了一种非常高效、灵活的磁盘管理方式。

　　LVM 为文件系统屏蔽磁盘分区，可以将若干个磁盘分区连接为一个抽象卷组，在卷组中可以任意创建逻辑卷并在逻辑卷上建立文件系统，最终在系统中挂载使用的就是逻辑卷。逻辑卷的使用方法和管理方式与普通的磁盘分区的是完全一样的。

　　与 LVM 相关的几个概念如下。

　　● 物理存储介质（Physical Storage Media）：指系统的物理存储设备——硬盘，/dev/hda、/dev/sda 等，是 LVM 底层的存储单元。

- 物理卷（Physical Volume，PV）：指硬盘分区或逻辑上与硬盘分区具有同样功能的设备，是 LVM 的基本存储逻辑块，但和基本的物理存储介质（如硬盘等）比较，包含与 LVM 相关的管理参数。
- 卷组（Volume Group，VG）：卷组是一个或多个物理卷所组成的存储池，形成一个可管理的单元，可在卷组上创建一个或多个逻辑卷。
- 逻辑卷（Logical Volume，LV）：类似于非 LVM 系统中的硬盘分区，逻辑卷建立在卷组之上，而在逻辑卷（比如/home 或者/usr 等）之上可以建立文件系统。
- 物理区块（Physical Extent，PE）：每一个物理卷被划分成称为物理区块的基本单元，具有唯一编号的物理区块是可以被 LVM 寻址的最小单元。物理区块的大小是可以配置的，默认为 4MB。物理卷由大小相同的物理区块组成。

物理卷、卷组和逻辑卷三者之间的关系如图 4-16 所示。

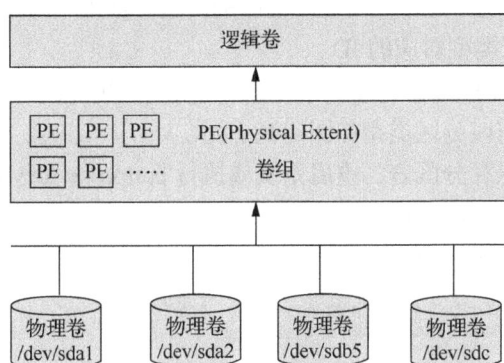

图 4-16　物理卷、卷组、逻辑卷三者之间的关系

与非 LVM 系统将包含分区信息的元数据保存在位于分区起始位置的分区表中相似，与逻辑卷和卷组相关的元数据是保存在位于物理卷起始位置的 VGDA（Volume Group Descriptor Area，卷组描述符区域）中的。VGDA 包括以下内容：物理卷描述符、卷组描述符、逻辑卷描述符和物理区块描述符。

系统启动 LVM 时激活卷组，并将 VGDA 加载至内存，识别逻辑卷的实际物理存储位置。当系统进行 I/O（Input/Output，输入/输出）操作时，就会根据 VGDA 建立的映射机制来访问实际的物理存储位置。

在 CentOS 7.6 中，LVM 得到了重视。在安装系统的过程中，如果设置由系统自动进行分区，则系统除了创建一个/boot 分区之外，会将剩余的磁盘空间全部采用 LVM 进行管理，并在其中创建两个逻辑卷，分别挂载到根分区和交换分区。

4.3.2　逻辑卷基本管理

1. 创建磁盘分区

磁盘分区是实现 LVM 的前提和基础，在使用 LVM 时，首先需要划分磁盘分区，并且将磁盘分区的类型设置为 8e，之后才能将分区初始化为物理卷。

这里使用前面创建的主分区/dev/sdb1 和逻辑分区/dev/sdb5 来演示。特别注意，要把分区

/dev/sdb1 和/dev/sdb5 卸载以便进行演示。/dev/sdb 分区情况如图 4-17 所示。

```
[root@localhost ~]# fdisk -l /dev/sdb

磁盘 /dev/sdb：21.5 GB, 21474836480 字节，41943040 个扇区
Units = 扇区 of 1 * 512 = 512 bytes
扇区大小(逻辑/物理)：512 字节 / 512 字节
I/O 大小(最小/最佳)：512 字节 / 512 字节
磁盘标签类型：dos
磁盘标识符：0xb5a371ab

   设备 Boot      Start         End      Blocks   Id  System
/dev/sdb1          2048    14682111     7340032   83  Linux
/dev/sdb2      14682112    41943039    13630464    5  Extended
/dev/sdb5      14684160    29364223     7340032   83  Linux
/dev/sdb6      29366272    41943039     6288384   83  Linux
```

图 4-17　/dev/sdb 分区情况

在 fdisk 命令中，使用 t 命令可以更改分区的类型，如果不知道分区类型对应的 ID，可以输入 l 命令查看各分区类型对应的 ID。

下面要将分区/dev/sdb1 和/dev/sdb5 的分区类型改为"Linux LVM"，也就是要将分区类型的 ID 修改为"8e"。修改分区类型如图 4-18 所示。

分区创建成功后要保存分区表，重启系统或执行 partprobe /dev/sdb 命令即可。这里执行 partprobe /dev/sdb 命令，如下所示。

```
[root@localhost ~]# partprobe /dev/sdb
```

```
[root@localhost ~]# fdisk /dev/sdb
欢迎使用 fdisk (util-linux 2.23.2)。

更改将停留在内存中，直到您决定将更改写入磁盘。
使用写入命令前请三思。

命令(输入 m 获取帮助)：t
分区号 (1,2,5,6，默认 6)：1
Hex 代码(输入 L 列出所有代码)：8e
已将分区"Linux"的类型更改为"Linux LVM"

命令(输入 m 获取帮助)：t
分区号 (1,2,5,6，默认 6)：5
Hex 代码(输入 L 列出所有代码)：8e
已将分区"Linux"的类型更改为"Linux LVM"

命令(输入 m 获取帮助)：p

磁盘 /dev/sdb：21.5 GB, 21474836480 字节，41943040 个扇区
Units = 扇区 of 1 * 512 = 512 bytes
扇区大小(逻辑/物理)：512 字节 / 512 字节
I/O 大小(最小/最佳)：512 字节 / 512 字节
磁盘标签类型：dos
磁盘标识符：0xb5a371ab

   设备 Boot      Start         End      Blocks   Id  System
/dev/sdb1          2048    14682111     7340032   8e  Linux LVM
/dev/sdb2      14682112    41943039    13630464    5  Extended
/dev/sdb5      14684160    29364223     7340032   8e  Linux LVM
/dev/sdb6      29366272    41943039     6288384   83  Linux

命令(输入 m 获取帮助)：w
The partition table has been altered!

Calling ioctl() to re-read partition table.

WARNING: Re-reading the partition table failed with error 16: 设备或资源忙。
The kernel still uses the old table. The new table will be used at
the next reboot or after you run partprobe(8) or kpartx(8)
正在同步磁盘。
```

图 4-18　修改分区类型

2．创建物理卷

pvcreate 命令用于将物理硬盘分区初始化为物理卷，以便被 LVM 使用。

其语法格式如下。

```
pvcreate [选项] [参数]
```

常用的选项如下。

-f：强制创建物理卷，不需要用户确认。

-u：指定设备的 UUID（Universal Unique Identifier，通用唯一标识符）。

-y：对于所有的问题都回答 yes（即 y）。

-Z：是否利用前 4 个扇区。

下面将分区/dev/sdb1 和/dev/sdb5 转化为物理卷，如图 4-19 所示。

```
[root@localhost ~]# pvcreate /dev/sdb1 /dev/sdb5
WARNING: ext4 signature detected on /dev/sdb1 at offset 1080. Wipe it? [y/n]: y
  Wiping ext4 signature on /dev/sdb1.
WARNING: ext4 signature detected on /dev/sdb5 at offset 1080. Wipe it? [y/n]: y
  Wiping ext4 signature on /dev/sdb5.
  Physical volume "/dev/sdb1" successfully created.
  Physical volume "/dev/sdb5" successfully created.
```

图 4-19　将分区转化为物理卷

pvscan 命令会扫描系统中连接的所有硬盘，列出找到的物理卷列表。

其语法格式如下。

```
pvscan [选项]
```

常用的选项如下。

-d：调试模式。

-n：仅显示不属于任何卷组的物理卷。

-s：短格式输出物理卷的信息。

-u：显示 UUID。

-e　仅显示属于输出卷组的物理卷。

3．创建卷组

卷组目录在创建卷组时自动生成，位于/dev/目录下，与卷组同名。卷组中的所有逻辑卷设备文件都保存在该目录下。卷组中可以包含一个或多个物理卷。vgcreate 命令用于创建 LVM 卷组。

其语法格式如下。

```
vgcreate [选项] 卷组名 物理卷名 [物理卷名...]
```

常用的选项如下。

-l：卷组中允许创建的最大逻辑卷数。

-p：卷组中允许添加的最大物理卷数。

-s：卷组中的物理卷的大小，默认值为 4MB。

vgdisplay 命令用于显示 LVM 卷组的属性。如果不指定"卷组"参数，则分别显示所有卷组的属性。

其语法格式如下。

```
vgdisplay [选项] [卷组]
```

常用的选项如下。

-A：仅显示活动卷组的属性。

-s：使用短格式输出属性。

使用物理卷/dev/sdb1 和/dev/sdb5 创建名为 test-group 的卷组并进行查看，如图 4-20 所示。

```
[root@localhost ~]# vgcreate test-group /dev/sdb1 /dev/sdb5
  Volume group "test-group" successfully created
[root@localhost ~]# vgdisplay test-group
  --- Volume group ---
  VG Name                test-group
  System ID
  Format                 lvm2
  Metadata Areas         2
  Metadata Sequence No   1
  VG Access              read/write
  VG Status              resizable
  MAX LV                 0
  Cur LV                 0
  Open LV                0
  Max PV                 0
  Cur PV                 2
  Act PV                 2
  VG Size                13.99 GiB
  PE Size                4.00 MiB
  Total PE               3582
  Alloc PE / Size        0 / 0
  Free  PE / Size        3582 / 13.99 GiB
  VG UUID                6Jlmvn-UHne-eMUd-oU6x-bnvT-XakC-TIveiF
```

图 4-20　创建卷组并查看

4．创建逻辑卷

lvcreate 命令用于创建 LVM 的逻辑卷，逻辑卷是创建在卷组之上的。逻辑卷对应的设备文件保存在卷组目录下。

其语法格式如下。

`lvcreate  -L 大小 -n 逻辑卷  卷组名`

常用的选项如下。

-L：选项后跟的是一个数值，用于指定逻辑卷的大小。这个数值可带单位，如 KB（千字节）、MB（兆字节）、GB（吉字节）等。

-l：指定逻辑卷的大小（逻辑区块数）。

-n：后面跟逻辑卷名。

-s：创建快照。

lvdisplay 命令用于显示 LVM 的逻辑卷大小、读写状态和快照信息等属性。如果省略"逻辑卷"参数，则 lvdisplay 命令显示所有逻辑卷的属性；否则，仅显示指定逻辑卷的属性。

其语法格式如下。

`lvdisplay [逻辑卷]`

常用的选项如下。

--columns|-C：以列的形式显示。

-h|--help：显示帮助信息。

下面先从 test-group 卷组中创建名为 game 的大小为 13GB 的逻辑卷，再用 lvdisplay 命令查看逻辑卷的属性，如图 4-21 所示。

```
[root@localhost ~]# lvcreate -L 13G -n game  test-group
  Logical volume "game" created.
[root@localhost ~]# lvdisplay /dev/test-group/game
  --- Logical volume ---
  LV Path                /dev/test-group/game
  LV Name                game
  VG Name                test-group
  LV UUID                4beVIa-d8Qk-DkYa-AhMs-baFz-aZwr-9kZKPv
  LV Write Access        read/write
  LV Creation host, time localhost.localdomain, 2024-04-29 16:51:41 +0800
  LV Status              available
  # open                 0
  LV Size                13.00 GiB
  Current LE             3328
  Segments               2
  Allocation             inherit
  Read ahead sectors     auto
  - currently set to     8192
  Block device           253:2
```

图 4-21　创建逻辑卷并查看

5. 格式化挂载逻辑卷

逻辑卷相当于一个磁盘分区，使用它前还要进行格式化和挂载。

首先对逻辑卷/dev/test-group/game 进行格式化，如图 4-22 所示。

```
[root@localhost ~]# mkfs -t ext4 /dev/test-group/game
mke2fs 1.45.6 (20-Mar-2020)
创建含有 3407872 个块（每块 4k）和 851968 个inode的文件系统
文件系统UUID: f9a403e5-7aae-4a70-8169-8e3869177582
超级块的备份存储于下列块:
        32768, 98304, 163840, 229376, 294912, 819200, 884736, 1605632, 2654208

正在分配组表: 完成
正在写入inode表: 完成
创建日志（16384 个块）完成
写入超级块和文件系统账户统计信息: 已完成
```

图 4-22　格式化逻辑卷

再创建挂载点，然后将逻辑卷进行手动挂载或者通过修改/etc/fstab 文件进行自动挂载，最后就可以使用逻辑卷了，如图 4-23 所示。

```
[root@localhost ~]# cd /mnt
[root@localhost mnt]# mkdir game
[root@localhost mnt]# mount /dev/test-group/game  game
mount: (hint) your fstab has been modified, but systemd still uses
       the old version; use 'systemctl daemon-reload' to reload.
[root@localhost mnt]# df -hT
文件系统                      类型       容量   已用   可用  已用% 挂载点
devtmpfs                      devtmpfs  1.8G     0   1.8G    0% /dev
tmpfs                         tmpfs     1.8G     0   1.8G    0% /dev/shm
tmpfs                         tmpfs     1.8G  9.7M   1.8G    1% /run
tmpfs                         tmpfs     1.8G     0   1.8G    0% /sys/fs/cgroup
/dev/mapper/cs-root           xfs        17G  5.4G    12G   32% /
/dev/sda1                     xfs      1014M  273M   742M   27% /boot
tmpfs                         tmpfs     364M   40K   364M    1% /run/user/0
/dev/sdb6                     ext4      5.9G   24K   5.6G    1% /mnt/data3
/dev/mapper/test--group-game  ext4       13G   24K    13G    1% /mnt/game
```

图 4-23　挂载逻辑卷并使用

4.3.3　逻辑卷其他管理

建立好逻辑卷以后，还可以根据需要对它进行各种管理操作，比如减少空间、增加空间和删除逻辑卷等。

1．增加新的物理卷到卷组

vgextend 命令用于动态扩展 LVM 卷组，它通过向卷组中添加物理卷来增加卷组的容量。LVM 卷组中的物理卷可以在使用 vgcreate 命令创建卷组时添加，也可以使用 vgextend 命令动态添加。

其语法格式如下。

```
vgextend [选项] [卷组名] [物理卷路径]
```

常用的选项如下。

-h：显示命令的帮助信息。

-d：调试模式。

-f：强制扩展卷组。

-v：显示详细信息。

2．从卷组中移除物理卷

vgreduce 命令通过删除 LVM 卷组中的物理卷来减少卷组容量。

其语法格式如下。

```
vgreduce [选项] [卷组名][物理卷路径]
```

常用的选项如下。

-a：如果没有指定要删除的物理卷，那么删除所有为空的物理卷。

--removemising：删除卷组中所有丢失的物理卷，使卷组恢复正常状态。

3．减少逻辑卷空间

减少逻辑卷空间的操作是有风险的，操作之前一定要做好数据备份，以免数据丢失。减少逻辑卷的大小，必须先减少其上的文件系统的大小。

具体操作顺序：检查文件系统，减小文件系统大小，减小逻辑卷大小。

4．扩展逻辑卷空间

lvextend 命令用于动态在线扩展逻辑卷，而不中断应用程序对逻辑卷的访问。

其语法格式如下。

```
lvextend [选项][逻辑卷路径]
```

常用的选项如下。

-h：显示命令的帮助信息。

-L <+大小>：指定逻辑卷的大小。这个数值可带单位，如 KB（千字节）、MB（兆字节）、GB（吉字节）等。

-f|--force：强制扩展。

-l：指定逻辑卷的大小（逻辑区块数）。

-r|--resizefs <大小>：重置文件系统使用的空间大小。这个数值可带单位，如 KB（千字节）、MB（兆字节）、GB（吉字节）等。

5．更改卷组的属性

vgchange 命令用于修改卷组的属性，可以设置卷组处于活动状态或非活动状态。

其语法格式如下。

```
vgchange [选项][卷组名]
```

常用的选项如下。

-a <y|n>：设置卷组中逻辑卷的可用性。

-u：为指定的卷组随机生成新的 UUID。

-l<最大逻辑卷数量>：更改现有不活动卷组的最大逻辑卷数量。

-L<最大物理卷数量>：更改现有不活动卷组的最大物理卷数量。

-s <PE 大小>：更改卷组的物理块的大小。

-noudevsync：禁用 udev 同步。

-x <y|n>：启用或禁用在卷组上进行扩展或减少物理卷的操作。

6. 删除逻辑卷

lvremove 命令用于删除指定的 LVM 逻辑卷。

其语法格式如下。

```
lvremove [选项][逻辑卷路径]
```

常用的选项如下。

-f|--force：强制删除。

-noudevsync：禁用 udev 同步。

7. 删除卷组

vgremove 命令用于删除指定的卷组。

其语法格式如下。

```
vgremove [选项][卷组名]
```

常用的选项如下。

-f|--force：强制删除。

-v：显示详细信息。

8. 删除物理卷

pvremove 命令用于删除指定的物理卷。

其语法格式如下。

```
pvremove [选项][物理卷]
```

常用的选项如下。

-f|--force：强制删除。

-y：对所有问题都回答 yes（即 y）。

4.4　RAID 管理

4.4.1　RAID 简介

RAID（Redundant Arrays of Independent Disks，独立磁盘冗余阵列）技术是由美国加利福尼亚大学伯克利分校于 1987 年提出的，是为了组合小的

RAID 管理

廉价硬盘来代替大的昂贵硬盘，并且在硬盘失效时不会对数据的访问受影响而开发出的数据保护技术。

　　RAID 就是一种由多块廉价硬盘构成的冗余阵列，在操作系统下作为一个独立的大型存储设备。RAID 可以充分发挥出多块硬盘的优势，可以提升硬盘读写速度、增大容量，提供容错功能以确保数据安全性，并且易于管理。在大多数情况下，其中某块硬盘出现问题，RAID 都可以继续工作。

　　RAID 的类型至少有几十种，这里简单介绍常见的 4 种：RAID 0、RAID 1、RAID 5 和 RAID 10。

1. RAID 0

　　RAID 0 是最早出现的 RAID 类型，即数据分条（Data Stripping）技术。RAID 0 是组建硬盘阵列的最简单的形式之一，只需要 2 块以上的硬盘，并将数据分成多个部分分别写入各个物理硬盘中，可以提高整个硬盘的性能和吞吐量，如图 4-24 所示。

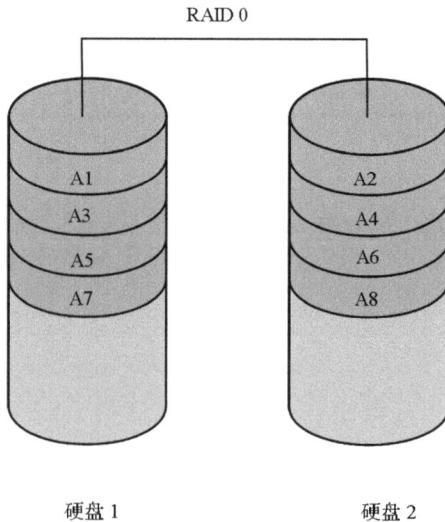

图 4-24　RAID 0 的数据组织方式

　　RAID 0 阵列中的数据分散存储在两个硬盘上（硬盘 1 和硬盘 2），如果想从 RAID 0 阵列读取文件，则将并行读取两个硬盘，这使 RAID 0 阵列的读取速度比读取任何一块硬盘快得多。

　　但是，由于没有镜像、奇偶校验或其他冗余机制，如果某块硬盘发生故障，则会丢失整个阵列上的所有数据，因此可以在速度至关重要时使用 RAID 0 阵列，并且不需要冗余。RAID 0 实现成本是最低的，不能应用于对数据安全性要求高的场合。

2. RAID 1

　　RAID 1 称为硬盘镜像，其原理是把一个硬盘的数据"镜像"到另一个硬盘上。也就是说，数据在写入一块硬盘的同时，会在另一块硬盘上生成镜像文件。RAID 1 在不影响性能的情况下最大限度地保证系统的可靠性和可修复性。系统中任何一对镜像硬盘中只要有一块硬盘可以使用，甚至在一半数量的硬盘出现问题时，系统都可以正常运行。当一块硬盘失效时，系统会忽略该硬盘，转而使用剩余的镜像硬盘读写数据，因此具备很好的硬盘冗余能力，如图 4-25 所示。

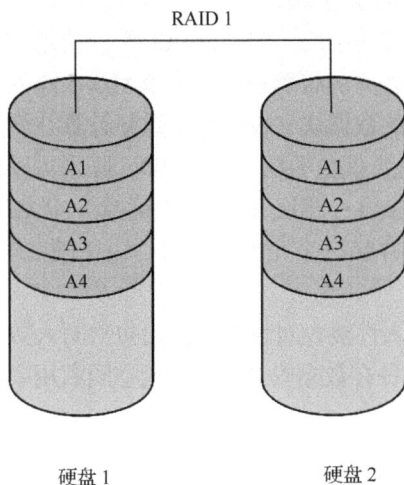

图 4-25　RAID 1 的数据组织方式

RAID 1 用至少两块硬盘实现，其中一块硬盘完全用作另一块的实时备份硬盘，相当于两块硬盘当作一块用，它的实际空间使用率只有 50%，因此其成本是单块硬盘的两倍。如果其中一块硬盘发生故障，可以从另一块硬盘中继续读取数据，并通过更换故障的硬盘来重建阵列。如果只需要基本的硬盘设置，可以使用简单的 RAID 1 阵列。当接入两块硬盘时，大多数 RAID 控制器将默认为 RAID 1 阵列。

3．RAID 5

实现 RAID 5 至少需要 3 块硬盘，RAID5 的奇偶校验码分布在所有硬盘上。RAID 5 的读取效率很高，写入效率一般。因为奇偶校验码分布在不同的硬盘上，所以提高了可靠性。如图 4-26 所示。

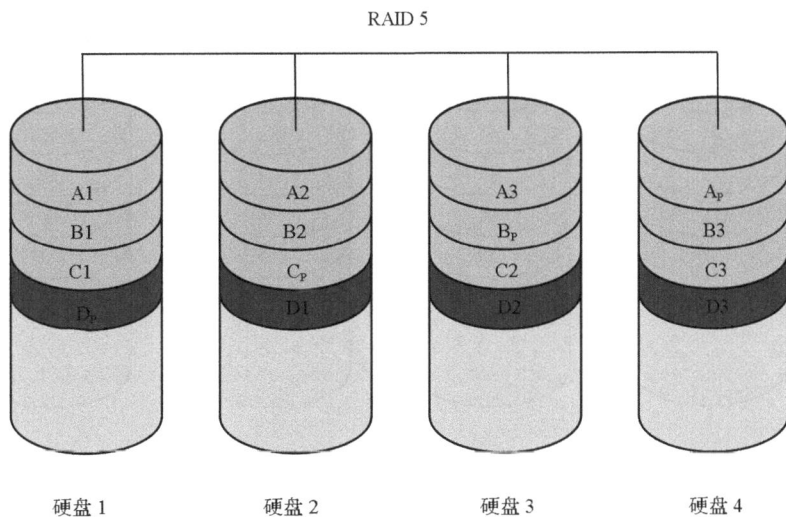

图 4-26　RAID 5 的数据组织方式

RAID 5 的阵列数据被分割成多个块，并分散存储到 RAID 5 阵列中的多个硬盘上。对于每个条带（条带是将数据分割成的小块，如 A1、A2 等），都会计算出一个奇偶校验值（Dp、Cp、Bp、Ap），并存储在一个独立的校验块中。当 RAID 5 阵列中的其中一个硬盘出现故障时，可以通过读取其他硬盘上的数据块和校验块，重新计算并恢复出故障硬盘上的数据。

RAID 5 的优点如下：通过奇偶校验机制，RAID 5 阵列可以在一个硬盘出现故障时恢复数据，保证数据的完整性和安全性；相比 RAID 1（镜像），RAID 5 的硬盘空间利用率更高，因为它不需要为每个数据块都存储一个完整的备份；由于硬盘空间利用率的提高，RAID 5 的存储成本相对较低。

RAID 5 的缺点主要是写入性能相对较慢，因为每次写入数据时都需要更新相应的校验块。但总体来说，RAID 5 是一种在数据安全性、硬盘空间利用率和存储成本之间取得平衡的存储解决方案。

4．RAID 10

RAID 10 是 RAID 0 与 RAID 1 的结合体。单独使用 RAID 1 也会出现类似单独使用 RAID 0 那样的问题，即在同一时间内只能向一块硬盘写入数据，不能充分利用所有的资源。为了解决这一问题，可以在镜像硬盘中建立带区集（将多个硬盘并列起来，组合成一个大的硬盘）。因为综合利用了带区集和镜像的优势，所以 RAID 10 也称为 RAID 0+1。RAID 10 的数据除分布在多个硬盘上之外，每个硬盘都有自己的物理镜像硬盘，提供全冗余功能，允许一个硬盘故障，而不影响数据可用性，并具有快速读写能力。RAID 10 要在镜像硬盘中建立带区集，这至少需要 4 个硬盘，如图 4-27 所示。

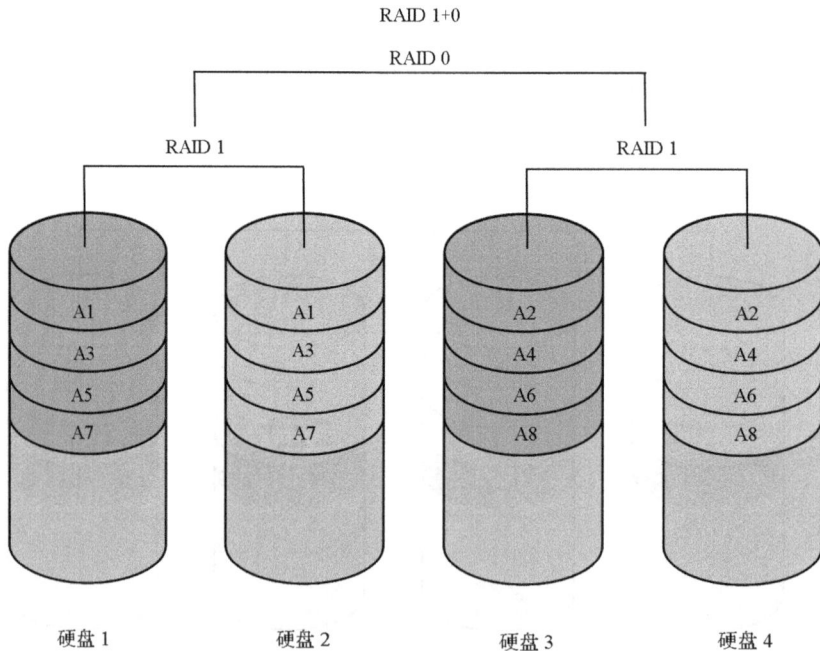

图 4-27　RAID 10 数据组织方式

在 RAID 10 阵列中，数据首先被镜像到两对或更多的硬盘上。例如，如果有 4 块硬盘，硬盘 1 和硬盘 2 组成一对镜像，硬盘 3 和硬盘 4 组成另一对镜像。每一对镜像硬盘都存储相同的数据，确保在其中一块硬盘发生故障时，数据不会丢失。这是因为另一块硬盘上的镜像仍然可以提供正常的服务。这种镜像过程确保了数据的高可靠性，使得 RAID 10 阵列具有与 RAID 1 阵列相同的数据保护能力。

在镜像的基础上，RAID 10 阵列将数据条带化（通过将连续的数据分割成较小的块，并将这些块存储在不同的硬盘上，提高数据访问的并行性和效率）。在 RAID 10 中，这些条带化的数据块是镜像的，即它们会存在于每一对镜像硬盘上。这种条带化技术提高了数据的并行读写能力，从而大幅提升了数据存储的性能。当应用程序需要读取或写入数据时，RAID 10 可以从多个硬盘上同时读取或写入数据条带，显著提高了数据的传输速率。

RAID 10 以其高性能、高可靠性和安全性在数据存储领域得到了广泛应用。然而，其较高的硬件成本、较低的硬盘利用率等也是不容忽视的缺点。因此，需要根据实际需求和预算进行权衡。

4.4.2 RAID 5 搭建

要求：建立 4 个大小为 1GB 的硬盘，并将其中 3 个创建为 RAID 5，1 个创建为热备份硬盘（RAID 中一个独立的硬盘，当 RAID 中有硬盘出现故障时，它自动补充到 RAID 中，替代故障硬盘的功能，用于提供系统的容错性能）。

1. 添加硬盘

按照 4.2.1 节介绍的方法，添加 4 块大小为 1GB 的硬盘，如图 4-28 所示。

图 4-28 添加 4 块硬盘

重启系统，使用 fdisk -l | grep sd 命令，发现 4 块添加的硬盘均被系统检测到，说明硬盘添加成功，如图 4-29 所示。

```
[root@localhost ~]# fdisk -l |grep sd
磁盘 /dev/sda: 42.9 GB, 42949672960 字节, 83886080 个扇区
/dev/sda1   *      2048    1050623    524288   83  Linux
/dev/sda2       1050624   61884415  30416896   8e  Linux LVM
磁盘 /dev/sdb: 1073 MB, 1073741824 字节, 2097152 个扇区
磁盘 /dev/sdc: 1073 MB, 1073741824 字节, 2097152 个扇区
磁盘 /dev/sde: 1073 MB, 1073741824 字节, 2097152 个扇区
磁盘 /dev/sdd: 1073 MB, 1073741824 字节, 2097152 个扇区
```

图 4-29　检测到 4 块添加的硬盘

2. 初始化硬盘

由于 RAID 5 要用到整块硬盘，因此采用前面讲过的用 fdisk 命令创建分区的方法，将整块硬盘创建成主分区，将其分区类型改成 "fd"，输入 "w" 保存所做的操作后退出，如图 4-30 所示。

```
命令(输入 m 获取帮助): n
Partition type:
   p   primary (0 primary, 0 extended, 4 free)
   e   extended
Select (default p): p
分区号 (1-4, 默认 1):
起始 扇区 (2048-2097151, 默认为 2048):
将使用默认值 2048
Last 扇区, +扇区 or +size{K,M,G} (2048-2097151, 默认为 2097151):
将使用默认值 2097151
分区 1 已设置为 Linux 类型, 大小设为 1023 MiB

命令(输入 m 获取帮助): t
已选择分区 1
Hex 代码(输入 L 列出所有代码): fd
已将分区 "Linux"的类型更改为 "Linux raid autodetect"

命令(输入 m 获取帮助): w
The partition table has been altered!

Calling ioctl() to re-read partition table.
正在同步磁盘。
[root@localhost ~]# fdisk -l|grep sdb
磁盘 /dev/sdb: 1073 MB, 1073741824 字节, 2097152 个扇区
/dev/sdb1       2048    2097151    1047552   fd  Linux raid autodetect
```

图 4-30　将分区类型改为 "fd"

以此类推，设置另外 3 块硬盘，结果如图 4-31 所示。

```
[root@localhost ~]# fdisk -l |grep sd[b-e]
磁盘 /dev/sdb: 1073 MB, 1073741824 字节, 2097152 个扇区
/dev/sdb1       2048    2097151    1047552   fd  Linux raid autodetect
磁盘 /dev/sdc: 1073 MB, 1073741824 字节, 2097152 个扇区
/dev/sdc1       2048    2097151    1047552   fd  Linux raid autodetect
磁盘 /dev/sde: 1073 MB, 1073741824 字节, 2097152 个扇区
/dev/sde1       2048    2097151    1047552   fd  Linux raid autodetect
磁盘 /dev/sdd: 1073 MB, 1073741824 字节, 2097152 个扇区
/dev/sdd1       2048    2097151    1047552   fd  Linux raid autodetect
```

图 4-31　4 块硬盘初始化设置完成

3. 创建 RAID 5 及其热备份硬盘

mdadm 是 multiple devices admin 的简称，是 Linux 下的一款标准的 RAID 管理工具。在 Linux 中，mdadm 利用多个底层的块设备虚拟出一个新的虚拟设备，并通过条带化技术提高读写性能，同时利用数据冗余算法保护数据，使其不会因为某个块设备的故障而完全丢失，而且能在设备被替换后将丢失的数据恢复到新的设备上。

目前，mdadm 支持 Linear、Multipath、RAID 0、RAID 1、RAID 4、RAID 5、RAID 6 和 RAID 10 等不同的阵列方式，也支持由多个 RAID 层叠组成的阵列。

其语法格式如下。

```
mdadm [模式] [参数]
```

常用的模式如下。

-C/--create：创建阵列模式。

- -a {yes|no}：自动创建对应的设备，yes 表示会自动在/dev 下创建 RAID 设备。
- -l #：指明要创建的 RAID 的级别（-l 5 表示创建 RAID 5）。
- -n #：使用#个硬盘来创建 RAID（-n 3 表示用 3 块硬盘来创建 RAID）。
- -x #：当前阵列中热备份硬盘只有#块（-x 1 表示热备份硬盘只有 1 块）。

-D/--detail：查看 RAID 设备的详细信息模式。

- -f：使一块 RAID 硬盘发生故障。
- -a：增加一块 RAID 硬盘。
- -r：移除一块故障的 RAID 硬盘。
- -s --scan：扫描配置文件或去/proc/mdstat 搜寻丢失的信息。
- -S：停用 RAID 设备。

下面使用 mdadm -C /dev/md0 -a yes -l 5 -n 3 -x 1 /dev/sd[b-e]1 命令直接将 4 块硬盘中的 3 块创建 RAID 5，另外 1 块硬盘为热备份硬盘，如图 4-32 所示。

```
[root@localhost ~]# mdadm
Usage: mdadm --help
  for help
[root@localhost ~]# mdadm -C /dev/md0 -ayes -l5 -n3 -x1 /dev/sd[b-e]1
mdadm: Defaulting to version 1.2 metadata
mdadm: array /dev/md0 started.
```

图 4-32　创建 RAID 5 阵列

完成创建之后，使用 mdadm -D /dev/md0 命令查看 RAID 5，如图 4-33 所示。

```
[root@localhost ~]# mdadm -D /dev/md0
/dev/md0:
           Version : 1.2
     Creation Time : Tue Apr 30 10:10:06 2024
        Raid Level : raid5
        Array Size : 2091008 (2042.00 MiB 2141.19 MB)
     Used Dev Size : 1045504 (1021.00 MiB 1070.60 MB)
      Raid Devices : 3
     Total Devices : 4
       Persistence : Superblock is persistent

       Update Time : Tue Apr 30 10:10:11 2024
             State : clean
    Active Devices : 3
   Working Devices : 4
    Failed Devices : 0
     Spare Devices : 1

            Layout : left-symmetric
        Chunk Size : 512K

Consistency Policy : resync

              Name : localhost.localdomain:0  (local to host localhost.localdomain)
              UUID : abbc6cfa:16836652:42245a0c:d5b3cee1
            Events : 18

    Number   Major   Minor   RaidDevice State
       0       8       17        0      active sync   /dev/sdb1
       1       8       33        1      active sync   /dev/sdc1
       4       8       49        2      active sync   /dev/sdd1

       3       8       65        -      spare    /dev/sde1
```

图 4-33　查看 RAID 5

3 块硬盘/dev/sdb1、/dev/sdc1 和/dev/sdd1 组成 RAID 5，/dev/sde1 作为热备份硬盘，显示结果的主要字段含义如下。

- Raid Level：阵列的类型。
- Active Devices：活跃的硬盘数目。
- Working Devices：所有的硬盘数目。
- Failed Devices：出现故障的硬盘数目。
- Spare Devices：热备份的硬盘数目。

4. 修改 RAID 5 配置文件

添加 RAID 5 到 RAID 配置文件/etc/mdadm.conf 中，如图 4-34 所示。此配置文件用于记录系统中所有已经创建的 RAID 信息。此配置文件默认是不存在的，需要手动创建，但不是必须要有的，推荐对此配置文件进行配置，方便以后管理。

```
[root@localhost etc] # echo 'DEVICE /dev/sd[b-e]1' >>/etc/mdadm.conf
[root@localhost etc] # mdadm -Ds>>/etc/mdadm.conf
[root@localhost etc] # cat /etc/mdadm.conf
DEVICE /dev/sd[b-e]1
ARRAY /dev/md/0 metadata=1.2 spares=1 name=localhost.localdomain:0 UUID=a33cc6d0:1f8a53
f8:7ab9a3ee:2a1f5f06
```

图 4-34　修改配置文件

5. 格式化 RAID 5 阵列

使用 mkfs.xfs /dev/md0 命令对 RAID 5 阵列/dev/md0 进行格式化，如图 4-35 所示。

```
[root@localhost etc] # mkfs.xfs /dev/md0
meta-data=/dev/md0              isize=512      agcount=8, agsize=65408 blks
         =                      sectsz=512     attr=2, projid32bit=1
         =                      crc=1          finobt=0, sparse=0
data     =                      bsize=4096     blocks=522752, imaxpct=25
         =                      sunit=128      swidth=256 blks
naming   =version 2            bsize=4096     ascii-ci=0 ftype=1
log      =internal log          bsize=4096     blocks=2560, version=2
         =                      sectsz=512     sunit=8 blks, lazy-count=1
realtime =none                  extsz=4096     blocks=0, rtextents=0
```

图 4-35　格式化硬盘阵列

6. 挂载 RAID 5 阵列

把 RAID 5 进行挂载后就可以使用它了。也可以把挂载项写入/etc/fstab 文件中，这样下次系统重启后就可以使用硬盘阵列了，如图 4-36 所示。

```
[root@localhost ~] # cd /mnt
[root@localhost mnt] # mkdir raid5
[root@localhost mnt] # mount /dev/md0 raid5
[root@localhost mnt] # cd raid5
[root@localhost raid5] #
[root@localhost raid5] # ls
```

图 4-36　挂载 RAID 5 阵列

4.4.3　RAID 5 测试

测试用热备份硬盘替换 RAID 5 中的硬盘并同步数据，移除损坏的硬盘，添加一个新硬盘作为热备份硬盘。

1. 建立测试文件

在 RAID 5 上建立两个用于测试的文件，如图 4-37 所示。

```
[root@localhost raid5]# cat test.txt
aaaa
bbbb
cccc
[root@localhost raid5]# cp test.txt  test1.txt
[root@localhost raid5]# ls
test1.txt  test.txt
```

图 4-37　建立测试文件

2. 模拟硬盘有坏道

使用 mdadm /dev/md0 -f /dev/sdb1 命令让硬盘/dev/sdb1 产生坏道，然后查看 RAID 5 信息，发现热备份硬盘/dev/sde1 已经自动替换了损坏的硬盘/dev/sdb1，并且文件并没有损失，如图 4-38 所示。

```
[root@localhost raid5]# mdadm /dev/md0 -f /dev/sdb1
mdadm: Value "localhost.localdomain:0" cannot be set as name. Reason: Not POSIX comp
atible. Value ignored.
mdadm: set /dev/sdb1 faulty in /dev/md0
[root@localhost raid5]# mdadm -D /dev/md0
mdadm: Value "localhost.localdomain:0" cannot be set as name. Reason: Not POSIX comp
atible. Value ignored.
/dev/md0:
           Version : 1.2
     Creation Time : Tue Apr 30 10:10:06 2024
        Raid Level : raid5
        Array Size : 2091008 (2042.00 MiB 2141.19 MB)
     Used Dev Size : 1045504 (1021.00 MiB 1070.60 MB)
      Raid Devices : 3
     Total Devices : 4
       Persistence : Superblock is persistent

       Update Time : Tue Apr 30 10:30:32 2024
             State : clean
    Active Devices : 3
   Working Devices : 3
    Failed Devices : 1
     Spare Devices : 0
```
```
            Layout : left-symmetric
        Chunk Size : 512K

Consistency Policy : resync

              Name : localhost.localdomain:0  (local to host localhost.localdomain)
              UUID : abbc6cfa:16836652:42245a0c:d5b3cee1
            Events : 37

    Number   Major   Minor   RaidDevice State
       3       8       65        0      active sync   /dev/sde1
       1       8       33        1      active sync   /dev/sdc1
       4       8       49        2      active sync   /dev/sdd1

       0       8       17        -      faulty   /dev/sdb1
[root@localhost raid5]# ls
test1.txt  test.txt
```

图 4-38　模拟硬盘有坏道

3. 移除损坏的硬盘，添加新硬盘作为热备份硬盘

先使用 mdadm /dev/md0 –r /dev/sdb1 命令移除损坏的硬盘/dev/sdb1，然后查看 RAID 5 信息，发现损坏的硬盘已经不在了，如图 4-39 所示。

```
[root@localhost raid5]# mdadm -D /dev/md0
mdadm: Value "localhost.localdomain:0" cannot be set as name. Reason: Not POSIX comp
atible. Value ignored.
/dev/md0:
           Version : 1.2
     Creation Time : Tue Apr 30 10:10:06 2024
        Raid Level : raid5
        Array Size : 2091008 (2042.00 MiB 2141.19 MB)
     Used Dev Size : 1045504 (1021.00 MiB 1070.60 MB)
      Raid Devices : 3
     Total Devices : 3
       Persistence : Superblock is persistent

       Update Time : Tue Apr 30 10:34:57 2024
             State : clean
    Active Devices : 3
   Working Devices : 3
    Failed Devices : 0
     Spare Devices : 0

            Layout : left-symmetric
        Chunk Size : 512K

            Layout : left-symmetric
        Chunk Size : 512K


Consistency Policy : resync

              Name : localhost.localdomain:0  (local to host localhost.localdomain)
              UUID : abbc6cfa:16836652:42245a0c:d5b3cee1
            Events : 38

    Number   Major   Minor   RaidDevice State
       3       8       65        0      active sync   /dev/sde1
       1       8       33        1      active sync   /dev/sdc1
       4       8       49        2      active sync   /dev/sdd1
```

图 4-39　移除损坏的硬盘

　　再使用 mdadm /dev/md0 -a /dev/sdb1 命令添加一块新的硬盘/dev/sdb1 作为 RAID 5 的热备份硬盘，这里的/dev/sdb1 不是之前损坏的硬盘，而是另一块准备好的硬盘，添加完之后查看 RAID 5 信息，如图 4-40 所示。

```
[root@localhost raid5]# mdadm /dev/md0 -a /dev/sdb1
mdadm: Value "localhost.localdomain:0" cannot be set as name. Reason: Not POSIX comp
atible. Value ignored.
mdadm: added /dev/sdb1
[root@localhost raid5]# mdadm -D /dev/md0
mdadm: Value "localhost.localdomain:0" cannot be set as name. Reason: Not POSIX comp
atible. Value ignored.
/dev/md0:
           Version : 1.2
     Creation Time : Tue Apr 30 10:10:06 2024
        Raid Level : raid5
        Array Size : 2091008 (2042.00 MiB 2141.19 MB)
     Used Dev Size : 1045504 (1021.00 MiB 1070.60 MB)
      Raid Devices : 3
     Total Devices : 4
       Persistence : Superblock is persistent

       Update Time : Tue Apr 30 10:38:14 2024
             State : clean
    Active Devices : 3
   Working Devices : 4
    Failed Devices : 0
     Spare Devices : 1

            Layout : left-symmetric
        Chunk Size : 512K


Consistency Policy : resync

              Name : localhost.localdomain:0  (local to host localhost.localdomain)
              UUID : abbc6cfa:16836652:42245a0c:d5b3cee1
            Events : 39

    Number   Major   Minor   RaidDevice State
       3       8       65        0      active sync   /dev/sde1
       1       8       33        1      active sync   /dev/sdc1
       4       8       49        2      active sync   /dev/sdd1

       5       8       17        -      spare        /dev/sdb1
```

图 4-40　添加新硬盘作为 RAID 5 的热备份硬盘

4.5 习题

一、填空题

1. 在 Windows 中，硬盘分区通常采用_____或_____文件系统。

2. 在 Linux 中，硬盘分区通常采用_____或_____文件系统。

3. 查看分区信息可以使用_____命令。

4. LVM 的设计目的就是实现_____。

5. RAID 的常见的 4 种类型是_____、_____、_____

和_____。

二、操作题

1. 在虚拟机中添加一块 20GB 的 SCSI 新硬盘。

2. 为新硬盘分别创建容量为 5GB 的主分区和两个逻辑分区，其容量分别为 8GB 和 7GB。

3. 将主分区格式化为 Ext4，将第一个逻辑分区格式化为 FAT32。

4. 将主分区永久挂载到/data 目录中；将第一个逻辑分区挂载到/mailbox 目录中。

5. 将 U 盘挂载到/mnt/usb 目录中。

6. 卸载 U 盘。

第 ❺ 章 网络管理与系统监控

本章导读

本章将介绍在 Linux 中常用的网络管理命令、网络配置文件和系统监控命令。常用网络管理命令可以使用户能够方便地进行各种操作。常用网络配置文件就是在用户登录系统时，或是在用户使用软件时，系统或软件为用户加载所需环境的设置和文件的集合；常用系统监控命令可以让管理员监控系统的运行状况，发现问题并及时处理。

知识目标

- 理解常用网络管理命令的作用。
- 理解常用网络配置文件的作用。
- 理解常用系统监控命令的作用。

能力目标

- 能够使用常用网络管理命令。
- 能够使用常用网络配置文件。
- 能够使用常用系统监控命令。

素质目标

具有爱岗敬业的良好职业道德。

本章知识导图

```
                        ┌─ 常用网络管理命令 ─┬─ 网络接口管理命令
                        │                   ├─ 设置主机名命令
                        │                   ├─ 管理路由命令
                        │                   ├─ 检测网络连通性命令
                        │                   ├─ 查看网络状态命令
                        │                   ├─ DNS查询命令
                        │                   ├─ 跟踪路由命令
                        │                   └─ 网络配置命令
         本章知识导图 ───┤
                        ├─ 常用网络配置文件 ─┬─ 网卡配置文件
                        │                   ├─ DNS配置文件
                        │                   ├─ 主机名配置文件
                        │                   └─ hosts配置文件
                        │
                        └─ 常用系统监控命令 ─┬─ 系统性能监控命令
                                            ├─ CPU监控命令
                                            ├─ CPU和硬盘监控命令
                                            ├─ 综合监控命令
                                            └─ 用户监控命令
```

5.1 常用网络管理命令

5.1.1 网络接口管理命令

ifconfig 命令是一个可以用来查看、配置、启用或禁用网卡的命令，是常用的网络管理命令之一。ifconfig 命令可以临时地配置网卡的 IP 地址、掩码、广播地址、网关等。

常用网络管理命令

使用 ifconfig 命令配置的网卡信息，在计算机重启后就不复存在了。若需要永久保存网卡信息，可以把网卡信息写入/etc/rc.d/rc.local 配置文件中，此配置文件会在用户登录之前被读取，这个操作在每次系统启动时都会执行一次。也就是说，如果有任何需要在系统启动时运行的网卡配置，则只需将其写入 /etc/rc.d/rc.local 配置文件中即可。

其语法格式如下。

```
ifconfig [-a][-s][-v][网络设备][down up -allmulti -arp -promisc][add<地址>][del<
地址>][<hw<网络设备类型><硬件地址>][io_addr<I/O 地址>][irq<IRQ 地址>][media<网络媒介类
型>][mem_start<内存地址>][metric<数目>][mtu<字节数>][netmask<子网掩码>][tunnel<地址
>][-broadcast<地址>][-pointopoint<地址>][IP 地址]
```

常用的选项如下。

-a：显示全部接口信息。

-s：显示摘要信息（功能类似于 netstat -i）。

down：关闭指定网卡。

up：启动指定网卡。

-allmulti：设置是否支持多播模式，如果设置此选项，网卡将接收网络中所有的多播数据包。

-arp：设置指定网卡是否支持 ARP（Address Resolution Protocol，地址解析协议）。

-promisc：设置是否支持网卡的混杂模式，如果设置此选项，网卡将接收网络中发给它的所有数据包。

add<地址>：给指定网卡添加 IPv6 地址。

del<地址>：删除指定网卡的 IPv6 地址。

netmask<子网掩码>：设置网卡的子网掩码。

tunnel<地址>：建立 IPv4（Internet Protocol Version 4，第 4 版互联网协议）与 IPv6（Internet Protocol Version 6，第 6 版互联网协议）之间的通道通信地址。

-broadcast<地址>：为指定网卡设置广播地址。

-pointtopoint<地址>：为网卡设置点对点通信协议，并且设置对端的 IP 地址。

例：查看已激活网络接口的信息，如图 5-1 所示。

```
[root@localhost ~]# ifconfig
ens33: flags=4163<UP,BROADCAST,RUNNING,MULTICAST>  mtu 1500
        inet 192.168.21.128  netmask 255.255.255.0  broadcast 192.168.21.255
        inet6 fe80::774:fb36:d3fa:370a  prefixlen 64  scopeid 0x20<link>
        ether 00:0c:29:9b:43:94  txqueuelen 1000  (Ethernet)
        RX packets 1672  bytes 1019794 (995.8 KiB)
        RX errors 0  dropped 0  overruns 0  frame 0
        TX packets 286  bytes 31110 (30.3 KiB)
        TX errors 0  dropped 0 overruns 0  carrier 0  collisions 0

lo: flags=73<UP,LOOPBACK,RUNNING>  mtu 65536
        inet 127.0.0.1  netmask 255.0.0.0
        inet6 ::1  prefixlen 128  scopeid 0x10<host>
        loop  txqueuelen 1000  (Local Loopback)
        RX packets 124  bytes 14052 (13.7 KiB)
        RX errors 0  dropped 0  overruns 0  frame 0
        TX packets 124  bytes 14052 (13.7 KiB)
        TX errors 0  dropped 0 overruns 0  carrier 0  collisions 0

virbr0: flags=4099<UP,BROADCAST,MULTICAST>  mtu 1500
        inet 192.168.122.1  netmask 255.255.255.0  broadcast 192.168.122.255
        ether 52:54:00:c4:79:f3  txqueuelen 1000  (Ethernet)
        RX packets 0  bytes 0 (0.0 B)
        RX errors 0  dropped 0  overruns 0  frame 0
        TX packets 0  bytes 0 (0.0 B)
        TX errors 0  dropped 0 overruns 0  carrier 0  collisions 0
```

图 5-1 查看已激活网络接口的信息

例：查看配置的所有网络接口的信息，不论其是否激活，如图 5-2 所示。

```
[root@localhost ~]# ifconfig -a
ens33: flags=4163<UP,BROADCAST,RUNNING,MULTICAST>  mtu 1500
        inet 192.168.21.128  netmask 255.255.255.0  broadcast 192.168.21.255
        inet6 fe80::774:fb36:d3fa:370a  prefixlen 64  scopeid 0x20<link>
        ether 00:0c:29:9b:43:94  txqueuelen 1000  (Ethernet)
        RX packets 1716  bytes 1023277 (999.2 KiB)
        RX errors 0  dropped 0  overruns 0  frame 0
        TX packets 304  bytes 34305 (33.5 KiB)
        TX errors 0  dropped 0 overruns 0  carrier 0  collisions 0

lo: flags=73<UP,LOOPBACK,RUNNING>  mtu 65536
        inet 127.0.0.1  netmask 255.0.0.0
        inet6 ::1  prefixlen 128  scopeid 0x10<host>
        loop  txqueuelen 1000  (Local Loopback)
        RX packets 124  bytes 14052 (13.7 KiB)
        RX errors 0  dropped 0  overruns 0  frame 0
        TX packets 124  bytes 14052 (13.7 KiB)
        TX errors 0  dropped 0 overruns 0  carrier 0  collisions 0

virbr0: flags=4099<UP,BROADCAST,MULTICAST>  mtu 1500
        inet 192.168.122.1  netmask 255.255.255.0  broadcast 192.168.122.255
        ether 52:54:00:c4:79:f3  txqueuelen 1000  (Ethernet)
        RX packets 0  bytes 0 (0.0 B)
        RX errors 0  dropped 0  overruns 0  frame 0
        TX packets 0  bytes 0 (0.0 B)
        TX errors 0  dropped 0 overruns 0  carrier 0  collisions 0

virbr0-nic: flags=4098<BROADCAST,MULTICAST>  mtu 1500
        ether 52:54:00:c4:79:f3  txqueuelen 1000  (Ethernet)
        RX packets 0  bytes 0 (0.0 B)
        RX errors 0  dropped 0  overruns 0  frame 0
        TX packets 0  bytes 0 (0.0 B)
        TX errors 0  dropped 0 overruns 0  carrier 0  collisions 0
```

图 5-2 查看配置的所有网络接口的信息

例：显示 ens33 的信息，如图 5-3 所示。

```
[root@localhost ~]# ifconfig ens33
ens33: flags=4163<UP,BROADCAST,RUNNING,MULTICAST>  mtu 1500
        inet 192.168.21.128  netmask 255.255.255.0  broadcast 192.168.21.255
        inet6 fe80::774:fb36:d3fa:370a  prefixlen 64  scopeid 0x20<link>
        ether 00:0c:29:9b:43:94  txqueuelen 1000  (Ethernet)
        RX packets 1784  bytes 1028231 (1004.1 KiB)
        RX errors 0  dropped 0  overruns 0  frame 0
        TX packets 327  bytes 38313 (37.4 KiB)
        TX errors 0  dropped 0 overruns 0  carrier 0  collisions 0
```

图 5-3 显示 ens33 的信息

例：关闭和启动 ens33 网卡。

```
[root@localhost etc]# ifconfig ens33 down    #关闭 ens33 网卡
[root@localhost etc]# ifconfig ens33 up      #启动 ens33 网卡
```

例：更改网络接口的配置信息。

```
[root@localhost etc]# ifconfig ens33 add 33ffe:3240:800:1005::2/ 64
                                    #为网卡添加 IPv6 地址
[root@localhost etc]# ifconfig ens33 del 33ffe:3240:800:1005::2/ 64
                                    #为网卡删除 IPv6 地址
[root@localhost etc]# ifconfig ens33 hw ether 00:AA:BB:CC:DD:EE
                                    #修改 MAC 地址
[root@localhost etc]# ifconfig ens33 192.168.1.56    #为 ens33 网卡配置 IP 地址
[root@localhost etc]# ifconfig ens33 192.168.1.56 netmask 255.255.255.0
                    #为 ens33 网卡配置 IP 地址，并加上子网掩码
[root@localhost etc]# ifconfig ens33 192.168.1.56 netmask 255.255.255.0 broad
cast 192.168.1.255    #为 ens33 网卡配置 IP 地址，加上子网掩码和广播地址
[root@localhost etc]# ifconfig ens33 mtu 1500
                    #设置能通过的最大数据包的大小为 1500 字节
[root@localhost etc]# ifconfig ens33 arp    #支持 ARP
[root@localhost etc]# ifconfig ens33 -arp    #取消支持 ARP
```

5.1.2　设置主机名命令

hostname 命令用来显示或者设置当前系统的主机名，主机名帮助管理员识别和管理不同的系统。在使用 hostname 命令设置主机名后，系统并不会永久保存新的主机名，在重启计算机之后还会使用原来的主机名。如果需要永久修改主机名，需要同时修改/etc/hosts 和 /etc/sysconfig/network 中的相关内容。

其语法格式如下。

```
hostname[选项][参数]
```

常用的选项如下。

-a：显示主机的别名（如果有的话）。

-d：显示 DNS（Domain Name Service，域名服务）域名，不要使用命令 domainname 来获得 DNS 域名，因为这样会显示 NIS（Network Information Service，网络信息服务）域名而非 DNS 域名，要想获得 DNS 域名可使用命令 dnsdomainname 来实现。

-F：从指定文件中读取主机名。

-f：显示 FQDN（Fully Qualified Domain Name，完全限定域名）。

-h：输出用法信息并退出。

-i：显示主机的 IP 地址。

-s：显示短格式主机名，即去掉主机名中第一个圆点后面的部分。

-V：在标准输出上输出版本信息并以成功的状态退出。

-v：详细信息模式。

-y：显示 NIS 域名，如果指定了该参数（或者指定了--file name），那么 root 用户可以设置一个新的 NIS 域名。

例：显示主机名。

```
[root@localhost ~]# hostname
localhost.localdomain
```

例：显示短格式主机名。

```
[root@localhost ~]# hostname -s
localhost
```

例：显示主机的别名。

```
[root@localhost ~]# hostname -a
localhost.localdomain localhost4 localhost4.localdomain4 localhost.localdomain
localhost6 localhost6.localdomain6
```

例：显示主机的 IP 地址。

```
[root@localhost ~]# hostname -i
::1 127.0.0.1
```

例：设置主机名为 linux。

```
[root@localhost ~]# hostname linux
[root@localhost ~]# hostname
linux
```

5.1.3　管理路由命令

route 命令用来显示并设置 Linux 内核中的网络路由表。route 命令主要用于设置静态路由。要实现两个不同网络之间的通信，需要一个连接两个网络的路由器或者同时位于两个网络之间的网关。要注意的是，直接在命令行中执行 route 命令添加的路由，不会永久保存，计算机重启之后该路由就会失效；想要使其永久有效，可以在/etc/rc.local 中添加 route 命令来保存该路由。

其语法格式如下。

```
route[选项][参数]
```

常用的选项如下。

-v：详细信息模式。

-A：采用指定的地址类型（如 inet、inet6）。

-n：以数字形式显示路由表内容。

-net：路由目标为网络。

-host：路由目标为主机。

-F：显示内核的 FIB（Forwarding Information Base，转发信息库），其格式可以用-e 和-ee 选项改变。

-C：显示内核的路由缓存。

del：删除一条路由。

add：增加一条路由。

target：指定目标网络或主机，它可以是点分十进制表示的 IP 地址或主机/网络名。

netmask：为添加的路由指定网络掩码。

gw：为发往目标网络/主机的任何分组指定网关。

reject：屏蔽路由，用于访问安全控制，禁止主机访问不安全或者无权访问的主机或网络。

例：显示当前路由，如图 5-4 所示。

```
[root@localhost ~]# route
Kernel IP routing table
Destination     Gateway         Genmask         Flags Metric Ref    Use Iface
default         localhost       0.0.0.0         UG    100    0        0 ens33
192.168.21.0    0.0.0.0         255.255.255.0   U     100    0        0 ens33
192.168.122.0   0.0.0.0         255.255.255.0   U     0      0        0 virbr0
```

图 5-4　显示当前路由

例：增加一条路由，如图 5-5 所示。

```
[root@localhost ~]# route add -net 224.0.0.0 netmask 240.0.0.0 dev ens33
[root@localhost ~]# route
Kernel IP routing table
Destination     Gateway         Genmask         Flags Metric Ref    Use Iface
default         localhost       0.0.0.0         UG    100    0        0 ens33
192.168.21.0    0.0.0.0         255.255.255.0   U     100    0        0 ens33
192.168.122.0   0.0.0.0         255.255.255.0   U     0      0        0 virbr0
224.0.0.0       0.0.0.0         240.0.0.0       U     0      0        0 ens33
```

图 5-5　增加一条路由

例：屏蔽一条路由，如图 5-6 所示。

```
[root@localhost ~]# route add -net 224.0.0.0 netmask 240.0.0.0 reject
[root@localhost ~]# route
Kernel IP routing table
Destination     Gateway         Genmask         Flags Metric Ref    Use Iface
default         localhost       0.0.0.0         UG    100    0        0 ens33
192.168.21.0    0.0.0.0         255.255.255.0   U     100    0        0 ens33
192.168.122.0   0.0.0.0         255.255.255.0   U     0      0        0 virbr0
224.0.0.0       -               240.0.0.0       !     0      -        0 -
224.0.0.0       0.0.0.0         240.0.0.0       U     0      0        0 ens33
```

图 5-6　屏蔽一条路由

例：删除一条被屏蔽的路由，如图 5-7 所示。

```
[root@localhost ~]# route
Kernel IP routing table
Destination     Gateway         Genmask         Flags Metric Ref    Use Iface
default         localhost       0.0.0.0         UG    100    0        0 ens33
192.168.21.0    0.0.0.0         255.255.255.0   U     100    0        0 ens33
192.168.122.0   0.0.0.0         255.255.255.0   U     0      0        0 virbr0
224.0.0.0       -               240.0.0.0       !     0      -        0 -
224.0.0.0       0.0.0.0         240.0.0.0       U     0      0        0 ens33
[root@localhost ~]# route del -net 224.0.0.0 netmask 240.0.0.0 reject
[root@localhost ~]# route
Kernel IP routing table
Destination     Gateway         Genmask         Flags Metric Ref    Use Iface
default         localhost       0.0.0.0         UG    100    0        0 ens33
192.168.21.0    0.0.0.0         255.255.255.0   U     100    0        0 ens33
192.168.122.0   0.0.0.0         255.255.255.0   U     0      0        0 virbr0
224.0.0.0       0.0.0.0         240.0.0.0       U     0      0        0 ens33
```

图 5-7　删除一条被屏蔽的路由

例：设置网关。

```
[root@localhost ~]#route add -net 224.0.0.0 netmask 240.0.0.0 dev eth0
#增加一个到达 244.0.0.0 的网关
```

5.1.4　检测网络连通性命令

ping 命令是 Linux 中使用非常频繁的命令，用来测试主机之间网络的连通性。ping 命令使用的是 ICMP（Internet Control Message Protocol，互联网控制报文协议），它发送 ICMP 回送请求消息给目的主机。ICMP 规定，目的主机必须返回 ICMP 回送应答消息给源主机。如果源主机在一定时间内收到该消息，则认为目的主机可达。

其语法格式如下。

```
ping [ -LRUbdfnqrvR ] [ -c count ] [ -i wait ] [ -l preload ] [ -p pattern ] [ -s
packetsize ]
```

常用的选项如下。

-c<完成次数>：设置要求回应的次数。

-d：使用 Socket（套接字）的 SO_DEBUG 功能。

-f：极限检测。

-i<间隔秒数>：指定收发信息的间隔秒数。

-I<网络界面>：使用指定的网络界面送出数据包。

-n：只输出数值。

-p<范本样式>：设置填满数据包的范本样式。

-q：不显示指令的执行过程，但开头和结尾的相关信息除外。

-r：忽略普通的路由表，直接将数据包送到远端主机上。

-R：记录路由过程。

-s<数据包大小>：设置数据包的大小。

-t<TTL>：设置存活时间的大小。

-v：显示指令的详细执行过程。

例：在 Linux 中执行不带选项的 ping 命令，会不断地发送数据包，直到按 Ctrl+C 组合键为止，如图 5-8 所示。

```
[root@localhost ~]# ping baidu.com
PING baidu.com (220.181.57.216) 56(84) bytes of data.
64 bytes from 220.181.57.216 (220.181.57.216): icmp_seq=1 ttl=128 time=4.23 ms
64 bytes from 220.181.57.216 (220.181.57.216): icmp_seq=2 ttl=128 time=6.19 ms
64 bytes from 220.181.57.216 (220.181.57.216): icmp_seq=3 ttl=128 time=5.05 ms
64 bytes from 220.181.57.216 (220.181.57.216): icmp_seq=4 ttl=128 time=4.32 ms
64 bytes from 220.181.57.216 (220.181.57.216): icmp_seq=5 ttl=128 time=6.00 ms
64 bytes from 220.181.57.216 (220.181.57.216): icmp_seq=6 ttl=128 time=5.42 ms
64 bytes from 220.181.57.216 (220.181.57.216): icmp_seq=7 ttl=128 time=6.54 ms
64 bytes from 220.181.57.216 (220.181.57.216): icmp_seq=8 ttl=128 time=6.90 ms
64 bytes from 220.181.57.216 (220.181.57.216): icmp_seq=9 ttl=128 time=4.82 ms
64 bytes from 220.181.57.216 (220.181.57.216): icmp_seq=10 ttl=128 time=5.14 ms
64 bytes from 220.181.57.216 (220.181.57.216): icmp_seq=11 ttl=128 time=5.87 ms
^C
--- baidu.com ping statistics ---
11 packets transmitted, 11 received, 0% packet loss, time 19035ms
rtt min/avg/max/mdev = 4.234/5.319/6.190/0.641 ms
```

图 5-8　执行不带选项的 ping 命令

例：指定要求回应的次数和收发信息的间隔秒数，如图 5-9 所示。

```
[root@localhost ~]# ping -c 5 -i 0.5 baidu.com
PING baidu.com (220.181.57.216) 56(84) bytes of data.
64 bytes from 220.181.57.216 (220.181.57.216): icmp_seq=1 ttl=128 time=5.04 ms
64 bytes from 220.181.57.216 (220.181.57.216): icmp_seq=2 ttl=128 time=5.63 ms
64 bytes from 220.181.57.216 (220.181.57.216): icmp_seq=3 ttl=128 time=6.60 ms
64 bytes from 220.181.57.216 (220.181.57.216): icmp_seq=4 ttl=128 time=6.32 ms
64 bytes from 220.181.57.216 (220.181.57.216): icmp_seq=5 ttl=128 time=5.35 ms

--- baidu.com ping statistics ---
5 packets transmitted, 5 received, 0% packet loss, time 11526ms
rtt min/avg/max/mdev = 5.045/5.792/6.600/0.586 ms
```

图 5-9　指定要求回应的次数和收发信息的间隔秒数

例：ping 命令的组合测试，同时使用-i、-c、-I、-q 选项，如图 5-10 所示。

```
[root@localhost ~]# ping -i 0.2 -c 30 -I 192.168.21.128 192.168.21.1 -q
PING 192.168.21.1 (192.168.21.1) from 192.168.21.128 : 56(84) bytes of data.

--- 192.168.21.1 ping statistics ---
30 packets transmitted, 30 received, 0% packet loss, time 5836ms
rtt min/avg/max/mdev = 0.247/0.533/0.771/0.118 ms
```

图 5-10　ping 命令的组合测试

5.1.5　查看网络状态命令

netstat 命令是一个综合的网络状态查看命令，可以从显示的 Linux 网络状态信息得知整个 Linux 的网络情况，包括网络连接、路由表、接口状态、伪装连接、网络链路和组播成员组等信息。

其语法格式如下。

```
netstat [-acCeFghilMnNoprstuvVwx][-A<网络类型>][--ip]
```

常用的选项如下。

-a 或--all：显示所有端口。

-A<网络类型>或--<网络类型>：列出指定网络类型的连接中的相关地址。

-c 或--continuous：持续列出网络状态信息。

-C 或--cache：显示路由器配置的缓存信息。

-e 或--extend：显示网络的其他相关信息。

-F 或--fib：显示 FIB。

99

-g 或--groups：显示组播成员组的组员名单。

-h 或--help：显示帮助信息。

-i 或--interfaces：显示网络界面的信息表单。

-l 或--listening：显示监控中的服务器的 Socket。

-M 或--masquerade：显示伪装的网络连接。

-n 或--numeric：直接使用 IP 地址，而不通过域名服务器。

-o 或--timers：显示计时器。

-p 或--programs：显示正在使用 Socket 的程序的识别码和名称。

-r 或--route：显示路由表。

-s 或--statistics：显示网络工作信息统计表。

-t 或--tcp：显示 TCP（Transmission Control Protocol，传输控制协议）的连接状况。

-u 或--udp：显示 UDP（User Datagram Protocol，用户数据报协议）的连接状况。

-v 或--verbose：显示命令的执行过程。

-V 或--version：显示该命令版本信息。

例：列出所有端口，如图 5-11 所示。

图 5-11　列出所有端口

例：列出所有 TCP 端口，如图 5-12 所示。

图 5-12　列出所有 TCP 端口

100

例：列出所有 UDP 端口，如图 5-13 所示。

```
[root@localhost ~]# netstat -au
Active Internet connections (servers and established)
Proto Recv-Q Send-Q Local Address          Foreign Address        State
udp        0      0 0.0.0.0:mdns            0.0.0.0:*
udp        0      0 0.0.0.0:rquotad         0.0.0.0:*
udp        0      0 localhost:domain        0.0.0.0:*
udp        0      0 0.0.0.0:bootps          0.0.0.0:*
udp        0      0 0.0.0.0:bootpc          0.0.0.0:*
udp        0      0 0.0.0.0:sunrpc          0.0.0.0:*
udp        0      0 0.0.0.0:42120           0.0.0.0:*
udp6       0      0 [::]:rquotad            [::]:*
udp6       0      0 [::]:sunrpc             [::]:*
```

图 5-13　列出所有 UDP 端口

例：显示路由表，如图 5-14 所示。

```
[root@localhost ~]# netstat -r
Kernel IP routing table
Destination     Gateway         Genmask         Flags   MSS Window  irtt Iface
default         localhost       0.0.0.0         UG        0 0          0 ens33
192.168.21.0    0.0.0.0         255.255.255.0   U         0 0          0 ens33
192.168.122.0   0.0.0.0         255.255.255.0   U         0 0          0 virbr0
```

图 5-14　显示路由表

例：显示网络界面的信息表单，如图 5-15 所示。

```
[root@localhost ~]# netstat -i
Kernel Interface table
Iface    MTU    RX-OK RX-ERR RX-DRP RX-OVR   TX-OK TX-ERR TX-DRP TX-OVR Flg
ens33    1500    2343      0      0 0          686      0      0      0 BMRU
lo      65536     132      0      0 0          132      0      0      0 LRU
virbr0   1500       0      0      0 0            0      0      0      0 BMU
```

图 5-15　显示网络界面的信息表单

例：显示网络工作信息统计表，如图 5-16 所示。

```
[root@localhost ~]# netstat -s
Ip:
    830 total packets received
    0 forwarded
    0 incoming packets discarded
    754 incoming packets delivered
    743 requests sent out
    65 dropped because of missing route
Icmp:
    121 ICMP messages received
    0 input ICMP message failed.
    ICMP input histogram:
        destination unreachable: 33
        echo requests: 1
        echo replies: 87
    121 ICMP messages sent
    0 ICMP messages failed
    ICMP output histogram:
        destination unreachable: 33
        echo request: 87
        echo replies: 1
IcmpMsg:
        InType0: 87
        InType3: 33
        InType8: 1
        OutType0: 1
        OutType3: 33
        OutType8: 87
Tcp:
    6 active connections openings
    1 passive connection openings
    0 failed connection attempts
    2 connection resets received
    1 connections established
    552 segments received
    474 segments send out
    0 segments retransmited
    0 bad segments received.
    5 resets sent
Udp:
    48 packets received
    33 packets to unknown port received.
    0 packet receive errors
    152 packets sent
    0 receive buffer errors
    0 send buffer errors
UdpLite:
```

图 5-16　显示网络工作信息统计表

例：显示运行 SSH 程序的端口，如图 5-17 所示。

```
[root@localhost ~]# netstat -ap | grep ssh
tcp        0      0 0.0.0.0:ssh              0.0.0.0:*               LISTEN      1175/sshd
tcp6       0     52 localhost:ssh            localhost:50246         ESTABLISHED 3060/sshd: root@pts
tcp6       0      0 [::]:ssh                 [::]:*                  LISTEN      1175/sshd
unix  2    [ ACC ]     STREAM     LISTENING     32910    2073/gnome-keyring-  /run/user/0/keyring/ssh
unix  2    [ ACC ]     STREAM     LISTENING     31683    2258/ssh-agent       /tmp/ssh-kJoobKOHBX3v/agent.2080
unix  3    [ ]         STREAM     CONNECTED     23819    1175/sshd
unix  2    [ ]         DGRAM                    37284    3060/sshd: root@pts
```

图 5-17　显示运行 SSH 程序的端口

5.1.6　DNS 查询命令

nslookup 命令是常用的域名查询命令，用于查询 DNS 信息。其有两种工作模式，即交互模式和非交互模式。在交互模式下，用户可以向域名服务器查询各类主机、域名的信息，或者输出域名的信息；在非交互模式下，用户可以针对一个主机或域名仅获取特定的名称或所需信息。

其语法格式如下。

```
nslookup[参数]
```

常用的参数如下。

域名：指定要查询的域名。

例：查看百度网站的 DNS 信息。

```
[root@localhost ~]# nslookup www.baidu.com
Server:         192.168.21.2
Address:        192.168.21.2#53
Non-authoritative answer:
www.baidu.com   canonical name = www.a.shifen.com.
Name:   www.a.shifen.com
Address: 61.135.169.121
Name:   www.a.shifen.com
Address: 61.135.169.125
```

例：直接输入并执行 nslookup 命令，进入交互模式，如图 5-18 所示。

```
[root@bogon ~]# nslookup
> baidu.com
Server:         192.168.21.2
Address:        192.168.21.2#53

Non-authoritative answer:
Name:   baidu.com
Address: 123.125.115.110
Name:   baidu.com
Address: 220.181.57.216
> linux.org
Server:         192.168.21.2
Address:        192.168.21.2#53

Non-authoritative answer:
Name:   linux.org
Address: 104.27.166.219
Name:   linux.org
Address: 104.27.167.219
>
```

图 5-18　进入交互模式

5.1.7　跟踪路由命令

traceroute 命令用于跟踪网络数据包的路由情况，即源数据包到达互联网另一端的主机的路径。每次数据包由某一个同样的出发点到达某一个同样的目的地的路径可能会不一样，但基本上是相同的。

其语法格式如下。

```
traceroute [选项]
```

常用的选项如下。

-d：使用 Socket 层级的排错功能。

-f<TTL>：设置第一个检测数据包的 TTL 的大小。

-g<网关>：设置来源路由网关，最多可设置 8 个。

-i<网络界面>：使用指定的网络界面送出数据包。

-I：使用 ICMP 回应取代 UDP 资料信息。

-m<TTL>：设置检测数据包的最大 TTL 的大小。

-n：直接使用 IP 地址而非主机名。

-p<通信端口>：设置 UDP 的通信端口。

-r：忽略普通的路由表，直接将数据包送到远端主机上。

-s<来源地址>：设置本地主机送出数据包的 IP 地址。

-t<服务类型>：设置检测数据包的 TOS（Type of Service，服务类型）数值。

-v：显示指令的详细执行过程。

例：跟踪本地主机到 baidu.com 的路由情况，如图 5-19 所示。

```
[root@bogon ~]# traceroute baidu.com
traceroute to baidu.com (220.181.57.216), 30 hops max, 60 byte packets
 1  bogon (192.168.21.2)  0.223 ms  0.157 ms  0.159 ms
 2  * * *
 3  * * *
 4  * * *
 5  * * *
 6  * * *
 7  * * *
 8  * * *
 9  * * *
10  * * *
11  * * *
12  * * *
13  * * *
14  * * *
15  * * *
16  * * *
17  * * *
18  * * *
19  * * *
20  * * *
21  * * *
22  * * *
23  * * *
24  * * *
25  * * *
26  * * *
27  * * *
28  * * *
29  * * *
30  * * *
```

图 5-19　跟踪本地主机到 baidu.com 的路由情况

说明：记录的序号从 1 开始，每个记录表示一跳，一跳表示一个网关，可以看到每行有

3 个时间，单位都是 ms。该命令会发送小的数据包到目的地址，默认会发送 3 次数据包，并测量其需要多长时间，即以上 3 个时间。

有时会看到一些行是以"*"表示的，出现这样的情况，可能是因为防火墙拦截了 ICMP 的返回信息，所以得不到相关的数据包返回数据。

例：把检测数据包的最大 TTL 设置为 10，如图 5-20 所示。

```
[root@bogon ~]# traceroute -m 10 baidu.com
traceroute to baidu.com (123.125.115.110), 10 hops max, 60 byte packets
 1  bogon (192.168.21.2)  1.398 ms  1.282 ms  1.211 ms
 2  * * *
 3  * * *
 4  * * *
 5  * * *
 6  * * *
 7  * * *
 8  * * *
 9  * * *
10  * * *
```

图 5-20　把检测数据包的最大 TTL 设置为 10

例：显示 IP 地址但不显示主机名，如图 5-21 所示。

```
[root@bogon ~]# traceroute -n baidu.com
traceroute to baidu.com (220.181.57.216), 30 hops max, 60 byte packets
 1  192.168.21.2  0.307 ms  0.283 ms  1.725 ms
 2  * * *
 3  * * *
 4  * * *
 5  * * *
 6  * * *
 7  * * *
 8  * * *
 9  * * *
10  * * *
11  * * *
12  * * *
13  * * *
```

图 5-21　显示 IP 地址但不显示主机名

5.1.8　网络配置命令

ip 命令是 iproute2 里一个强大的网络配置命令，用来显示或操作路由、网络设备、通道。它能够替代一些传统的网络管理命令，如 ifconfig、route 等命令。

其语法格式如下。

```
ip [OPTIONS] OBJECT [COMMAND [ARGUMENTS]]
```

• OPTIONS 是一些修改 ip 行为或者改变其输出的选项，所有的选项都以"-"开头，分为长、短两种形式。目前，ip 命令支持如下选项。

-V 和-Version：输出 IP 的版本并退出。

-s、-stats、-statistics：输出详尽的信息。如果这些选项出现两次或者多次，输出的信息将更为详尽。

-f、-family：后面接协议种类，包括 inet、inet6 或者 link，用于强调使用的协议种类。如果没有足够的信息告诉 ip 命令使用的协议种类，ip 命令就会使用默认值 inet。link 比较特殊，表示不涉及任何网络协议。

-4：表示-family inet。

-6：表示-family inet6。

-0：表示-family link。

-o 和-oneline：对每行记录都使用单行输出，若要换行用字符实现。如果需要使用 wc、grep 等工具处理 ip 命令的输出，会用到这些选项。

-r 和-resolve：查询域名解析系统，用获得的主机名代替主机 IP 地址。

- OBJECT 是要管理或者获取信息的对象，目前 ip 命令可识别以下对象。

link：网络设备。

address：一个设备的协议（IP 或者 IPv6）地址。

neighbour：ARP 表或者 NDISC（Neighbour Discovery Protocol，邻居发现协议）。

route：路由表内容。

rule：路由策略数据库中的规则。

maddress：多播地址。

mroute：多播路由缓冲区条目。

tunnel：IP 通道。

iproute2 是 Linux 中管理和控制 TCP/IP 网络和流量的新一代软件包，旨在替代工具链 net-tools，涉及 ifconfig、arp、route、netstat 等命令。net-tools 和 iproute2 中的命令对比如表 5-1 所示。

表 5-1　net-tools 和 iproute2 中的命令对比

net-tools 中的命令	iproute2 中的命令
arp -na	ip neigh
ifconfig	ip link
ifconfig -a	ip address show
ifconfig --help	ip help
ifconfig -s	ip -s link
ifconfig eth0 up	ip link set eth0 up
ipmaddr	ip maddr
iptunnel	ip tunnel
netstat	ss
netstat -i	ip -s link
netstat -g	ip maddr
netstat -l	ss -l
netstat -r	ip route
route add	ip route add
route del	ip route del
route -n	ip route show
vconfig	ip link

例：显示 IP 地址，如图 5-22 所示。

```
[root@bogon ~]# ip address show
1: lo: <LOOPBACK,UP,LOWER_UP> mtu 65536 qdisc noqueue state UNKNOWN group default qlen
1000
    link/loopback 00:00:00:00:00:00 brd 00:00:00:00:00:00
    inet 127.0.0.1/8 scope host lo
       valid_lft forever preferred_lft forever
    inet6 ::1/128 scope host
       valid_lft forever preferred_lft forever
2: ens33: <BROADCAST,MULTICAST,UP,LOWER_UP> mtu 1500 qdisc pfifo_fast state UP group de
fault qlen 1000
    link/ether 00:0c:29:9b:43:94 brd ff:ff:ff:ff:ff:ff
    inet 192.168.21.128/24 brd 192.168.21.255 scope global noprefixroute dynamic ens33
       valid_lft 1094sec preferred_lft 1094sec
    inet6 fe80::774:fb36:d3fa:370a/64 scope link noprefixroute
       valid_lft forever preferred_lft forever
3: virbr0: <NO-CARRIER,BROADCAST,MULTICAST,UP> mtu 1500 qdisc noqueue state DOWN group
default qlen 1000
    link/ether 52:54:00:c4:79:f3 brd ff:ff:ff:ff:ff:ff
    inet 192.168.122.1/24 brd 192.168.122.255 scope global virbr0
       valid_lft forever preferred_lft forever
4: virbr0-nic: <BROADCAST,MULTICAST> mtu 1500 qdisc pfifo_fast master virbr0 state DOWN
group default qlen 1000
    link/ether 52:54:00:c4:79:f3 brd ff:ff:ff:ff:ff:ff
```

图 5-22　显示 IP 地址

例：显示接口统计信息。

```
[root@localhost ~]# ip -s link ls ens33
ens33: <BROADCAST,MULTICAST,UP,LOWER_UP> mtu 1500 qdisc pfifo_fast state UP
mode DEFAULT group default qlen 1000
link/ether 00:0c:29:9b:43:94 brd ff:ff:ff:ff:ff:ff
RX: bytes    packets   errors   dropped overrun mcast
294975039    207472    0        0       0       0
TX: bytes    packets   errors   dropped carrier collsns
2226905      34876     0        0       0       0
```

例：显示网卡 ens33 的信息。

```
[root@localhost ~]# ip link show ens33
ens33: <BROADCAST,MULTICAST,UP,LOWER_UP> mtu 1500 qdisc pfifo_fast state UP
mode DEFAULT group default qlen 1000
link/ether 00:0c:29:9b:43:94 brd ff:ff:ff:ff:ff:ff
```

例：显示路由表内容。

```
[root@localhost ~]# ip route
default via 192.168.21.2 dev ens33 proto dhcp metric 100
192.168.21.0/24 dev ens33 proto kernel scope link src 192.168.21.128 metric 100
192.168.122.0/24 dev virbr0 proto kernel scope link src 192.168.122.1
```

例：查看 ARP 表。

```
[root@localhost ~]# ip neigh show
192.168.21.254 dev ens33 lladdr 00:50:56:f8:5c:5a STALE
192.168.21.1 dev ens33 lladdr 00:50:56:c0:00:08 REACHABLE
192.168.21.2 dev ens33 lladdr 00:50:56:fe:a3:cc STALE
```

5.2　常用网络配置文件

5.2.1　网卡配置文件

Linux 中的网卡配置文件为/etc/sysconfig/network-scripts/ifcfg-<iface>，

常用网络配置文件

其中，iface 为网卡名称，本书中它是 ens33。网卡配置文件的语法格式如表 5-2 所示。

表 5-2　网卡配置文件的语法格式

选项	功能描述	默认值	可选值
TYPE	网络类型	Ethernet（以太网）	Ethernet、Wireless、InfiniBand、Bridge、Bond、Vlan、Team、TeamPort
PROXY_METHOD	代理配置的方法	none	none、auto
BROWSER_ONLY	代理配置是否仅用于浏览器	no	no、yes
BOOTPROTO	启动协议	none	none、dhcp(bootp)、static、ibft、autoip、shared
DEFROUTE	是否将网卡设为默认路由，如果有多个网卡，则只能将其中一个设置为 yes	yes	no、yes
IPV4_FAILURE_FATAL	如果 IPv4 配置失败，是否禁用设备	no	no、yes
IPV6INIT	是否启用 IPv6 的接口	yes	no、yes
IPV6_AUTOCONF	IPv6 的地址将会被自动配置，通过 DHCPv6 以及 SLAAC（无状态地址自动配置）方式实现	both	both、dhcp、auto
IPV6_DEFROUTE	如果 IPv6 配置失败，是否禁用设备	yes	no、yes
IPV6_PEERROUTES		yes	no、yes
IPV6_FAILURE_FATAL		no	no、yes
IPV6_ADDR_GEN_MODE	产生 IPv6 地址的方式	eui64	eui64、stable-privacy
NM_CONTROLLED	是否由 Network Manager 服务进行管理	no	no、yes
NAME	网络连接的名称		
UUID	用来标识网卡的唯一识别码		
DEVICE	设备名称		
ONBOOT	是否在网络服务启动时启动网卡	yes	
HWADDR	硬件地址/MAC（Medium Access Control，介质访问控制）地址		
IPADDR	IP 地址		

续表

选项	功能描述	默认值	可选值
PREFIX	设置IP地址时使用的前缀长度，类似于子网掩码。例如， IPADDR=10.5.5.23 PREFIX=24		
NETMASK	设置子网掩码。例如， IPADDR=10.5.5.23 NETMASK=255.255.255.0		
GATEWAY	网关（默认路由）		
DNS{1,2}	DNS 服务器，多个服务器用不同数字标记，如 DNS1、DNS2		

5.2.2　DNS 配置文件

/etc/resolv.conf 文件中保存了当前主要使用的 DNS 服务器的配置信息，每一行表示一个 DNS 服务器。执行如下命令可以查看其中的内容。

```
[root@localhost ~]# cat /etc/resolv.conf
# Generated by NetworkManager
search localdomain
nameserver 192.168.21.2
```

resolv.conf 文件是 DNS 配置文件，它的格式很简单，每行以一个关键字开头，后接配置参数。关键字主要有以下 4 个。

* nameserver：定义 DNS 服务器的 IP 地址。可以有很多行 nameserver，每一行有一个 IP 地址。DNS 按配置的顺序进行查询，只有当前 nameserver 没有响应时才会查询下一个。

* domain：声明主机的域名。很多程序都会用到它，如电子邮件系统；当查询不完全的域名时，主机名将被使用（相当于查询时的默认值）。

* search：定义域名的搜索列表。当查询没有域名的主机时，主机将在由 search 声明的域中分别查找。domain 和 search 不能共存，如果同时存在，后出现的将会被使用。

* sortlist：将得到的域名结果进行特定的排序，其参数为网络—掩码对，允许使用任意的排列顺序。

5.2.3　主机名配置文件

计算机的主机名信息保存在/etc/sysconfig/network 配置文件中，用户可以通过更改该文件的内容对主机名进行修改。

常用关键字及功能如下。

* NETWORKING=yes：用于表示系统是否使用网络，一般设置为 yes；如果设置为 no，则不能使用网络。

- HOSTNAME=centos：用于设置本机的主机名，这里的主机名要和/etc/hosts 中的主机名对应。
  - GATEWAY=192.168.1.1：用于设置本机连接的网关的 IP 地址。示例如下所示。

```
[root@localhost ~]# cat /etc/sysconfig/network
# Created by anaconda
NETWORKING=yes
HOSTNAME=localhost.localdomain
GATEWAY=172.16.127.1
```

5.2.4　hosts 配置文件

在/etc/hosts 文件中可以添加主机名和 IP 地址的映射关系，对于已经添加到该文件中的主机名，无须经过 DNS 服务器即可解析到对应的 IP 地址。该文件中的每一行记录定义一对映射关系，如下所示。

```
[root@localhost etc]# cat hosts
127.0.0.1    localhost localhost.localdomain localhost4 localhost4.localdomain4
::1          localhost localhost.localdomain localhost6 localhost6.localdomain6
0.0.0.0 account.jetbrains.com
```

/etc/hosts 文件告诉本主机，主机名和 IP 地址的对应关系，这对于本地网络配置和测试非常有用，但它一般不用于大型网络或生产环境，因为维护大量的静态映射可能变得复杂且容易出错。在这种情况下，最好使用 DNS 服务器进行主机名解析。

一般情况下，/etc/hosts 文件的每一行对应一个主机，由 3 个部分组成，每个部分由空格隔开。其中，以 "#" 开头的行只作为说明，不被系统解释。

/etc/hosts 文件的格式：主机 IP 地址　主机名|域名　主机别名。

- 第一部分：主机 IP 地址。
- 第二部分：主机名或域名。
- 第三部分：主机别名。

其中主机别名是可选项，所以一般情况下只有两个部分，即主机 IP 地址和主机名，比如 192.168.1.100 linux100。

5.3　常用系统监控命令

常用系统监控命令

系统监控是系统管理员日常的主要工作，Linux 提供了各种系统监控命令以帮助系统管理员完成系统监控工作。本节将对这些命令进行介绍。

5.3.1　系统性能监控命令

vmsta 命令是用于对系统性能进行监控的命令，它可以显示系统的 CPU、内存、硬盘、网络等性能指标，以及进程数量和状态等信息。这些信息可以帮助用户全面了解系统的负载情况，从而进行系统性能调优、故障排查等操作。在默认情况下，vmstat 命令在 Linux 中不可用，需要安装包含 vmstat 程序的 sysstat 软件包后才可使用。

其语法格式如下。

```
vmstat [-V] [-n] [delay [count]]
```

常用的选项如下。

-a：显示活跃和非活跃内存。

-f：显示从系统启动至今的 fork（创建新进程的系统调用）数量。

-m：显示 slabinfo，slabinfo 指在内核中用于管理小块内存（Small Blocks of Memory）分配和回收的一种机制信息。

-V：显示 vmstat 的版本信息。

-n：只在开始时显示一次各字段名称。

-s：显示内存相关统计信息及各种系统活动数量。

delay：刷新时间间隔，如果不指定，只显示一条结果。

count：刷新次数，如果不指定刷新次数，但指定刷新时间间隔，刷新次数将为无穷。

-d：显示磁盘相关统计信息。

-p：显示指定磁盘分区的统计信息。

-S：使用指定单位显示，参数有 k、K、m、M，分别代表 1000B、1024B、1000000B、1048576B，默认单位为 K（1024B）。

例：每 5s 显示一次系统内存的统计信息，总共刷新 10 次，如图 5-23 所示。

```
[root@localhost etc]# vmstat 5 10
procs -----------memory---------- ---swap-- -----io---- -system-- ------cpu-----
 r  b   swpd   free   buff  cache   si   so    bi    bo   in   cs us sy id wa st
 0  0      0 142260    172 923448    0    0   245     3   76   81  1  1 98  1  0
 0  0      0 142144    172 923448    0    0     0     0   76   68  0  0 100  0  0
 0  0      0 142144    172 923448    0    0     0     0   72   65  0  0 100  0  0
 1  0      0 142144    172 923448    0    0     0     0   69   62  0  0 100  0  0
 0  0      0 142160    172 923448    0    0     0     0   72   66  0  0 100  0  0
 0  0      0 142160    172 923448    0    0     0     0   71   64  0  0 100  0  0
 0  0      0 142160    172 923448    0    0     0     0  141   86  0  2 98  0  0
 0  0      0 142160    172 923448    0    0     0     0   73   66  0  0 100  0  0
 0  0      0 142160    172 923448    0    0     0     0   69   63  0  0 100  0  0
 0  0      0 142160    172 923448    0    0     0     0   73   66  0  0 100  0  0
```

图 5-23　每 5s 显示一次系统内存的统计信息

其中各输出字段的含义如下。

- procs（进程）。

r：运行队列中的进程数量。

b：等待 I/O 的进程数量。

- memory（内存）。

swpd：使用的虚拟内存大小，默认的单位是 K(KB)。

free：可用的内存大小。

buff：用作缓冲的内存大小。

cache：用作缓存的内存大小。

- swap。

si：每秒从交换分区写入内存的数据大小。

so：每秒从内存写入交换分区的数据大小。

- io。

bi：每秒读取的块数。

bo：每秒写入的块数。

- system。

in：每秒中断数，包括时钟中断数。

cs：每秒上下文切换数。

- cpu（以百分比的数值表示）。

us：用户进程执行时间。

sy：系统进程执行时间。

id：空闲时间（包括 I/O 等待时间）。

wa：等待 I/O 所消耗的 CPU 时间。

st：被虚拟机偷走的 CPU 时间的百分比。

5.3.2　CPU 监控命令

在 Linux 中监控 CPU 的性能主要关注 3 个方面：运行队列、CPU 使用率和上下文切换。

（1）运行队列：每个 CPU 都维护着一个线程的运行队列。理论上调度器应该不断地运行和执行线程，线程不是处于睡眠状态（包括阻塞状态和等待 I/O 状态），就是处于可运行状态。如果 CPU 子系统处于高负荷下，那就意味着内核调度器将无法及时响应系统请求，导致可运行状态的进程拥塞在运行队列里。当运行队列越来越巨大，进程、线程将花费更多的时间获取被执行的机会。

（2）CPU 使用率：即 CPU 使用的百分比，是评估系统性能最重要的指标之一。

（3）上下文切换：是指当多任务内核决定运行另一个任务时，它保存正在运行任务的当前状态（也称为上下文），即 CPU 寄存器中的全部内容，并加载新任务的上下文到这些寄存器和程序计数器，以便开始执行新任务的过程。每个任务都是整个应用的一部分，都被赋予一定的优先级，并有自己的一套 CPU 寄存器和栈空间。

vmstat 命令只能显示 CPU 总的性能情况，对于有多个 CPU 的计算机，如果要查看每个 CPU 的性能情况，可以使用 mpstat 命令。mpstat 是 Multiprocessor Statistics（多处理器统计）的缩写。mpstat 命令是实时系统监控工具，用于报告与 CPU 相关的一些统计信息，这些信息存放在/proc/stat 文件中。

其语法格式如下。

```
mpstat [-P {|ALL}] [interval [count]]
```

常用的选项如下。

-P {|ALL}：表示监控哪个 CPU，在[0,CPU 个数-1]中取值。

interval：表示相邻两次采样的间隔时间。

count：表示采样的次数。

没有参数 interval 时，mpstat 命令用于显示系统启动以后的所有平均信息。有参数 interval 时，第一行显示自系统启动以来的平均信息，从第二行开始，显示前一段 interval 指定的间隔时间的平均信息。

例：查看多个 CPU 的当前运行状况信息，每 2s 更新一次，如图 5-24 所示。

```
[root@localhost etc]# mpstat -P ALL 2
Linux 3.10.0-862.el7.x86_64 (localhost)      2018年12月30日   _x86_64_    (2 CPU)

17时09分34秒  CPU   %usr  %nice  %sys %iowait   %irq  %soft  %steal  %guest  %gnice  %idle
17时09分36秒  all   0.00   0.00  0.25    0.00   0.00   0.00    0.00    0.00    0.00  99.75
17时09分36秒    0   0.00   0.00  0.00    0.00   0.00   0.00    0.00    0.00    0.00 100.00
17时09分36秒    1   0.00   0.00  0.00    0.00   0.00   0.00    0.00    0.00    0.00 100.00

17时09分36秒  CPU   %usr  %nice  %sys %iowait   %irq  %soft  %steal  %guest  %gnice  %idle
17时09分38秒  all   0.00   0.00  0.00    0.00   0.00   0.00    0.00    0.00    0.00 100.00
17时09分38秒    0   0.00   0.00  0.50    0.00   0.00   0.00    0.00    0.00    0.00  99.50
17时09分38秒    1   0.00   0.00  0.00    0.00   0.00   0.00    0.00    0.00    0.00 100.00

17时09分38秒  CPU   %usr  %nice  %sys %iowait   %irq  %soft  %steal  %guest  %gnice  %idle
17时09分40秒  all   0.25   0.00  4.51    0.00   0.00   0.00    0.00    0.00    0.00  95.24
17时09分40秒    0   0.50   0.00  2.50    0.00   0.00   0.00    0.00    0.00    0.00  97.00
17时09分40秒    1   0.50   0.00  6.50    0.00   0.00   0.00    0.00    0.00    0.00  93.00
^C

平均时间:  CPU   %usr  %nice  %sys %iowait   %irq  %soft  %steal  %guest  %gnice  %idle
平均时间:  all   0.08   0.00  1.59    0.00   0.00   0.00    0.00    0.00    0.00  98.33
平均时间:    0   0.17   0.00  1.00    0.00   0.00   0.00    0.00    0.00    0.00  98.83
平均时间:    1   0.17   0.00  2.17    0.00   0.00   0.00    0.00    0.00    0.00  97.66
```

图 5-24　查看多个 CPU 的当前运行状况信息

其中常用输出选项的含义如下。

- %usr：在 interval 指定的间隔时间里，用户态进程的 CPU 时间（%）=(usr/total) × 100，不包含 nice 值为负进程。
- %nice：在 interval 指定的间隔时间里，nice 值为负进程的 CPU 时间（%）=(nice/total) × 100。
- %sys：在 interval 指定的间隔时间里，内核时间（%）=(system/total) × 100。
- %iowait：在 interval 指定的间隔时间里，硬盘 I/O 请求等待时间（%）=(iowait/total) × 100。
- %irq：在 interval 指定的间隔时间里，硬中断时间（%）=(irq/total) × 100。
- %soft：在 interval 指定的间隔时间里，软中断时间（%）=(softirq/total) × 100。
- %steal：虚拟机强制 CPU 等待的时间百分比。
- %guest：虚拟机占用 CPU 时间的百分比。
- %gnice：CPU 运行虚拟机所花费的时间百分比。
- %idle：在 interval 指定的间隔时间里，CPU 因除等待磁盘 I/O 请求操作以外的其他原因而导致空闲的时间，即闲置时间（%）=(idle/total) × 100。

5.3.3　CPU 和硬盘监控命令

iostat 命令可以用于查看 CPU 利用率和硬盘性能等相关数据，有时候系统响应慢，传输数据也慢，这可能是由多方面原因导致的，如 CPU 利用率高、网络信号差、系统平均负载高，甚至是硬盘损坏。此命令对于管理员在性能调优和故障排除时非常有用，有助于识别和解决潜在的性能问题。通过结合不同的参数和选项，用户可以定制 iostat 命令的输出，以满足特定的监控和分析需求。

其语法格式如下。

```
iostat [选项]
```

常用的选项如下。

-c：只显示 CPU 利用率。

-d：只显示硬盘利用率。

-p：可以报告每块硬盘的每个分区的使用情况。

-k：以 B/s 为单位显示硬盘利用率报告。

-x：显示扩展统计信息。

-n：显示 NFS 报告。

例：显示磁盘整体状况信息，如图 5-25 所示。

```
[root@localhost etc]# iostat -d -x
Linux 3.10.0-862.el7.x86_64 (localhost)        2018年12月30日  _x86_64_       (2 CPU)

Device:       rrqm/s   wrqm/s     r/s     w/s    rkB/s    wkB/s avgrq-sz avgqu-sz   await r_await w_await  svctm  %util
sda             0.00     0.02    2.07    0.25   142.06     2.73   124.85     0.02    7.77    8.53    1.60   4.25   0.99
dm-0            0.00     0.00    1.92    0.18   139.19     2.35   135.10     0.02    8.58    9.13    2.55   4.68   0.98
dm-1            0.00     0.00    0.01    0.00     0.21     0.00    47.40     0.00    0.67    0.67    0.00   0.59   0.00
dm-2            0.00     0.00    0.02    0.00     0.17     0.19    30.70     0.00    1.35    1.02   22.00   0.99   0.00
```

图 5-25　显示磁盘整体状况信息

各输出选项的含义如下。

- rrqm/s：每秒合并到设备的读请求数。
- wrqm/s：每秒合并到设备的写请求数。
- r/s：每秒向硬盘发起的读操作数。
- w/s：每秒向硬盘发起的写操作数。
- rkB/s：每秒从硬盘读取的千字节数。
- wkB/s：每秒写入硬盘的千字节数。
- avgrq-sz：平均每次设备 I/O 操作的数据大小（以扇区为单位）。
- avgqu-sz：平均 I/O 队列长度，表示等待处理的 I/O 请求的平均数量。
- await：I/O 请求的平均等待时间，单位为 ms。
- r_await：每个读操作的平均所需时间，单位为 ms。
- w_await：每个写操作的平均所需时间，单位为 ms。
- svctm：设备每次 I/O 操作的平均服务时间，单位为 ms。
- %util：一秒中有百分之多少的时间用于 I/O 操作，即设备利用率。当这个值接近 100% 时，表示硬盘 I/O 已经饱和。

5.3.4　综合监控命令

top 命令是 Linux 中常用的性能分析工具，能够实时显示系统中各个进程的资源占用情况，类似于 Windows 的任务管理器。top 命令可动态显示过程，即可以通过用户按键来不断地刷新当前系统状态。

其语法格式如下。

```
top [选项]
```

常用的选项如下。

-b：以批处理模式操作。

-c：以完整的命令行（而不是仅显示进程名）的形式显示进程信息。

-d：屏幕刷新间隔时间。

-I：忽略失效过程。

-s：保密模式。

-S：累积模式。

-i：不显示任何闲置或者僵死进程。

-u<用户名>：指定用户名。

-p<进程标识符>：指定进程。

-n<次数>：循环显示的次数。

例：查看系统当前信息，如图 5-26 所示。

```
top - 17:05:47 up 38 min,  2 users,  load average: 0.00, 0.02, 0.11
Tasks: 225 total,   1 running, 224 sleeping,   0 stopped,   0 zombie
%Cpu(s):  0.7 us,  0.5 sy,  0.0 ni, 98.8 id,  0.0 wa,  0.0 hi,  0.0 si,  0.0 st
KiB Mem :  1865308 total,   377032 free,   897552 used,   590724 buff/cache
KiB Swap:  4194300 total,  4194300 free,        0 used.   743064 avail Mem

  PID USER      PR  NI    VIRT    RES    SHR S  %CPU %MEM     TIME+ COMMAND
  745 root      20   0  320252   6668   5192 S   7.3  0.4   0:08.78 vmtoolsd
   45 root      20   0       0      0      0 S   6.0  0.0   0:00.92 kworker/u+
 1409 root      20   0  342456  41908  12628 S   0.7  2.2   0:11.62 X
 2362 root      20   0 3304800 257556  58608 S   0.7 13.8   0:48.95 gnome- she+
  514 root      20   0   48888   6312   2812 S   0.3  0.3   0:01.05 systemd- u+
 3765 root      20   0  161972   2356   1584 R   0.3  0.1   0:00.10 top
    1 root      20   0  128144   6808   4104 S   0.0  0.4   0:06.68 systemd
    2 root      20   0       0      0      0 S   0.0  0.0   0:00.01 kthreadd
    3 root      20   0       0      0      0 S   0.0  0.0   0:00.13 ksoftirqd+
    5 root       0 -20       0      0      0 S   0.0  0.0   0:00.00 kworker/0+
    7 root      rt   0       0      0      0 S   0.0  0.0   0:03.02 migration+
    8 root      20   0       0      0      0 S   0.0  0.0   0:00.00 rcu_bh
    9 root      20   0       0      0      0 S   0.0  0.0   0:01.43 rcu_sched
   10 root       0 -20       0      0      0 S   0.0  0.0   0:00.00 lru- add- d+
   11 root      rt   0       0      0      0 S   0.0  0.0   0:00.35 watchdog/0
   12 root      rt   0       0      0      0 S   0.0  0.0   0:00.86 watchdog/1
   13 root      rt   0       0      0      0 S   0.0  0.0   0:09.57 migration+
```

图 5-26　查看系统当前信息

其中各输出选项的含义如下。

- 第一行。

17:05:47：系统当前时间。

38 min：系统开机到现在经过的时间。

2 users：当前 2 个用户在线。

load average:0.00, 0.02, 0.11：系统 1min、5 min、15 min 的 CPU 负载信息。

- 第二行。

Tasks：任务。

225 total：当前有 225 个任务，也就是有 225 个进程。

1 running：1 个进程正在运行。

224 sleeping：224 个进程睡眠。

0 stopped：停止的进程数为 0。

0 zombie：僵死的进程数为 0。

- 第三行。

%Cpu(s)：显示 CPU 总体信息，单位是百分比。

0.7 us：用户态进程占用 CPU 时间百分比，不包含 renice 值为负的进程占用的 CPU 时间。

0.5 sy：内核占用 CPU 时间百分比。

0.0 ni：改变过优先级的进程占用 CPU 时间百分比。

98.8 id：空闲 CPU 时间百分比。

0.0 wa：等待 I/O 的 CPU 时间百分比。

0.0 hi：CPU 硬中断时间百分比。

0.0 si：CPU 软中断时间百分比。

0.0 st：虚拟机偷取时间百分比。

注：这里显示的数据是所有 CPU 数据的平均值，如果想看每一个 CPU 的相关信息，按 1 键即可；想要折叠相关信息，再次按 1 键即可。

- 第四行。

KiB Mem：内存。

1865308 total：物理内存总量。

377032 free：空闲的物理内存量。

897552 used：使用的物理内存量。

590724 buff/cache：用作内核缓存的物理内存量。

- 第五行。

KiB Swap：交换空间。

4194300 total：交换区总量。

4194300 free：空闲的交换区量。

0 used：使用的交换区量。

743064 avail Mem：可用内存空间。

- 其他行是进程信息。

PID：进程标识符。

USER：进程属主。

PR：进程的优先级，值越小，越先被执行。

NI：通常代表 nice 值，即进程优先级的修正值。

VIRT：进程占用的虚拟内存量。

RES：进程占用的物理内存量。

SHR：进程使用的共享内存量。

S：进程的状态。R 表示正在运行，S 表示休眠，Z 表示僵死，D 表示等待。

%CPU：进程的 CPU 使用率。

%MEM：进程使用的物理内存量占内存总量的百分比。

TIME+：进程启动后占用的总 CPU 时间，即占用 CPU 时间的累加值。

COMMAND：进程启动命令名称。

5.3.5　用户监控命令

Linux 是一个多用户操作系统，在同一时间内可能会有多个用户同时登录并使用系统。可以通过 users、who 或者 w 命令查看当前有哪些用户正在登录系统。

1. users 命令

users 命令的功能比较简单，用于显示当前登录系统的所有用户的列表。

例：显示当前登录系统的用户列表。

```
[root@localhost ~]#
[root@localhost ~]# users
root root
[root@localhost ~]#
```

结果显示当前共有两个用户以 root 用户的身份在不同的终端上登录系统。

2. who 命令

who 命令用于显示当前在本地系统上的所有用户的信息，包括用户名、TTY（Teletypewriter，虚拟终端）、登录日期和时间等内容。如果用户是在一个远程计算机上登录的，那么该计算机的主机名也会被显示出来。

例：执行 who 命令。

```
[root@localhost ~]# who
root     :0           2023-04-24 07:55 (:0)
root     pts/0        2023-04-24 07:56 (:0)
[root@localhost ~]#
```

3. w 命令

w 命令用于显示目前登录系统的用户信息。w 命令显示的信息很详细，包括用户名、终端、登录地点、登录时间和执行命令等。单独执行 w 命令会显示所有登录系统的用户的信息，可指定用户名称，仅显示某位用户的相关信息。

其语法格式如下。

```
w [-fhlsuV][用户名称]
```

常用的选项如下。

-f：开启或关闭显示用户从何处登录系统。

-h：不显示各栏的标题信息。

-l：使用详细格式列表，此为预设值。

-s：使用简洁格式列表，不显示用户登录时间。

-u：忽略执行程序的名称，以及该程序耗费 CPU 时间的信息。

-V：显示该命令的版本信息。

例：显示当前用户登录信息及执行的命令。

```
[root@localhost ~]# w
 08:06:29 up 12 min,  2 users,  load average: 0.52, 0.33, 0.30
USER     TTY      FROM             LOGIN@   IDLE   JCPU   PCPU WHAT
root     :0       :0               07:55    ?xdm?  2:32   0.34s /usr/libexec/gn
root     pts/0    :0               07:56    5.00s  0.13s  0.08s w
[root@localhost ~]#
```

5.4 习题

一、填空题

1. 管理网络接口的命令是_____。
2. 用来测试主机之间网络的连通性的命令是_____。
3. 常用的域名查询命令是_____。
4. 计算机的主机名信息保存在_____配置文件中。

5. 能够实时显示系统中各个进程的资源占用状况的命令是_____。

二、操作题

1. 尝试通过配置/etc/hosts 将自己学校的域名访问指向本地。
2. 通过命令和修改配置文件两种方式来修改主机名。
3. 找出本机各种软件的运行端口。
4. 监控 taobao.com 到本机的路由情况。
5. 使用 ip 命令查看本地 IP 地址、网卡、路由等信息。
6. 监控本机的 CPU 使用情况，并找出最消耗资源的程序。

第 ❻ 章 软件包管理

本章导读

Windows 和 Linux 在安装软件方面存在显著的区别。Windows 主要通过安装包进行安装，提供了图形化界面和自包含的软件包；而 Linux 提供了多种安装方式，包括在线安装和手动安装软件包等，同时使用了系统包管理器来自动解决和安装依赖关系。在 Windows 中安装软件时，软件的配置信息一般都写到注册表里，不用维护软件的配置文件。而 Linux 支持的软件形式更多，且 Linux 里没有注册表，取而代之的是/etc 目录下面的配置文件。

知识目标

- 理解 RPM 包的优缺点。
- 了解源码安装的优缺点。

能力目标

- 能够使用 rpm 命令安装、升级和卸载 RPM 包。
- 能够使用 yum 命令安装、升级和卸载 RPM 包。
- 能够以源码方式安装 Linux 程序。

素质目标

树立正确的劳动观，崇尚劳动和尊重劳动。

本章知识导图

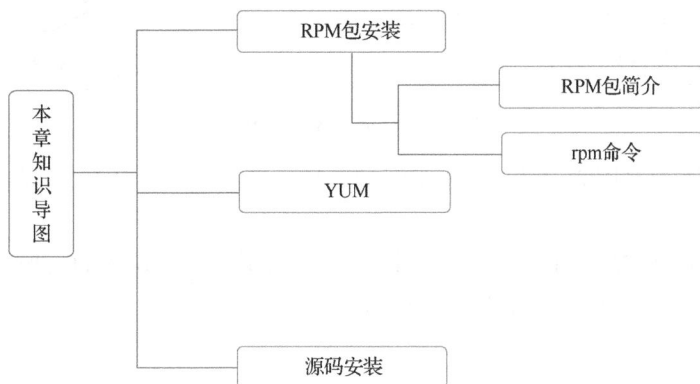

```
                          ┌──────────────────────┐
              ┌───────────┤       RPM 包安装       │
              │           └──────────────────────┘
              │                        ┌──────────────────────┐
              │                   ┌────┤       RPM 包简介       │
              │                   │    └──────────────────────┘
┌──────┐      │              ┌────┴────────────────────────┐
│本章  │      │              │          rpm命令             │
│知识  ├──────┤              └─────────────────────────────┘
│导图  │      │           ┌──────────────────────┐
└──────┘      ├───────────┤         YUM          │
              │           └──────────────────────┘
              │
              │           ┌──────────────────────┐
              └───────────┤        源码安装       │
                          └──────────────────────┘
```

6.1　RPM 包安装

6.1.1　RPM 包简介

RPM 包安装

RPM（Redhat Package Manager）由 Red Hat 公司开发，是一个强大的软件包管理工具，它能够方便地实现软件包的安装、卸载、校验、查询等操作。

RPM 最大的特点就是需要安装的软件已经被编译，并已经被打成 RPM 包，包里默认的数据库记录了这个软件安装时需要的依赖属性软件。当安装 RPM 包时，RPM 会先依照包里的数据库查询主机上的依赖属性软件是否都已经安装，若依赖属性软件都已经安装则予以安装，否则不予安装。

在 Linux 中，许多软件使用共享库，这样做的好处是可以减小软件的大小，同时多个软件可以共享同一个库，以减少系统资源的浪费。在 Windows 中，软件开发者更倾向于将所有依赖属性软件都打包到一个独立的可执行文件中，这样用户就无须担心依赖问题。总体来说，两种方式都有各自的优劣。

RPM 包的优缺点如下。

1. 优点

- RPM 包已经被编译且打包，安装方便。
- 软件信息记录在 RPM 数据库中，方便查询、验证与卸载。

2. 缺点

- 当前系统环境必须与原 RPM 包的编译环境一致。
- 安装软件时需满足依赖属性要求。
- 卸载软件时注意，下层的软件不可先卸载，否则可能会使整个系统产生问题。

RPM 包拥有约定俗成的命名格式，一般为"软件名称-版本号-发布号.架构号.扩展名"，如图 6-1 所示。

发布号

架构号

vsftpd-2.2.2-11.el6.x86_64.rpm

软件名称

版本号

扩展名

图6-1　RPM 包的命名格式

更新发布号主要是因为对软件存在的漏洞进行了修补，其中"el6"是指针对 RHEL 6 系统发布的软件包。

架构号表示软件包适用的硬件平台，其中"x86_64"指 64 位的 PC 架构，另外"i386""i686"等都指 32 位的硬件平台，"noarch"指不区分硬件平台。

6.1.2　rpm 命令

使用 rpm 命令可以实现对 RPM 包的管理，使用它在 Linux 中安装、卸载和升级软件包都非常容易。它还具有查询、校验软件包等功能。

1. RPM 安装

使用 rpm 命令安装 RPM 包的语法格式如下。

```
rpm -i ( or --install) options file1.rpm ... fileN.rpm
```

常用的参数如下。

file1.rpm ... fileN.rpm：将要安装的 RPM 包的名称。

常用的选项如下。

-h/--hash：安装时以"#"显示安装进度。

-v：显示附加信息。

-vv：显示调试信息。

--test：只对安装进行测试，并不实际安装。

--percent：以百分比的形式显示安装进度。

--excludedocs：不安装 RPM 包中的文档文件。

--includedocs：安装 RPM 包中的文档文件（如 README 文件）。

--replacepkgs：强制重新安装已经安装的 RPM 包。

--replacefiles：替换属于其他 RPM 包的文件。

--force：忽略 RPM 包及文件的冲突。

--noscripts：不运行预安装和后安装脚本。

--prefix：将 RPM 包安装到由参数指定的路径下。

--ignorearch：不校验 RPM 包的结构。

--ignoreos：不检查运行 RPM 包的操作系统。

--nodeps：不检查依赖关系。

安装时使用的选项有很多，一般来说使用-ivh 就可以了，尽量不要使用暴力安装（使用--force 安装）。

例：用 rpm 命令安装 IP Scanner 软件。

在安装前可以先使用命令 rpm -qa|grep ipscan 查询系统中是否已经安装了此软件。若没有，则把安装文件下载到本地，执行命令 rpm -ivh ipscan-3.4.1-1.x86_64.rpm 即可。若在安装过程中提示找不到依赖软件包，则应先完成依赖软件包的安装，再进行安装，如图 6-2 所示。

```
[root@localhost ~]# ls ipscan-3.4.1-1.x86_64.rpm
ipscan-3.4.1-1.x86_64.rpm
[root@localhost ~]# rpm -qa|grep ipscan
[root@localhost ~]# rpm -ivh ipscan-3.4.1-1.x86_64.rpm
准备中...                              ############################### [100%]
正在升级/安装...
   1:ipscan-3.4.1-1                    ############################### [100%]
```

图 6-2　用 rpm 命令安装 IP Scanner 软件

在安装完成后，先执行命令 rpm -ql ipscan 查询该软件运行文件的安装位置，然后执行命令 /usr/bin/ipscan 运行该软件，如图 6-3 所示。

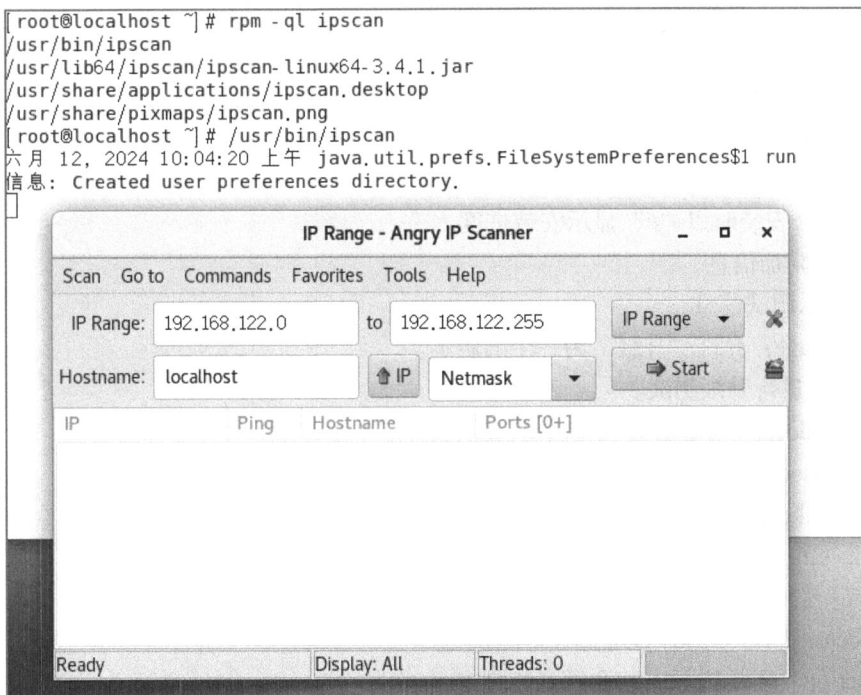

图 6-3　运行 IP Scanner 软件

2. RPM 卸载

需要注意的是，卸载软件时一定要由最上层往下层卸载，否则会发生结构上的问题。

使用 rpm 命令卸载 RPM 包的语法格式如下。

```
rpm -e ( or --erase) options pkg1 ... pkgN
```

常用的参数如下。

pkg1 ... pkgN：要删除的 RPM 包。

常用的选项如下。

--test：只执行删除的测试。

--noscripts：不运行预安装和后安装脚本。

--nodeps：不检查依赖关系。

-vv：显示调试信息。

例：卸载刚安装的 IP Scanner 软件。

执行命令 rpm - e ipscan 即可，再次查询可以发现已经查询不到软件信息了。

```
[root@localhost ~]# rpm -qa ipscan
ipscan-3.4.1-1.x86_64                    //查询到软件信息
[root@localhost ~]# rpm -e ipscan        //卸载软件
[root@localhost ~]# rpm -qa ipscan        //再次查询则无法查询到软件信息
[root@localhost ~]#
```

3．RPM 升级

RPM 包的升级十分方便，使用-Uvh 即可。

使用 rpm 命令升级 RPM 包的语法格式如下。

```
rpm -U ( or --upgrade) options options pkg1 ... pkgN
```

常用的参数如下。

pkg1 ... pkgN：要升级的 RPM 包。

常用的选项如下。

-h/--hash：安装时以"#"显示安装进度。

-v：显示附加信息。

-vv：显示调试信息。

--oldpackage：允许"升级"为一个旧版本。

--test：只进行升级测试。

--excludedocs：不安装 RPM 包中的文档文件。

--includedocs：安装 RPM 包中的文档文件（如 README 文件）。

--replacepkgs：强制重新安装已经安装的 RPM 包。

--replacefiles：替换属于其他 RPM 包的文件。

--force：忽略 RPM 包及文件的冲突。

--percent：以百分比的形式显示安装进度。

--noscripts：不运行预安装和后安装脚本。

--prefix：将 RPM 包安装到由参数指定的路径下。

--ignorearch：不校验 RPM 包的结构。

--ignoreos：不检查运行 RPM 包的操作系统。

--nodeps：不检查依赖关系。

4．RPM 查询

在查询信息的时候，RPM 查询的是/var/lib/rpm/目录下的数据库文件，另外也可以查询未安装的 RPM 包内的信息。

使用 rpm 命令查询 RPM 包的语法格式如下。

```
rpm -q ( or --query) options pkg1…pkgN
```

常用的参数如下。

pkg1 … pkgN：查询已安装的 RPM 包。

常用的选项如下。

-p：查询某个 RPM 包内的信息，而非已安装的软件信息。

-f：查询指定的文件属于哪个 RPM 包。

-a：查询所有安装的 RPM 包。

-i：显示 RPM 包的概要信息。

-l：显示 RPM 包中的文件列表。

-c：显示配置文件列表。

-d：显示文档文件列表。

-s：显示 RPM 包中的文件列表并显示每个文件的状态。

--scripts：显示安装、卸载、校验脚本。

--queryformat/--qf：以用户指定的方式显示查询信息。

--dump：显示每个文件的所有已校验信息。

--provides：显示 RPM 包提供的功能。

--requires/-R：显示 RPM 包所需的功能。

-v：显示附加信息。

-vv：显示调试信息。

例：查询系统中是否已安装 logrotate 软件。

```
[root@localhost ~]# rpm -q logrotate
logrotate-3.8.6-15.el7.x86_64 //说明已经安装了此软件
```

例：找出 logrotate 软件提供的所有目录和文件。

```
[root@localhost ~]# rpm -ql logrotate
/etc/cron.daily/logrotate
/etc/logrotate.conf
/etc/logrotate.d
/etc/rwtab.d/logrotate
/usr/sbin/logrotate
/usr/share/doc/logrotate-3.8.6
/usr/share/doc/logrotate-3.8.6/CHANGES
/usr/share/doc/logrotate-3.8.6/COPYING
/usr/share/man/man5/logrotate.conf.5.gz
/usr/share/man/man8/logrotate.8.gz
/var/lib/logrotate
/var/lib/logrotate/logrotate.status
```

例：显示 logrotate 软件的概要信息，如图 6-4 所示。

```
[root@localhost ~]# rpm -qi logrotate
Name        : logrotate
Version     : 3.14.0
Release     : 4.el8
Architecture: x86_64
Install Date: 2024年04月26日 星期五 06时06分52秒
Group       : Unspecified
Size        : 145612
License     : GPLv2+
Signature   : RSA/SHA256, 2020年05月16日 星期六 09时59分29秒, Key ID 05b555b38483c65d
Source RPM  : logrotate-3.14.0-4.el8.src.rpm
Build Date  : 2020年05月16日 星期六 09时54分47秒
Build Host  : x86-02.mbox.centos.org
Relocations : (not relocatable)
Packager    : CentOS Buildsys <bugs@centos.org>
Vendor      : CentOS
URL         : https://github.com/logrotate/logrotate
Summary     : Rotates, compresses, removes and mails system log files
Description :
The logrotate utility is designed to simplify the administration of
log files on a system which generates a lot of log files.  Logrotate
allows for the automatic rotation compression, removal and mailing of
log files.  Logrotate can be set to handle a log file daily, weekly,
monthly or when the log file gets to a certain size.  Normally,
logrotate runs as a daily cron job.

Install the logrotate package if you need a utility to deal with the
log files on your system.
```

图 6-4　logrotate 软件的概要信息

例：找出 logrotate 软件的配置文件。

```
[root@localhost ~]# rpm -qc logrotate
/etc/cron.daily/logrotate
/etc/logrotate.conf
/etc/rwtab.d/logrotate
```

5. 校验已安装的 RPM 包

使用 rpm 命令校验已安装 RPM 包的语法格式如下。

```
rpm -V / --verify / -y options pkg1 … pkgN
```

常用的参数如下。

pkg1 … pkgN：将要校验的 RPM 包。

常用的选项如下。

-p：后面接的是文件名，列出软件内可能被修改过的文件。

-f：指出 RPM 包里的某个文件是否被修改过。

-a：列出所有的 RPM 包里可能被修改过的文件。

-g：校验所有属于组的 RPM 包。

-v：显示附加信息。

-vv：显示调试信息。

--noscripts：不运行校验脚本。

--nodeps：不校验依赖关系。

--nofiles：不校验文件属性。

例：校验 logrotate 软件是否被修改过，没有任何信息出现则说明它没有被修改过。

```
[root@localhost ~]# rpm -V logrotate   //没有任何信息出现则说明它没有被修改过
```

例：校验文件/etc/logrotate.conf 是否被修改过，如果修改过则会显示详细信息。

```
[root@localhost etc]# rpm -Vf logrotate.conf
S.5....T.  c /etc/logrotate.conf        //显示修改过后的详细信息
```

在文件名前有 S 以及其他字符，它们的具体含义如下。

- S：文件的大小是否被改变。
- M：文件的类型或文件的权限是否被改变，如执行等权限已被改变。
- 5：MD5（Message-Digest Algorithm 5，信息摘要算法 5）指纹值已经不同。
- D：设备的主/次代码已经改变。
- L：链接文件的链接目标（即实际指向的文件）已经发生了改变。
- U：文件的属主已被改变。
- G：文件的属组已被改变。
- T：文件的创建时间已被改变。

表示文件类型的参数的含义如下所示。

- c：配置文件。
- d：文档。
- g："鬼"文件，通常表示文件不被某个 RPM 包包含，较少出现。
- l：授权文件。
- r：自诉文件。

6. 校验 RPM 包中的文件

使用 rpm 命令校验 RPM 包中文件的语法格式如下。

```
rpm -K/ --checksig options pkg1 ... pkgN
```

常用的参数如下。

pkg1 ... pkgN：将要校验的 RPM 包。

常用的选项如下。

-v：显示附加信息。

-vv：显示调试信息。

例：验证 RPM 包 java-1.7.0-openjdk-1.7.0.171-2.6.13.2.e17.x86-64.rpm 的 MD5 指纹值、PGP（Pretty Good Privacy，颇好保密性）值等信息是否被修改过，若无修改则显示图 6-5 所示的信息。

```
[root@bogon qiang]# rpm -K java-1.7.0-openjdk-1.7.0.171-2.6.13.2.e17.x86_64.rpm
java-1.7.0-openjdk-1.7.0.171-2.6.13.2.e17.x86_64.rpm: rsa sha1 (md5) pgp md5 确定
```

图 6-5　验证 RPM 包 java-1.7.0-openjdk-1.7.0.171-2.6.13.2.e17.x86-64.rpm 的信息是否被修改过

7. 其他 RPM 选项

其他 RPM 选项如下。

--rebuilddb：重建 RPM 资料库。

--initdb：创建一个新的 RPM 资料库。

--quiet：尽可能减少输出。

--help：显示帮助文件。

--version：显示 RPM 的当前版本。

例：查看 RPM 的当前版本。

```
[root@localhost~]#rpm--version
RPM 版本 4.11.3
```

6.2 YUM

YUM 的全称为 Yellow dog Updater Modified，是一个在 Fedora、Red Hat 和 SUSE 中的 Shell 前端软件包管理器。YUM 客户端基于 RPM 包进行管理，可以通过 HTTP（Hypertext Transfer Protocol，超文本传送协议）服务器、FTP（File Transfer Protocol，文件传送协议）服务器、本地软件池等获得软件包，可以从指定的服务器自动下载 RPM 包并进行安装，可以自动处理依赖关系，并且一次安装所有依赖软件包。

使用 yum 命令进行 RPM 包的管理，非常简单方便，它提供用于 YUM 查询、安装或升级、卸载等的命令。接下来就详细介绍这些命令。

1. YUM 查询

使用 yum 命令进行 YUM 查询的语法格式如下。

```
yum [选项] [查询工作项目] [相关参数]
```

常用的选项如下。

-y：自动回答"yes"。

"查询工作项目"和"相关参数"的参数如下。

search 搜索某个软件名称或者描述的关键词。

list 显示所有已经安装和可以安装的 RPM 包。

info 显示关于 RPM 包或 YUM 源的详细信息。

provides 从文件中搜索软件，类似于"rpm –qf"。

例：使用命令 yum search openssh 搜索与 OpenSSH 相关的软件，如图 6-6 所示。

```
[root@localhost ~]# yum search openssh
已加载插件：fastestmirror, langpacks
Loading mirror speeds from cached hostfile
 * base: mirrors.aliyun.com
 * extras: mirrors.aliyun.com
 * updates: mirrors.nju.edu.cn
========================= N/S matched: openssh =========================
openssh-askpass.x86_64 : A passphrase dialog for OpenSSH and X
openssh-keycat.x86_64 : A mls keycat backend for openssh
openssh-server-sysvinit.x86_64 : The SysV initscript to manage the OpenSSH
                               : server.
openssh.x86_64 : An open source implementation of SSH protocol versions 1 and 2
openssh-cavs.x86_64 : CAVS tests for FIPS validation
openssh-clients.x86_64 : An open source SSH client applications
openssh-ldap.x86_64 : A LDAP support for open source SSH server daemon
openssh-server.x86_64 : An open source SSH server daemon
```

图 6-6 搜索与 OpenSSH 相关的软件

例：使用命令 yum list | more 分页显示目前服务器上已安装和可以安装的 RPM 包，如图 6-7 所示。

```
[root@localhost ~]# yum list | more
已加载插件：fastestmirror, langpacks
Loading mirror speeds from cached hostfile
 * base: mirrors.aliyun.com
 * extras: mirrors.aliyun.com
 * updates: mirrors.nju.edu.cn
已安装的软件包
GConf2.x86_64                          3.2.6-8.el7                         @anaconda
GeoIP.x86_64                           1.5.0-13.el7                        @anaconda
LibRaw.x86_64                          0.14.8-5.el7.20120830git98d925
                                                                          @anaconda
ModemManager.x86_64                    1.6.10-1.el7                        @anaconda
ModemManager-glib.x86_64               1.6.10-1.el7                        @anaconda
NetworkManager.x86_64                  1:1.12.0-6.el7                      @anaconda
NetworkManager-adsl.x86_64             1:1.12.0-6.el7                      @anaconda
NetworkManager-glib.x86_64             1:1.12.0-6.el7                      @anaconda
NetworkManager-libnm.x86_64            1:1.12.0-6.el7                      @anaconda
NetworkManager-libreswan.x86_64        1.2.4-2.el7                         @anaconda
NetworkManager-libreswan-gnome.x86_64  1.2.4-2.el7                         @anaconda
NetworkManager-ppp.x86_64              1:1.12.0-6.el7                      @anaconda
NetworkManager-team.x86_64             1:1.12.0-6.el7                      @anaconda
NetworkManager-tui.x86_64              1:1.12.0-6.el7                      @anaconda
NetworkManager-wifi.x86_64             1:1.12.0-6.el7                      @anaconda
OpenEXR-libs.x86_64                    1.7.1-7.el7                         @anaconda
PackageKit.x86_64                      1.1.10-1.el7.centos                 @anaconda
PackageKit-command-not-found.x86_64    1.1.10-1.el7.centos                 @anaconda
PackageKit-glib.x86_64                 1.1.10-1.el7.centos                 @anaconda
PackageKit-gstreamer-plugin.x86_64     1.1.10-1.el7.centos                 @anaconda
PackageKit-gtk3-module.x86_64          1.1.10-1.el7.centos                 @anaconda
PackageKit-yum.x86_64                  1.1.10-1.el7.centos                 @anaconda
PyQt4.x86_64                           4.10.1-13.el7                       @anaconda
PyYAML.x86_64                          3.10-11.el7                         @anaconda
abattis-cantarell-fonts.noarch         0.0.25-1.el7                        @anaconda
abrt.x86_64                            2.1.11-52.el7.centos                @anaconda
abrt-addon-ccpp.x86_64                 2.1.11-52.el7.centos                @anaconda
--More--
```

图 6-7　分页显示目前服务器上已安装和可以安装的 RPM 包

例：使用命令 yum list updates | more 显示目前服务器上所有可升级的软件，如图 6-8 所示。

```
[root@localhost ~]# yum list updates | more
已加载插件：fastestmirror, langpacks
Loading mirror speeds from cached hostfile
 * base: mirrors.aliyun.com
 * extras: mirrors.aliyun.com
 * updates: mirrors.nju.edu.cn
更新的软件包
GeoIP.x86_64                           1.5.0-14.el7                        base
LibRaw.x86_64                          0.19.4-2.el7_9                      updates
ModemManager.x86_64                    1.6.10-4.el7                        base
ModemManager-glib.x86_64               1.6.10-4.el7                        base
NetworkManager.x86_64                  1:1.18.8-2.el7_9                    updates
NetworkManager-adsl.x86_64             1:1.18.8-2.el7_9                    updates
NetworkManager-glib.x86_64             1:1.18.8-2.el7_9                    updates
NetworkManager-libnm.x86_64            1:1.18.8-2.el7_9                    updates
NetworkManager-ppp.x86_64              1:1.18.8-2.el7_9                    updates
NetworkManager-team.x86_64             1:1.18.8-2.el7_9                    updates
NetworkManager-tui.x86_64              1:1.18.8-2.el7_9                    updates
NetworkManager-wifi.x86_64             1:1.18.8-2.el7_9                    updates
OpenEXR-libs.x86_64                    1.7.1-8.el7                         base
PackageKit.x86_64                      1.1.10-2.el7.centos                 base
PackageKit-command-not-found.x86_64    1.1.10-2.el7.centos                 base
PackageKit-glib.x86_64                 1.1.10-2.el7.centos                 base
PackageKit-gstreamer-plugin.x86_64     1.1.10-2.el7.centos                 base
PackageKit-gtk3-module.x86_64          1.1.10-2.el7.centos                 base
PackageKit-yum.x86_64                  1.1.10-2.el7.centos                 base
abrt.x86_64                            2.1.11-60.el7.centos                base
abrt-addon-ccpp.x86_64                 2.1.11-60.el7.centos                base
abrt-addon-kerneloops.x86_64           2.1.11-60.el7.centos                base
abrt-addon-pstoreoops.x86_64           2.1.11-60.el7.centos                base
abrt-addon-python.x86_64               2.1.11-60.el7.centos                base
abrt-addon-vmcore.x86_64               2.1.11-60.el7.centos                base
abrt-addon-xorg.x86_64                 2.1.11-60.el7.centos                base
abrt-cli.x86_64                        2.1.11-60.el7.centos                base
abrt-console-notification.x86_64       2.1.11-60.el7.centos                base
abrt-dbus.x86_64                       2.1.11-60.el7.centos                base
abrt-desktop.x86_64                    2.1.11-60.el7.centos                base
abrt-gui.x86_64                        2.1.11-60.el7.centos                base
abrt-gui-libs.x86_64                   2.1.11-60.el7.centos                base
abrt-libs.x86_64                       2.1.11-60.el7.centos                base
--More--
```

图 6-8　显示目前服务器上所有可升级的软件

2. YUM 安装或升级

使用 yum 命令进行 YUM 安装或升级的语法格式如下。

```
yum install|update [package...]
```

常用的选项如下。

install：安装指定的 RPM 包，若没有参数则安装 YUM 源的全部 RPM 包。

update：升级指定的 RPM 包，若没有参数则升级整个系统的 RPM 包。

常用的参数如下。

package：RPM 包的名称。

例：安装音乐播放和管理软件 Rhythmbox。

YUM 会自动安装依赖软件包，如果没有加-y 参数，则会停下来询问用户是否要继续安装，如图 6-9 所示。

```
[root@localhost ~]# yum install rhythmbox
已加载插件：fastestmirror, langpacks
Loading mirror speeds from cached hostfile
 * base: mirror.lzu.edu.cn
 * extras: mirror.lzu.edu.cn
 * updates: mirror.lzu.edu.cn
正在解决依赖关系
--> 正在检查事务
---> 软件包 rhythmbox.x86_64.0.3.4.1-1.el7 将被 升级
---> 软件包 rhythmbox.x86_64.0.3.4.2-2.el7 将被 更新
--> 解决依赖关系完成

依赖关系解决

================================================================================
 Package          架构          版本              源          大小
================================================================================
正在更新：
 rhythmbox        x86_64        3.4.2-2.el7       base        5.4 M

事务概要
================================================================================
升级  1 软件包

总计：5.4 M
Is this ok [y/d/N]: yum install gstreamer-ffmpeg
```

图 6-9　用 YUM 安装音乐播放和管理软件 Rhythmbox

安装完成后，运行该软件，可用命令行或图形界面实现，软件 Rhythmbox 的界面如图 6-10 所示。

图 6-10　软件 Rhythmbox 的界面

3. YUM 卸载

使用 yum 命令进行 YUM 卸载的语法格式如下。

```
yum remove [package...]
```

常用的参数如下。

package：要卸载的 RPM 包名称。

例：卸载刚安装的 Rhythmbox 软件。

```
[root@localhost ~]# yum remove rhythmbox        //卸载软件
[root@localhost ~]# rpm -qa rhythmbox           //查询软件
```

4. YUM 清除缓存

使用 yum 命令进行 YUM 清除缓存的语法格式如下。

```
yum clean [选项]
```

常用的选项如下。

packages：清除缓存目录下的 RPM 包。

headers：清除缓存目录下的头文件（.hdr 文件）。

oldheaders：清除缓存目录下旧的头文件（.hdr 文件）。

5. YUM 配置文件

.repo 文件是 YUM 源（软件仓库）的配置文件，通常一个.repo 文件中可以定义一个或者多个 YUM 源的细节内容，例如从哪里下载需要安装或者升级的 RPM 包。.repo 文件中的设置内容将被 YUM 读取和应用。

虽然主机能够联网就可以使用 YUM，但 CentOS 本身使用的是国外的 YUM 源，当下载一些辅助工具的时候速度比较慢，所以可以将 YUM 源更换为国内的 YUM 源，提高下载速度。

更换 YUM 源需要修改配置文件，配置文件必须存放在指定的/etc/yum.repos.d/目录中，而且必须以 ".repo" 作为扩展名。

打开默认的 YUM 源配置文件/etc/yum.repos.d/ CentOS-Base.repo，如图 6-11 所示。

```
[root@localhost ~]# vi /etc/yum.repos.d/CentOS-Base.repo
```

```
# CentOS-Base.repo
#
# The mirror system uses the connecting IP address of the client and the
# update status of each mirror to pick mirrors that are updated to and
# geographically close to the client.  You should use this for CentOS updates
# unless you are manually picking other mirrors.
#
# If the mirrorlist= does not work for you, as a fall back you can try the
# remarked out baseurl= line instead.
#
#

[base]
name=CentOS-$releasever - Base
mirrorlist=http://mirrorlist.centos.org/?release=$releasever&arch=$basearch&repo=os&infra=$infra
#baseurl=http://mirror.centos.org/centos/$releasever/os/$basearch/
gpgcheck=1
gpgkey=file:///etc/pki/rpm-gpg/RPM-GPG-KEY-CentOS-7

#released updates
[updates]
name=CentOS-$releasever - Updates
mirrorlist=http://mirrorlist.centos.org/?release=$releasever&arch=$basearch&repo=updates&infra=$infra
#baseurl=http://mirror.centos.org/centos/$releasever/updates/$basearch/
gpgcheck=1
gpgkey=file:///etc/pki/rpm-gpg/RPM-GPG-KEY-CentOS-7
```

图 6-11　/etc/yum.repos.d/CentOS-Base.repo 配置文件

该文件中的关键信息含义如下。

- [base]：代表 YUM 源的名称，一定要有方括号，里面的名称可以自定义，但是不能有两个相同的名称。

- name：用于描述 YUM 源的用途或名称。

- mirrorlist=：用于指定一个网址，该网址指向一个包含多个镜像站点地址的列表，以允许 YUM 从多个镜像站点中选择一个进行下载，从而提高下载速度和可靠性。如果不想使用该信息，可以注释掉这些内容。

- baseurl=：这个很重要，因为其后面接的是容器的实际网址。mirrorlist 是由 YUM 程序自行捕捉的映射站台，baseurl 则用于指定一个固定的 YUM 源网址。

- gpgcheck=1：用于启用 GPG 签名检查，GPG（GNU Privacy Guard）是一种开源的加密和签名软件，用于保护数据的隐私性和完整性。当 gpgcheck=1 时，YUM 在从 YUM 源下载 RPM 包之前，会验证 RPM 包的 GPG 签名。如果签名验证失败，YUM 将拒绝安装该软件包，以确保系统的安全性。

- gpgkey=：数字签章的公钥文件所在位置，使用默认值即可。

例：将 YUM 源更换为网易镜像服务器。

网易镜像服务器是国内优秀的开源镜像服务器之一，下面以此为例来配置。

```
[root@localhost ~]#vi /etc/yum.repos.d/CentOS-Base.repo
```

修改 baseurl 和 gpgkey 即可，如下所示。

```
baseurl=http://mirrors.163.com/centos/$releasever/os/$basearch/
gpgkey=http://mirrors.163.com/centos/RPM-GPG-KEY-CentOS-7
```

修改完成后，之前的缓存就没有用了，可以用命令 yum clean all 来清除缓存，以免之后造成软件更新发生异常。

也可打开 http://mirrors.163.com/.help/centos.html 页面，直接下载配置文件并使用。CentOS 镜像使用帮助如图 6-12 所示。

图 6-12　CentOS 镜像使用帮助

6.3 源码安装

源码安装是指使用源码包安装软件，即使用软件的源码[通常该源码会被打包成一个 Tarball（归档压缩包），它是软件的源码用 tar 命令打包后再压缩的资源包]安装软件。现在大多数版本的 Linux 都支持各种各样的软件管理工具（如 RPM），可以大大简化软件安装过程。虽然用源码进行软件安装的过程会复杂得多，但是懂得如何在 Linux 中直接使用源码安装软件还是非常重要的，其至今仍然是软件安装的重要手段。

1. 源码安装的优缺点

源码安装的优点如下。

* 灵活性：用户可获得最新的软件版本，也可根据需要选择软件版本。
* 自由性：源码安装没有版权限制，用户可自由修改、分发或出售自己编译的软件。
* 定制性：源码安装允许用户自由选择所需的组件、库和选项。
* 文档齐全：源码安装通常提供完整的文档和源码，方便用户进行调试和故障排除。

源码安装的缺点如下。

* 安装过程复杂：源码安装需要用户具备较高的技术水平，包括熟悉编译工具、解决依赖关系和配置选项等。对新手来说，源码安装可能会比较困难和耗时。
* 编译时间长：源码安装通常需要进行编译，这可能需要较长的时间。
* 依赖管理复杂：源码安装缺乏自动依赖管理功能，用户需要自行解决所有依赖关系。
* 不适合所有用户：对大多数普通用户来说可能并不适用。

2. 源码安装的基本过程

源码安装的基本过程如下。

（1）解压、释放出源码文件。

（2）针对当前系统、软件环境，配置好安装参数。

（3）将源码文件变为二进制的可执行文件。

（4）将编译好的程序文件复制到系统中。

（5）安装完成后，根据需要配置系统环境（可选），然后通过执行软件的命令或查看软件的版本信息来验证安装是否成功。

3. 源码安装的先决条件

（1）安装 GCC 编译器。

```
[root@master ~]# yum install gcc -y
已加载插件: fastestmirror, langpacks
Loading mirror speeds from cached hostfile
 * base: ▮▮▮▮▮▮▮▮▮▮▮▮
 * extras: ▮▮▮▮▮▮▮▮▮▮▮▮
 * updates: ▮▮▮▮▮▮▮▮▮▮▮▮
正在解决依赖关系
--> 正在检查事务
---> 软件包 gcc.x86_64.0.4.8.5-44.el7 将被 安装
```

```
--> 解决依赖关系完成

依赖关系解决

================================================================
 Package          架构          版本              源          大小
================================================================
正在安装：
 gcc             x86_64        4.8.5-44.el7       base       16 MB

事务概要
================================================================
安装  1 软件包

总下载量：16 MB
安装大小：37 MB
Downloading packages:
gcc-4.8.5-44.el7.x86_64.rpm                      | 16 MB  00:01:36
Running transaction check
Running transaction test
Transaction test succeeded
Running transaction
  正在安装    : gcc-4.8.5-44.el7.x86_64                      1/1
  验证中      : gcc-4.8.5-44.el7.x86_64                      1/1

已安装：
  gcc.x86_64 0:4.8.5-44.el7

完毕！
[root@master ~]# rpm -qa | grep gcc
libgcc-4.8.5-44.el7.x86_64
gcc-4.8.5-44.el7.x86_64
```

（2）安装 Autoconf 工具。

Autoconf 是一个用于生成可以自动配置软件源码包的工具，它的主要作用是帮助用户编写一个可以在 UNIX 和 Linux 上运行的 configure 脚本，从而简化软件在不同平台和系统上的编译和安装过程。由 Autoconf 工具生成的配置脚本在运行的时候不需要用户手动干预，通常它们不需要通过给出参数以确定系统的类型。并且，它们在混合系统以及各种由常见 UNIX 变种定制而成的系统（如 Linux）中工作得很好。

执行下面的命令，安装 Autoconf 工具。

```
[root@master ~]# yum install autoconf -y
已加载插件：fastestmirror, langpacks
```

```
Loading mirror speeds from cached hostfile
 * base: 
 * extras: 
 * updates: 
```
正在解决依赖关系
--> 正在检查事务
---> 软件包 autoconf.noarch.0.2.69-11.el7 将被 安装
--> 正在处理依赖关系 m4 >= 1.4.14，它被软件包 autoconf-2.69-11.el7.noarch 需要
--> 正在检查事务
---> 软件包 m4.x86_64.0.1.4.16-10.el7 将被 安装
--> 解决依赖关系完成
依赖关系解决

```
================================================================
```

Package	架构	版本	源	大小

```
================================================================
```

正在安装:
```
 autoconf        noarch        2.69-11.el7        base        701 kB
```
为依赖而安装:
```
 m4              x86_64        1.4.16-10.el7      base        256 kB
```
事务概要

```
================================================================
```

安装 1 软件包 (+1 依赖软件包)
总下载量: 957 kB
安装大小: 2.7 MB
```
Downloading packages:
(1/2): m4-1.4.16-10.el7.x86_64.rpm                     | 256 kB  00:00:01
(2/2): autoconf-2.69-11.el7.noarch.rpm                 | 701 kB  00:00:04
----------------------------------------------------------------
```
总计   217 kB/s | 957 kB 00:04
```
Running transaction check
Running transaction test
Transaction test succeeded
Running transaction
```
  正在安装   : m4-1.4.16-10.el7.x86_64   1/2
  正在安装   : autoconf-2.69-11.el7.noarch   2/2
  验证中   : m4-1.4.16-10.el7.x86_64   1/2
  验证中   : autoconf-2.69-11.el7.noarch   2/2
已安装:
  autoconf.noarch 0:2.69-11.el7
作为依赖被安装:
  m4.x86_64 0:1.4.16-10.el7
完毕!

```
[root@master ~]# rpm -qa | grep autoconf
autoconf-2.69-11.el7.noarch
```

（3）安装 zlib 库。

zlib 是一个强大的通用开源数据压缩库，由让-卢普·加伊（Jean-loup Gailly）和马克·阿德勒（Mark Adler）共同开发，其中让-卢普·加伊主要负责 compression（压缩）部分，马克·阿德勒主要负责 decompression（解压缩）部分。

zlib 库被设计成一个免费的、通用的无损数据压缩库，几乎适用于任何计算机硬件和操作系统。

zlib 库中的数据可以进行跨平台的移植，其压缩方法从不对数据进行扩展。zlib 库的内存占用也是独立于输入数据的，并且在必要的情况下可以适当减少部分内存占用。

使用如下命令安装 zlib 库。

```
[root@master ~]# yum install zlib-devel -y
已加载插件: fastestmirror, langpacks
Loading mirror speeds from cached hostfile
 * base: 
 * extras: 
 * updates: 
正在解决依赖关系
--> 正在检查事务
---> 软件包 zlib-devel.x86_64.0.1.2.7-21.el7_9 将被 安装
--> 正在处理依赖关系 zlib = 1.2.7-21.el7_9，它被软件包 zlib-devel-1.2.7-21.el7_9.
x86_64 需要
--> 正在检查事务
---> 软件包 zlib.x86_64.0.1.2.7-17.el7 将被 升级
---> 软件包 zlib.x86_64.0.1.2.7-21.el7_9 将被 更新
--> 解决依赖关系完成
依赖关系解决

================================================================
 Package          架构          版本              源           大小
================================================================
正在安装:
 zlib-devel       x86_64        1.2.7-21.el7_9    updates      50 kB
为依赖而更新:
 zlib             x86_64        1.2.7-21.el7_9    updates      90 kB
事务概要

================================================================
安装  1 软件包
升级           ( 1 依赖软件包)
总下载量: 140 kB
Downloading packages:
No Presto metadata available for updates
(1/2): zlib-devel-1.2.7-21.el7_9.x86_64.rpm           |  50 kB  00:00:00
```

```
(2/2): zlib-1.2.7-21.el7_9.x86_64.rpm                    |  90 kB  00:00:00
--------------------------------------------------------------------------------
总计                                          164 kB/s |  140 kB  00:00
Running transaction check
Running transaction test
Transaction test succeeded
Running transaction
  正在更新    : zlib-1.2.7-21.el7_9.x86_64                          1/3
  正在安装    : zlib-devel-1.2.7-21.el7_9.x86_64                    2/3
  清理        : zlib-1.2.7-17.el7.x86_64                            3/3
  验证中      : zlib-devel-1.2.7-21.el7_9.x86_64                    1/3
  验证中      : zlib-1.2.7-21.el7_9.x86_64                          2/3
  验证中      : zlib-1.2.7-17.el7.x86_64                            3/3
已安装:
  zlib-devel.x86_64 0:1.2.7-21.el7_9
作为依赖被升级:
  zlib.x86_64 0:1.2.7-21.el7_9
完毕!
[root@master ~]# rpm -qa | grep zlib
zlib-1.2.7-21.el7_9.x86_64
zlib-devel-1.2.7-21.el7_9.x86_64
```

4. 源码安装实例

Git 是一个优秀的分布式版本控制系统,越来越多的公司采用 Git 来管理项目代码。Linux 源码便是使用 Git 来管理版本的。下面以 Git 2.41.0 源码安装为例讲解具体安装方法。

（1）下载 Git 源文件。

为方便后面的操作,先新建一个文件夹 git,进入 git 文件夹,使用 wget 命令在相应的网站下载 Git 源文件,并且查看下载的 Git 源文件。

```
[root@master ~]# mkdir /git
[root@master ~]# cd /git
[root@master git]# wget --no-check-certificate
https://mirrors.edge.kernel.org/pub/software/scm/git/git-2.41.0.tar.xz
--2023-06-04 05:41:29--
https://mirrors.edge.kernel.org/pub/software/scm/git/git-2.41.0.tar.xz
正在解析主机 mirrors.edge.kernel.org (mirrors.edge.kernel.org)... 147.75.80.249,
2604:1380:4601:e00::3
正在连接 mirrors.edge.kernel.org (mirrors.edge.kernel.org)|147.75.80.249|:443...
已连接。
警告: 无法验证 mirrors.edge.kernel.org 的由 "/C=US/O=Let's Encrypt/CN=R3" 颁发的证书:
    颁发的证书已经过期。
已发出 HTTP 请求,正在等待回应... 200 OK
长度: 7273624 (6.9M) [application/x-xz]
```

```
正在保存至："git-2.41.0.tar.xz"
100%[====================================>] 7,273,624    216KB/s 用时 50s
2023-06-04 05:42:20 (142 KB/s) - 已保存 "git-2.41.0.tar.xz" [7273624/7273624])
[root@master git]# ls
git-2.41.0.tar.xz
```

（2）解压 Git 源文件。

```
[root@master git]# xz -d git-2.41.0.tar.xz
[root@master git]# ls
git-2.41.0.tar
[root@master git]# tar -xvf git-2.41.0.tar
git-2.41.0/
git-2.41.0/.cirrus.yml
…
git-2.41.0/configure
git-2.41.0/version
git-2.41.0/git-gui/version
[root@master git]# ls
git-2.41.0  git-2.41.0.tar
```

（3）生成 Makefile 文件。

Makefile 文件通过定义编译工具、编译选项、依赖关系和目标文件，使得程序的编译过程可以自动进行，大大提高了编译效率。

```
[root@master git]# cd git-2.41.0
[root@master git-2.41.0]# ./configure --prefix=/usr/local/git
configure: Setting lib to 'lib' (the default)
configure: Will try -pthread then -lpthread to enable POSIX Threads.
configure: CHECKS for site configuration
checking for gcc... gcc
checking whether the C compiler works... yes
…
checking for POSIX Threads with ''... no
checking for POSIX Threads with '-mt'... no
checking for POSIX Threads with '-pthread'... yes
configure: creating ./config.status
config.status: creating config.mak.autogen
config.status: executing config.mak.autogen commands
```

（4）安装 Git。

```
[root@master git-2.41.0]# make install
GIT_VERSION = 2.41.0
    * new build flags
    CC oss-fuzz/fuzz-commit-graph.o
    CC oss-fuzz/fuzz-pack-headers.o
    CC oss-fuzz/fuzz-pack-idx.o
```

```
    CC daemon.o
…
remote_curl_aliases="" && \
for p in $remote_curl_aliases; do \
    rm -f "$execdir/$p" && \
    test -n "" && \
    ln -s "git-remote-http" "$execdir/$p" || \
    { test -z "" && \
      ln "$execdir/git-remote-http" "$execdir/$p" 2>/dev/null || \
      ln -s "git-remote-http" "$execdir/$p" 2>/dev/null || \
      cp "$execdir/git-remote-http" "$execdir/$p" || exit; } \
done
```

（5）配置系统环境并测试 Git。

```
[root@master ~]# vi /etc/profile
```

在文件 profile 的最后面添加如下的内容：

```
export GIT_HOME=/usr/local/git
export PATH=${GIT_HOME}/bin:${PATH}
```

使配置立即生效并且查看 Git 的版本。

```
[root@master ~]# source /etc/profile
[root@master ~]# git --version
git version 2.41.0
```

至此 Git 2.41.0 源码安装就完成了。

6.4　习题

一、填空题

1. RPM 包的命名格式中的架构号表示＿＿＿＿＿＿。
2. RPM 包的升级十分方便，使用＿＿＿＿＿＿即可。
3. 使用 yum 命令安装软件可以通过＿＿＿＿＿＿、＿＿＿＿＿＿、＿＿＿＿＿＿等获得 RPM 包。
4. 默认的 YUM 源配置文件是＿＿＿＿＿＿。
5. 使用源码安装软件的基本过程为＿＿＿＿＿＿、＿＿＿＿＿＿、＿＿＿＿＿＿和＿＿＿＿＿＿。

二、操作题

1. 用源码安装的形式安装 GMP 软件。
2. 用 rpm 命令找出系统中被修改过的软件。
3. 尝试用 rpm 命令在不同的目录中安装软件。
4. 用 yum 命令找出以"pam"开头的软件名称。
5. 尝试配置阿里巴巴的 YUM 镜像。
6. 尝试用 rpm 和 yum 命令来升级系统中的软件。

第 7 章 进程与基础服务管理

本章导读

进程是计算机中程序运行时的实体，是系统进行资源分配和调度的基本单位。服务则是支持系统运行的一些必要程序，通常是自动完成的，不需要用户交互。合理调度进程，优化已经开启的服务，可以确保系统的高效运行。本章将介绍如何管理进程、如何管理基础服务、如何通过日志系统查找系统问题以及如何通过计划任务执行预先安排好的工作来提高效率。

知识目标

- 了解进程的概念。
- 了解日志系统。
- 了解计划任务。

能力目标

- 掌握进程的管理。
- 掌握日志系统的配置。
- 掌握计划任务的配置。

素质目标

具有一丝不苟和尽职尽责的工作态度。

本章知识导图

7.1　进程管理

7.1.1　进程概念

进程是计算机中的程序在某数据集合上的一次运行活动，是系统进行资源分配和调用的基本单位，也是操作系统结构的基础。

进程和程序既有区别又有联系，进程是动态的，是程序运行时的实体，而程序是静态的。程序与进程不是一一对应的，一个程序可能对应多个进程，一个进程也可能执行多个程序。进程能够描述并发执行的情况。

在进程内部又划分了许多线程。线程是进程中某个单一顺序的控制流，是进程中的一个执行实体，共享进程中的内存和资源，因此占用内存较少。线程不能独立运行，必须依赖进程，线程间通信相对简单，因为它们共享同一进程的内存空间。线程是 CPU 调度和分派的基本单位，同一进程中的多个线程可以并发执行，共享资源，但也需要考虑线程间的同步问题。

1. Linux 进程

Linux 中的进程使用数字进行标记，每个进程的标识符称为 PID（Process Identifier，进程标识符）。系统启动后的第一个进程是 systemd，其 PID 是 1。systemd 是唯一一个由系统内核直接运行的进程。新进程可以由系统调用 fork 函数来产生，也可以从已经存在的进程中派生，新进程是产生它的进程的子进程。

在系统启动以后，systemd 进程会创建 login 进程，等待用户登录系统，login 进程是 systemd 进程的子进程。在用户登录系统后，login 进程就会启动 Shell 进程，Shell 进程是 login 进程的子进程，而此后用户运行的进程都是由 Shell 进程派生的。

2. 进程状态

在 Linux 中，进程有多种状态，以下是主要的进程状态及其说明。

- 运行状态（Running）：处于该状态的进程正在被 CPU 运行，占用 CPU 资源。
- 就绪状态（Ready）：处于该状态的进程已经准备好运行，但是还没有被 CPU 调度运行。
- 阻塞状态（Blocked）：处于该状态的进程因为等待某些事件的发生（如 I/O 操作完成）而被挂起。
- 暂停状态（Paused）：处于该状态的进程被暂停运行，但可以随时恢复运行。
- 终止状态（Terminated）：处于该状态的进程运行完毕或者因为某些原因被终止的状态。
- 僵尸状态（Zombie）：处于该状态的进程已经运行完毕，但其父进程尚未调用 wait() 函数来获取其退出状态。
- 睡眠状态（Sleep）：处于该状态的进程因等待某个条件（如 I/O 完成）而无法继续运行。

其中，运行、就绪和阻塞是进程的 3 种基本状态。

3. 进程基本状态间的基本转换

- 运行→阻塞：运行的进程若发生等待事件而无法运行，其状态则变为阻塞状态。等待事件包括等待 I/O 请求、未申请到资源等。
- 阻塞→就绪：处于阻塞状态的进程，若其等待的事件已经发生，其状态则由阻塞状态转变为就绪状态。
- 运行→就绪：处于运行状态的进程在其运行过程中，若因分配给它的一个时间片已用完而不得不让出处理机，其状态则从运行状态转变成就绪状态。
- 就绪→运行：处于就绪状态的进程，若进程调度程序为其分配了处理机，其状态则由就绪状态转变成运行状态。

进程的基本状态间的基本转换如图 7-1 所示。

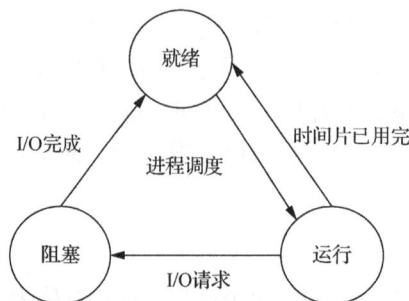

图 7-1　进程的基本状态间的基本转换

4．3 种进程类型

- 交互进程：由 Shell 启动的进程。交互进程既可以在前台运行，也可以在后台运行。例如可输入并执行的各种命令（如 cat、cp、mv 等），有些程序（如 vi、python 的交互模式等）在运行时接受用户的输入，并显示输出等。

- 批处理进程：一种在系统中执行的无须用户交互的进程，批处理进程通常用于执行大量的、重复的、无须即时响应的任务。常见的批处理进程包括 Shell 脚本、cron 作业调度器等。

- 监控进程：也称为系统守护进程，是 Linux 启动时运行的进程并常驻后台。例如，httpd 就是 Apache 服务器的系统守护进程。

7.1.2　查看进程

了解系统中的进程是对进程进行管理的前提，使用不同的命令可以从不同的角度查看进程，获取进程的相关信息。

1．ps 命令——查看进程的静态信息

要对进程进行监测和控制，必须先了解当前进程，而 ps 命令就是基本的、功能强大的进程查看命令。使用 ps 命令可以确定哪些进程处于执行状态、进程是否结束、进程是否僵死、哪些进程占用了过多的资源等。总之，大部分与进程相关的信息都可以通过执行该命令得到。

其语法格式如下。

```
ps　[选项]
```

常用的选项如下。

-a：显示当前终端的所有进程信息。

-e：在命令后显示环境变量。

-u：显示指定用户的相关进程。

-x：显示当前用户在所有终端下的进程信息。

-e：显示所有进程。

-f：全格式显示进程信息，它提供比默认格式更多的信息。

例：查看系统中运行的所有进程，如图 7-2 所示。

```
[root@localhost ~]# ps -ax
  PID TTY      STAT   TIME COMMAND
    1 ?        Ss     0:40 /usr/lib/systemd/systemd --switched-root --system --deseria
    2 ?        S      0:00 [kthreadd]
    3 ?        S      0:00 [ksoftirqd/0]
    5 ?        S<     0:00 [kworker/0:0H]
    7 ?        S      0:00 [migration/0]
    8 ?        S      0:00 [rcu_bh]
    9 ?        S      0:04 [rcu_sched]
   10 ?        S<     0:00 [lru-add-drain]
   11 ?        S      0:00 [watchdog/0]
```

图 7-2　查看系统中运行的所有进程

例：查看系统中所有用户的所有进程，如图 7-3 所示。

```
[root@localhost ~]# ps -aux
USER        PID %CPU %MEM    VSZ   RSS TTY      STAT START   TIME COMMAND
root          1  2.0  0.3 193700  6792 ?        Ss   11:25   0:04 /usr/lib/syste
root          2  0.0  0.0      0     0 ?        S    11:25   0:00 [kthreadd]
root          3  0.0  0.0      0     0 ?        S    11:25   0:00 [ksoftirqd/0]
root          4  0.0  0.0      0     0 ?        S    11:25   0:00 [kworker/0:0]
root          5  0.0  0.0      0     0 ?        S<   11:25   0:00 [kworker/0:0H]
root          6  0.0  0.0      0     0 ?        S    11:25   0:00 [kworker/u256:
root          7  0.0  0.0      0     0 ?        S    11:25   0:00 [migration/0]
root          8  0.0  0.0      0     0 ?        S    11:25   0:00 [rcu_bh]
root          9  0.3  0.0      0     0 ?        S    11:25   0:00 [rcu_sched]
root         10  0.0  0.0      0     0 ?        S<   11:25   0:00 [lru-add-drain
root         11  0.0  0.0      0     0 ?        S    11:25   0:00 [watchdog/0]
root         12  0.0  0.0      0     0 ?        S    11:25   0:00 [watchdog/1]
root         13  0.0  0.0      0     0 ?        S    11:25   0:00 [migration/1]
root         14  0.0  0.0      0     0 ?        S    11:25   0:00 [ksoftirqd/1]
root         15  0.0  0.0      0     0 ?        S    11:25   0:00 [kworker/1:0]
root         16  0.0  0.0      0     0 ?        S<   11:25   0:00 [kworker/1:0H]
root         18  0.0  0.0      0     0 ?        S    11:25   0:00 [kdevtmpfs]
root         19  0.0  0.0      0     0 ?        S<   11:25   0:00 [netns]
root         20  0.0  0.0      0     0 ?        S    11:25   0:00 [khungtaskd]
```

图 7-3　查看系统中所有用户的所有进程

其中，各项的含义如下所示。

- USER：当前进程的属主（用户名）。
- PID：进程标识等。
- %CPU：占用 CPU 时间与总 CPU 时间的百分比。
- %MEM：占用内存与总内存的百分比。
- VSZ：占用的虚拟内存空间（单位为 KB）。
- RSS：占用的内存空间（单位为 KB）。
- TTY：代表终端，?表示未知或不需要终端。
- STAT：代表进程状态。
➤ R：进程正在运行。
➤ S：进程处于睡眠状态。
➤ T：进程已停止运行或者收到停止信号。
➤ Z：进程已停止运行但仍在使用系统资源，即僵尸进程。
➤ s：leader（领头）进程。一个或多个进程可构成一个进程组，进程组中会有一个 leader 进程。
➤ <：表示是高优先级的进程。
- START：该进程的启动时间。
- TIME：该进程实际使用的 CPU 时间总量。
- COMMAND：启动该进程的命令行。

例：查看 root 用户的所有进程，如图 7-4 所示。

```
[root@localhost ~]# ps -u root
  PID TTY          TIME CMD
    1 ?        00:00:42 systemd
    2 ?        00:00:00 kthreadd
    3 ?        00:00:00 ksoftirqd/0
    5 ?        00:00:00 kworker/0:0H
    7 ?        00:00:00 migration/0
    8 ?        00:00:00 rcu_bh
    9 ?        00:00:04 rcu_sched
   10 ?        00:00:00 lru-add-drain
   11 ?        00:00:00 watchdog/0
```

图 7-4　查看 root 用户的所有进程

2．top 命令——查看进程的动态信息

top 命令允许用户监控进程和系统资源的使用情况，如查看 CPU、内存等系统资源的占用情况，默认情况下每 10s 刷新一次，其作用类似于 Windows 中任务管理器的作用。top 命令的执行结果如图 7-5 所示。

```
[root@localhost ~]# top

top - 17:43:44 up 2 days, 12:23,  2 users,  load average: 0.05, 0.03, 0.22
Tasks: 221 total,   1 running, 220 sleeping,   0 stopped,   0 zombie
%Cpu(s):  5.9 us,  8.3 sy,  0.0 ni, 85.4 id,  0.0 wa,  0.0 hi,  0.3 si,  0.0 st
KiB Mem :  1865308 total,   110376 free,   934036 used,   820896 buff/cache
KiB Swap:  4194300 total,  4167296 free,    27004 used.   621224 avail Mem

  PID USER      PR  NI    VIRT    RES    SHR S  %CPU %MEM     TIME+ COMMAND
  697 polkitd   20   0  546432  16132   4784 S   9.3  0.9 207:22.83 polkitd
  710 dbus      20   0   70112   3792   1800 S   2.0  0.2  37:46.47 dbus-daemon
  731 root      20   0  396500   3676   3184 S   1.7  0.2  24:24.98 accounts-daemon
 1358 root      20   0  329792  25512   5796 S   1.7  1.4   1:00.08 X
 1999 tang      20   0 3590640 253148  32944 S   1.0 13.6   5:26.32 gnome-shell
 2181 tang      20   0  611672   4764   3116 S   1.0  0.3  10:25.23 gsd-account
    9 root      20   0       0      0      0 S   0.7  0.0   3:28.99 rcu_sched
 2407 tang      20   0  403032  10264   6000 S   0.7  0.6   4:47.48 vmtoolsd
  403 root      20   0       0      0      0 S   0.3  0.0   1:43.85 xfsaild/dm-0
 2690 tang      20   0  453180   5152   3112 S   0.3  0.3   0:13.70 ibus-daemon
84911 root      20   0  161972   2344   1580 R   0.3  0.1   0:00.62 top
    1 root      20   0  193856   5020   3076 S   0.0  0.3   2:18.77 systemd
    2 root      20   0       0      0      0 S   0.0  0.0   0:00.21 kthreadd
    3 root      20   0       0      0      0 S   0.0  0.0   0:24.06 ksoftirqd/0
    5 root       0 -20       0      0      0 S   0.0  0.0   0:00.00 kworker/0:0H
```

图 7-5　top 命令的执行结果

其中，各项的含义如下所示。
- PID：进程标识符。
- USER：属主。
- PR：进程的调度优先级。
- NI：进程 nice 值（优先级），值越小，优先级越高。
- VIRT：进程使用的虚拟内存量。
- RES：进程占用的物理内存量。
- SHR：共享内存大小。
- S：进程状态。
- %CPU：占用 CPU 时间与总 CPU 时间的百分比。
- %MEM：占用内存与总内存的百分比。
- TIME+：运行时间。
- COMMAND：表示启动该进程的命令行。

在 top 命令的执行状态下，可以通过快捷键按照不同的方式对执行结果进行排序，常用快捷键及其作用如下。
- h/?键：显示帮助信息。
- P 键：按 CPU 使用率高低对进程进行排序。
- M 键：按内存使用率高低对进程进行排序。
- T 键：按运行时间长短对进程进行排序。
- k 键：终止进程，按 9 键表示强制终止。
- r 键：修改进程优先级。
- q 键：退出。
- Space 键：刷新。

7.1.3 进程的控制

1. 启动进程

在 Linux 中启动进程有两个途径：调度启动和手动启动。调度启动是指事先设置好在某个时间要运行的程序，当到了预设的时间后，系统自动启动进程。手动启动是指用户通过在 Shell 命令行中输入要运行的命令来启动一个进程，其启动方式分为前台启动和后台启动。

前台启动是默认的进程启动方式，如用户运行 ls -l 命令就会启动一个前台进程，当计算机在处理此命令的时候，用户不能再进行其他操作。后台启动可通过在要运行的命令后面加上一个“&”符号来实现，此时命令将转到后台运行，其运行结果不在屏幕上显示，但在命令的运行过程中，用户仍可以继续运行其他操作。

例：后台运行 du/命令。

```
[root@localhost ~]# du/ &
```

2. 改变进程的运行方式

当命令在前台运行（运行尚未结束）时，按 Ctrl+Z 组合键可以将当前进程挂起（调入后台并停止运行），这在需要暂停当前进程进行其他操作时特别有用。

使用 jobs 命令可以查看在后台运行的进程，结合-l 选项可以同时显示进程对应的 PID。一行记录对应一个后台进程的状态信息，行首的数字表示进程在后台的编号。

- fg 命令可将挂起的进程放回前台运行。
- bg 命令可将挂起的进程放在后台继续运行。

例：一段时间后将挂起的进程重新调入前台运行，如图 7-6 所示。

```
[root@localhost ~]# cat a.sh
for i in {1..10}
do
sleep 2
echo  "hello wrold"

done
[root@localhost ~]# ./a.sh
hello wrold
hello wrold
^Z
[1]+  已停止                 ./a.sh
[root@localhost ~]# jobs -l
[1]+  9365 停止                    ./a.sh
[root@localhost ~]# fg 1
./a.sh
hello wrold
hello wrold
hello wrold
```

图 7-6 将挂起的进程重新调入前台运行

3. 终止进程

通常终止一个前台进程可以使用 Ctrl+C 组合键，而对于在其他终端或后台运行的进程，就需要使用 kill 命令来终止。

进程信号是在软件层次上对中断机制的一种模拟，从原理上看，一个进程收到一个信号与处理器收到一个中断请求是一样的。软中断信号（用 Signal 函数来进行信号处理）用来通知进程发生了异步事件，进程之间可以通过系统调用 kill 命令互相发送信号，内核也可以因为内部事件而给进程发送信号，通知进程发生了某个事件。注意，信号只用来通知某进程发生了什么事件，并不给进程传递任何数据。

例：查看可用进程信号，如图 7-7 所示。

```
[root@localhost ~]# kill -l
 1) SIGHUP       2) SIGINT       3) SIGQUIT      4) SIGILL       5) SIGTRAP
 6) SIGABRT      7) SIGBUS       8) SIGFPE       9) SIGKILL     10) SIGUSR1
11) SIGSEGV     12) SIGUSR2     13) SIGPIPE     14) SIGALRM     15) SIGTERM
16) SIGSTKFLT   17) SIGCHLD     18) SIGCONT     19) SIGSTOP     20) SIGTSTP
21) SIGTTIN     22) SIGTTOU     23) SIGURG      24) SIGXCPU     25) SIGXFSZ
26) SIGVTALRM   27) SIGPROF     28) SIGWINCH    29) SIGIO       30) SIGPWR
31) SIGSYS      34) SIGRTMIN    35) SIGRTMIN+1  36) SIGRTMIN+2  37) SIGRTMIN+3
38) SIGRTMIN+4  39) SIGRTMIN+5  40) SIGRTMIN+6  41) SIGRTMIN+7  42) SIGRTMIN+8
43) SIGRTMIN+9  44) SIGRTMIN+10 45) SIGRTMIN+11 46) SIGRTMIN+12 47) SIGRTMIN+13
48) SIGRTMIN+14 49) SIGRTMIN+15 50) SIGRTMAX-14 51) SIGRTMAX-13 52) SIGRTMAX-12
53) SIGRTMAX-11 54) SIGRTMAX-10 55) SIGRTMAX-9  56) SIGRTMAX-8  57) SIGRTMAX-7
58) SIGRTMAX-6  59) SIGRTMAX-5  60) SIGRTMAX-4  61) SIGRTMAX-3  62) SIGRTMAX-2
63) SIGRTMAX-1  64) SIGRTMAX
```

图 7-7　查看可用进程信号

常用信号说明如下。

- SIGHUP：重读配置文件。
- SIGINT：按 Ctrl+C 组合键终止信号。
- SIGKILL：结束接收信号的进程。
- SIGTERM：正常终止信号。

可以发送信号的命令如下。

- kill：通过指定进程的 PID 为进程发送信号。
- killall：通过指定进程的名称为进程发送信号。
- pkill：通过模式匹配为指定的进程发送信号。

例：终止指定 PID 的进程（-9 表示强制终止进程）。

```
[root@localhost ~]# kill -9 2978
```

例：通过进程名称终止所有进程。

```
[root@localhost ~]# pkill httpd
```
```
[root@localhost ~]# killall httpd
```

例：通过模式匹配终止 Bob 用户的所有进程。

```
[root@localhost ~]# pkill -u Bob
```

例：终止 root 用户的 sshd 进程。

```
[root@localhost ~]# pkill -u root sshd
```

例：终止 Bob 组的所有进程。

```
[root@localhost ~]# pkill -G Bob
```

一般在系统运行期间发生了如下情况，就需要终止进程。

- 进程占用了过多的 CPU 时间。
- 进程锁住了一个终端，使其他前台进程无法运行。
- 进程运行时间过长，但没有产生预期效果或无法正常退出。
- 进程产生了过多到屏幕或硬盘文件的输出。

7.2　基础服务管理

7.2.1　系统运行级别

有许多程序需要开机启动，它们在 Linux 中叫作守护进程（Daemon），在 Windows 中叫作服务（Service）。init 进程的一大任务就是运行开机启动的程序。但是，不同的场合需要启动不同的程序，比如 Linux 用作服务器时，需要启动 Apache，Linux 用作桌面时就不需要。Linux 允许为不同的场合分配不同的开机启动程序，这些不同的开机启动程序的组合称作运行级别（Run Level）。也就是说，启动时系统将根据运行级别，确定要运行哪些程序。

Linux 共有 7 个运行级别。

- 运行级别 0：系统停机状态，默认运行级别不能设置为 0，否则系统不能正常启动。
- 运行级别 1：拥有 root 权限，一般用于系统维护，禁止远程登录。
- 运行级别 2：多用户工作状态（没有 NFS）。
- 运行级别 3：完全的多用户工作状态（有 NFS），登录后进入控制台命令行模式。
- 运行级别 4：系统未使用，保留。
- 运行级别 5：X11 控制台，登录后进入 GUI 模式。
- 运行级别 6：系统正常关闭并重启，默认运行级别不能设置为 6，否则系统不能正常启动。

在 CentOS 7.x 中，运行级别用 target 表示。

```
0 ==> runlevel0.target, poweroff.target
1 ==> runlevel1.target, rescue.target
2 ==> runlevel2.target, multi-user.target
3 ==> runlevel3.target, multi-user.target
4 ==> runlevel4.target, multi-user.target
5 ==> runlevel5.target, graphical.target
6 ==> runlevel6.target, reboot.target
```

可以使用以下命令查看默认的运行级别，graphical.target 表示系统进入 GUI 模式。

```
[root@localhost ~]# systemctl get-default
graphical.target
```

可以使用 runlevel 命令查询运行级别。

```
[root@localhost ~]# runlevel
N 5
```

默认运行级别的配置文件为/etc/systemd/system/default.target，如图 7-8 所示，这个文件是软链接文件。

```
[root@localhost ~]# cat /etc/systemd/system/default.target
#  This file is part of systemd.
#
#  systemd is free software; you can redistribute it and/or modify it
#  under the terms of the GNU Lesser General Public License as published by
#  the Free Software Foundation; either version 2.1 of the License, or
#  (at your option) any later version.

[Unit]
Description=Graphical Interface
Documentation=man:systemd.special(7)
Requires=multi-user.target
Wants=display-manager.service
Conflicts=rescue.service rescue.target
After=multi-user.target rescue.service rescue.target display-manager.service
AllowIsolate=yes
```

图 7-8　默认运行级别的配置文件

[Unit]字段的含义如下。

- Description：描述信息。
- Documentation：文档地址列表，提供了一个快速访问相关文档的方式。
- Requires：指定此服务依赖的其他服务。
- Wants：列出的服务会被启动，但这些服务如果无法启动并不影响本服务作为一个整体启动。
- Conflicts：定义冲突关系。
- After：表明需要依赖的服务，决定启动顺序。
- AllowIsolate：一个布尔类型的字段，如果为真，则此服务可以使用 systemctl isolate 命令进行操作，否则拒绝操作。

可以使用命令来实现运行级别的切换。

例：从运行级别 5 切换到运行级别 3。

```
[root@localhost ~]#systemctl set-default multi-user.target
```

例：从运行级别 3 切换到运行级别 5。

```
[root@localhost ~]#systemctl set-default graphical.target
```

修改运行级别后需要重启服务器才能生效。

7.2.2　系统初始化流程

在 Linux 中，init 进程是所有其他用户进程的祖先进程，它是内核启动后的第一个用户级进程，其进程号（PID）为 1。它的主要任务是完成系统初始化，启动各种服务，如果内核找不到 init 进程，它将尝试运行/bin/sh，如果失败，则系统将启动失败。

系统初始化采用 init 进程，这种方式有两个缺点。

- 启动时间长：init 进程是串行启动，只有前一个进程启动完，才会启动下一个进程。
- 启动脚本复杂：init 进程只启动脚本，不管其他事情，脚本需要自己处理其他各种情况，这使得脚本变得很长。

在 CentOS 7.6 中，init 进程虽然仍然是系统初始化的一部分，但已被 systemd 进程取代。systemd 这个名字的含义就是它要守护整个系统，它可以管理系统的所有资源。

以下是 systemd 进程进行系统初始化的主要流程。

1. 引导加载程序加载内核和 initramfs 映像文件

当计算机启动时，引导加载程序会加载内核映像文件和 initramfs 映像文件到内存中。initramfs 是一个小型的文件系统，包含了一些基本的驱动程序和工具，用于在内核启动后挂载真正的根文件系统。

2. 启动 systemd 进程

内核启动后，会执行 init 程序，即 systemd 进程。systemd 进程成为 PID 为 1 的进程，即系统的初始进程。

3. 使用 systemd 进程读取配置文件和设置

systemd 进程既可以读取一系列的配置文件和设置，还可以读取环境变量、命令行参数等。

4. 使用 systemd 进程启动各个单元

单元（Unit）是 systemd 进程中的一个基本概念，表示一个系统功能或服务。systemd 进程会根据配置文件和设置启动各个单元，包括服务、设备、挂载点等。

5. 使用 systemd 进程启动服务

在启动服务时，systemd 进程会处理服务之间的依赖关系。

6. 使用 systemd 进程监听和处理信号

一旦服务启动并运行，systemd 进程会监听各种信号和事件，以便对服务进行管理和控制。

Linux 中的 systemd 进程系统初始化是一个复杂但有序的过程，涉及引导加载、进程启动、配置读取、单元启动、服务启动以及信号监听等多个步骤。这些步骤确保了系统的稳定性和服务的正常运行。

7.2.3 服务管理

在 Linux 或者 UNIX 中，守护进程是一种运行在后台的特殊进程，不与用户交互，守护进程的名称通常以 d 结尾。在 Linux 中，与用户交互的界面称为终端，每一个从当前终端开始运行的进程都会依附这个终端，因此称这个终端为这些进程的控制终端。当控制终端关闭的时候，相应的进程也会自动关闭，但是守护进程不会受到影响。系统通常在启动时开启守护进程以响应网络请求、硬件活动等，守护进程从被开启的时候开始运转，直到整个系统关闭才退出。

按照服务类型，守护进程可以分为如下两类。

- 系统守护进程：dbus、crond、cpus、rsyslogd 等。
- 网络守护进程：sshd、htttpd、postfix、xinetd 等。

系统初始化进程是特殊的守护进程，其 PID 为 1。它是其他所有守护进程的父进程，系统中所有的守护进程（如启动、停止进程）都由系统初始化进程管理。

systemd 进程管理服务命令 systemctl 的语法格式如下。

```
systemctl [OPTIONS...] COMMAND NAME[.service]
```

说明如下。

- 启动服务：systemctl start NAME[.service]。
- 停止服务：systemctl stop NAME[.service]。
- 重启服务：systemctl restart NAME[.service]。
- 查看服务状态：systemctl status NAME[.service]。
- 重载或重启服务：systemctl reload-or-restart NAME[.service]。
- 重载或条件式重启服务：systemctl reload-or-try-restart NAME[.service]。
- 查看某服务当前激活与否：systemctl is-active NAME[.service]。
- 查看所有已激活的服务：systemctl list-units -t service。
- 查看所有（已激活的和未激活的）服务：systemctl list-units -t service –a。
- 设置服务开机自启：systemctl enable NAME[.service]。
- 禁止服务开机自启：systemctl disable NAME[.service]。
- 查看某服务是否能开机自启：systemctl is-enabled NAME[.service]。

例：查看服务状态，如图 7-9 所示。

```
[root@localhost ~]# systemctl status rpcbind
● rpcbind.service - RPC bind service
   Loaded: loaded (/usr/lib/systemd/system/rpcbind.service; enabled; vendor preset: ena
bled)
   Active: active (running) since 三 2019-02-20 15:35:23 CST; 6 days ago
  Process: 692 ExecStart=/sbin/rpcbind -w $RPCBIND_ARGS (code=exited, status=0/SUCCESS)
 Main PID: 704 (rpcbind)
    Tasks: 1
   CGroup: /system.slice/rpcbind.service
           └─704 /sbin/rpcbind -w

2月 20 15:35:21 localhost.localdomain systemd[1]: Starting RPC bind service...
2月 20 15:35:23 localhost.localdomain systemd[1]: Started RPC bind service.
```

图 7-9　查看服务状态

例：停止服务。

```
[root@localhost ~]# systemctl stop rpcbind
[root@localhost ~]# systemctl is-active rpcbind
Inactive
```

例：启动服务。

```
[root@localhost ~]# systemctl start rpcbind
[root@localhost ~]# systemctl is-active rpcbind
Active
```

例：查看所有已激活的服务，如图 7-10 所示。

```
[root@localhost ~]# systemctl list-units -t service
UNIT                           LOAD   ACTIVE SUB     DESCRIPTION
abrt-ccpp.service              loaded active exited  Install ABRT coredump hook
abrt-oops.service              loaded active running ABRT kernel log watcher
abrt-xorg.service              loaded active running ABRT Xorg log watcher
abrtd.service                  loaded active running ABRT Automated Bug Reporting To
accounts-daemon.service        loaded active running Accounts Service
alsa-state.service             loaded active running Manage Sound Card State (restor
atd.service                    loaded active running Job spooling tools
auditd.service                 loaded active running Security Auditing Service
avahi-daemon.service           loaded active running Avahi mDNS/DNS-SD Stack
blk-availability.service       loaded active exited  Availability of block devices
```

图 7-10　查看所有已激活的服务

7.2.4　日志系统

日志服务配置

日志系统在软件架构和运行维护中具有不可替代的作用，当系统出现故障或异常时，日志系统能够记录详细的错误信息、请求参数等，帮助管理员快速定位问题产生的原因，减少故障排查时间。当系统出现异常情况（如请求量激增、响应时间过长、错误率升高等）时，日志系统可以触发告警通知，提醒管理员及时处理。在发生安全事件时，日志系统可以提供有力的证据，帮助追踪和溯源。通过对日志的分析，管理员可以发现潜在的性能瓶颈、安全漏洞等，提前进行修复和优化。

rsyslog 是一个开源日志程序。它是大量 Linux 发行版中最流行的日志记录机制之一，也是 CentOS 7 或 RHEL 7 中的默认日志记录服务。CentOS 中的 rsyslogd 守护进程可以作为服务器运行，以便从多个网络设备收集日志，这些网络设备可以充当客户端，并通过配置将其日志传送到服务器。

1. rsyslog 配置文件

rsyslog 配置文件/etc/rsyslog.conf 的结构如下。

- 模块（Module）：配置加载的模块，如 ModLoad imudp.so 可以配置加载的 UDP 传输模块。
- 全局配置（Global Directive）：配置 rsyslogd 守护进程的全局属性，如主消息队列大小（Main Message Queue Size）。
- 规则（Rule）：每个规则由两个部分组成，即 selector 部分和 action 部分，两个部分之间由一个或多个空格或制表符分隔，selector 部分用于指定源和日志等级，action 部分用于指定对应的操作。

规则配置的语法格式如下。

```
#selector action
#kern.* /dev/console
```

规则的选择器（selector）由两个部分组成：设施和优先级。它们之间由点号 "." 分隔。第一部分为消息源（或称为日志设施），第二部分为日志级别。多个选择器之间用 ";" 分隔，如 *.info; mail.none。

- 模板（Template）：指定记录消息的格式，也用于生成动态文件名称。
- 输出（Output）：对用户期望的消息进行预定义。

常用的模块如下。

- imudp：传统方式的 UDP 传输，传输有损耗。
- imtcp：基于 TCP 明文的传输，只在特定情况下丢失消息，被广泛使用。

rsyslog 的日志设施用于描述产生日志的设备或进程。它包括多个设施，每个设施都有其特定的含义和用途。常用日志设施如表 7-1 所示。

表 7-1 常用日志设施

日志设施	含义
auth(security), authpriv	与授权和安全相关的消息
kern	来自 Linux 内核的消息
mail	由 mail 子系统产生的消息
cron	与 cron（定时执行命令）守护进程相关的消息
daemon	守护进程产生的消息
news	网络消息子系统
user	与用户进程相关的信息
lpr	与输出相关的日志信息
local0 ~ local7	保留给本地其他应用程序使用

日志级别的设置旨在帮助管理员更好地理解和诊断程序运行过程中的问题。等级越低，输出的日志信息越详细；等级越高，输出的日志信息越简略，但通常包含更严重的问题信息。

日志级别（升序排列）有以下几种。

- *: 所有级别都生效，除了 none。
- debug：包含详细的开发情报的信息，通常只在调试一个程序时使用。
- info：情报信息，正常的系统消息，如骚扰报告、带宽数据等，不需要处理。
- notice：不是错误，也不需要立即处理。

- warning：警告信息，不是错误，如系统硬盘使用了 85%等。
- err：错误，不是非常紧急，在一定时间内修复即可。
- crit：重要情况，如硬盘错误、备用连接丢失等。
- alert：应该被立即修复的问题，如系统数据库被破坏、ISP（the Internet Service Provider，因特网服务提供方）连接丢失等。
- emerg：紧急情况，需要立即通知技术人员。
- none：一个特殊的日志级别，它表示不记录任何日志消息。

动作（action）是规则的一部分，位于选择器的后面，规则用于处理消息。消息通常被写入一种日志文件中，但也可以被写入数据库表中或转发到其他主机。动作的说明如表 7-2 所示。

表 7-2　动作的说明

动作	说明
filename	将信息保存到普通文件或设备文件
:omusrmsg:users	发送信息给指定用户，users 可以是使用逗号分隔的用户列表，*表示所有用户
device	将信息发送到指定设备中，如/dev/console
|named_pipe	将日志记录到命名管道中
@hostname	将信息发送到远程主机（通过 TCP）中，远程主机必须运行 rsyslogd 守护进程
@@hostname	将信息发送到远程主机（通过 UDP）中

例：配置规则。

```
#### RULES ####
#将所有内核消息记录到控制台中
#kern.*                                    /dev/console

#将所有设施的 info 或者更高级别的消息记录到/var/log/messages 中，除了 mail、authpriv、cron
*.info;mail.none;authpriv.none;cron.none    /var/log/messages
# 将 authpriv 设备任何级别的信息记录到/var/log/secure 中
authpriv.*                                  /var/log/secure
# 将 mail 设备任何级别的信息记录到/var/log/maillog 中
#-符号表示不立即写入磁盘，有利于加快写入速度
mail.*                                      -/var/log/maillog
# 将定时任务设备的所有级别信息记录到指定文件中
cron.*                                      /var/log/cron
# 将任何设备 emerg 级别或更高级别的信息发送给系统上的所有用户
*.emerg                                     :omusrmsg:*
```

2. 远程日志服务器

rsyslog 是一个开源工具，广泛用于 Linux 中，以通过 TCP/UDP 转发或接收日志消息。rsyslogd 守护进程可以被配置成两种环境：一种是远程日志服务器，可以从网络中收集其他主机上的日志数据；另一种是客户端，用来过滤和发送内部日志消息到本地文件夹（如/var/log）或一台可以路由到

远程访问服务

的远程日志服务器上。

日志服务器需要在配置文件/etc/rsyslog.conf 中配置以下内容。

```
# 去掉注释开启 UDP、TCP
# provides UDP rsyslog reception
$ModLoad imudp
$UDPServerRun 514
# provides TCP rsyslog reception
$ModLoad imtcp
$InputTCPServerRun 514
```

可以看到有两种传送方式：UDP 和 TCP。UDP 的传送速度比 TCP 的传送速度快，但是并不具有 TCP 数据流的可靠性。如果需要使用可靠的传送机制，就去掉 TCP 部分的数值。如果监控的是私有 IP 地址，则开启 UDP 即可。需要注意的是，TCP 和 UDP 可以同时生效，用来监听 TCP/UDP 连接。

如果开启 TCP，还需要增加以下配置。

```
$500   #TCP 接收连接数为 500 个
```

配置完成后重启服务。

```
[root@localhost .ssh]# systemctl restart rsyslog
```

查看监听服务。

```
[root@localhost .ssh]# ss -ltn|grep 514
```

3. 配置客户端

接下来要将 CentOS 计算机转变成日志客户端，将其所有内部日志消息发送到远程日志服务器上。客户端配置如下。

添加以下内容到/etc/rsyslog.conf 文件底部，将 hostname 替换为远程日志服务器的 IP 地址。

```
*.*@hostname:514
```

上面的声明告诉 rsyslogd 守护进程，将系统中各个设备的各种日志消息路由到远程日志服务器的 UDP 端口 514。

如果出于某种原因，需要更为可靠的协议，如 TCP，而远程日志服务器也被配置为可以监听 TCP 连接，则必须在远程主机的 IP 地址前添加一个额外的 "@" 字符，示例如下。

```
*.*@@hostname:514
```

如果只想要转发服务器上的指定设备的日志消息，比如内核设备的日志消息，那么可以在/etc/rsyslog.conf 配置文件中使用以下声明。

```
kern.*@hostname:514
```

重启服务。

```
[root@localhost .ssh]# systemctl restart rsyslog
```

4. 查看日志文件

从/etc/rsyslog.conf 配置文件可知，日志文件存放在/var/log 目录下。但要想查看日志文件内容，必须要有 root 权限。

7.2.5　计划任务

计划任务是指在约定的时间执行预先安排好的工作。计划任务的好处是可以提高效率，比如在运维管理过程中会有很多重复工作，如定时备份、定期重启服务、定期检测等，而这些工作有的需要在半夜进行，只要管理员把计划任务写好就不需要熬夜加班了。

在 Linux 中使用 cron 命令和 anacron 命令来完成这项工作，cron 命令可以运行系统进程，可以在无人工干预的情况下执行任务。anacron 命令和 cron 命令作用相似，只不过 anacron 命令并不要求系统持续运行，它可以用来完成通常由 cron 命令完成的每日、每周和每月的工作。

1. cron 命令与 anacron 命令

cron 命令假定服务器是全天候运行的，当系统的时间发生变化或系统关机一段时间时，就会遗漏这段时间应该执行的 cron 任务。

anacron 命令是针对服务器非全天候运行而设计的，当 anacron 命令在一段时间内发现 cron 任务没有执行时，就会执行因为时间不连续而遗漏的计划任务。

守护进程 crond 启动以后，会根据其内部计时器每分钟唤醒一次，检测如下配置文件的变化并将其加载到内存。

- /etc/crontab。
- /etc/cron.d/*。
- /var/spool/cron/*。
- /etc/anacrontab。

一旦发现上述配置文件安排的 cron 任务的时间和日期与系统当前时间和日期符合，就执行相应的 cron 任务。当 cron 任务执行结束后，任何输出都将作为电子邮件发送给安排 cron 任务的用户，或者配置文件的 MAILTO 环境变量中指定的用户。

在守护进程 crond 检测的 4 类配置文件中，/var/spool/cron 目录下的 crontab 文件是由用户使用 crontab 命令创建的，当用户使用 crontab 命令安排了 cron 任务之后，在/var/spool/cron 目录下就会存在一个与用户同名的 crontab 文件。

守护进程 crond 每分钟都会唤醒一次，检测上述配置文件的变化并将其加载到内存，所以修改上述配置文件以及在目录/etc/cron.{hourly,daily,weekly,monthly}下添加新的脚本均无须重新启动 crond 守护进程。

2. 定时任务的配置

定时任务的配置文件如图 7-11 所示。

```
[root@localhost ~]# cat /etc/crontab
SHELL=/bin/bash
PATH=/sbin:/bin:/usr/sbin:/usr/bin
MAILTO=root

# For details see man 4 crontabs

# Example of job definition:
# .---------------- minute (0 - 59)
# |  .------------- hour (0 - 23)
# |  |  .---------- day of month (1 - 31)
# |  |  |  .------- month (1 - 12) OR jan,feb,mar,apr ...
# |  |  |  |  .---- day of week (0 - 6) (Sunday=0 or 7) OR sun,mon,tue,wed,thu,fri,sat
# |  |  |  |  |
# *  *  *  *  * user-name  command to be executed
```

图 7-11　定时任务的配置文件

crontab 配置文件的基本语法格式如下。

```
*      *       *      *      *    command
分钟  小时    日期   月份   星期   命令
```

其中各项含义如下。

第 1 列表示分钟，取值范围为 1~59，每分钟用 "*" 或者 "*/1" 表示。

第 2 列表示小时，取值范围为 0~23（0 表示 0 点）。

第 3 列表示日期，取值范围为 1~31。

第 4 列表示月份，取值范围为 1~12。

第 5 列表示星期，取值范围为 0~6（0 表示星期天）。

第 6 列的 user-name 表示执行此任务的用户，若省略则表示当前用户。

第 7 列表示要运行的命令。

在上述语法格式中，除了数字外，还有几个特殊符号，如表 7-3 所示。

表 7-3　特殊符号及其含义

特殊符号	说明
星号（*）	代表所有可能的值，例如月份字段的值是星号，则表示在满足其他字段的制约条件后每月都执行对应命令
逗号（,）	可以用逗号隔开的值指定一个列表，例如 "1,2,5,7,8,9"
短横线（-）	可以用整数之间的短横线表示一个整数范围，例如 "2-6" 表示 "2,3,4,5,6"
正斜线（/）	可以用正斜线指定时间的间隔频率，例如 "0-23/2" 表示每两小时执行一次。同时正斜线可以和星号一起使用，例如 "*/10" 用在分钟字段，表示每 10 分钟执行一次

3. 设置定时任务

设置定时任务时可以把任务命令添加到/etc/crontab 配置文件的末尾然后保存或者使用 crontab –e 命令编辑文件。在计划任务配置记录中的命令建议使用绝对路径，以避免出现因缺少执行路径而无法执行命令的情况。

```
[root@localhost ~]# crontab -u Bob -e
*/30 * * * * /usr/local/mycommand   (每天、每 30 分钟执行一次 mycommand 命令)
```

保存退出此文件后，定时任务即可生效。

除了以上这种编辑方式外，还可以直接在/etc/crontab 配置文件的末尾添加任务命令。默认执行用户为 root。

例：以 root 用户的身份设置计划任务，每分钟执行一次脚本。

```
*/1 * * * * root /root/a.sh
```

例：查看计划任务。

```
[root@localhost ~]# crontab -u root -l
```

例：删除 root 用户的计划任务列表。

```
[root@localhost ~]# crontab -r -u root
[root@localhost ~]# crontab -l -u root
no crontab for root
```

例：查看用户的配置文件。

```
[root@localhost cron]# ls /var/spool/cron/
Bob  root
```

/etc/cron.{hourly,daily,weekly,monthly}目录中存放了众多系统常规任务脚本，这些脚本需在系统 crontab 文件或 anacrontab 文件中使用 run-parts 工具执行。

默认配置文件/etc/cron.d/0hourly 中有如下配置。

```
[root@localhost cron]# cat /etc/cron.d/0hourly
# Run the hourly jobs
SHELL=/bin/bash
PATH=/sbin:/bin:/usr/sbin:/usr/bin
MAILTO=root
01 * * * * root run-parts /etc/cron.hourly
```

run-parts 命令的语法格式如下。

```
run-parts <directory>
```

其功能是执行目录 directory 中的所有可执行文件，即每个整点零一分时以 root 用户的身份执行/etc/cron.hourly 目录下的脚本。

4. anacron 命令的执行

在 CentOS 7 中，/etc/cron.hourly 目录下的脚本由守护进程 crond 直接执行，/etc/cron.{daily, weekly, monthly}目录下的脚本由守护进程 crond 调用 anacron 命令间接执行。

执行 anacron 命令的脚本文件为/etc/cron.hourly/0anacron，此脚本文件包含如下内容。

```
/user/sbin/anacron -s
```

参数-s 表示顺序执行任务，即前一个任务完成之前，anacron 命令不会开始新的任务，从而避免了计划任务的交叠执行。

anacron 命令与 cron 命令一样，都用来调度重复的任务，周期性安排作业。计划任务被列在/etc/anacrontab 配置文件中，如图 7-12 所示。

```
[root@localhost ~]# cat /etc/anacrontab
# /etc/anacrontab: configuration file for anacron

# See anacron(8) and anacrontab(5) for details.

SHELL=/bin/sh
PATH=/sbin:/bin:/usr/sbin:/usr/bin
MAILTO=root
# the maximal random delay added to the base delay of the jobs
RANDOM_DELAY=45
# the jobs will be started during the following hours only
START_HOURS_RANGE=3-22

#period in days   delay in minutes   job-identifier   command
1       5       cron.daily          nice run-parts /etc/cron.daily
7       25      cron.weekly         nice run-parts /etc/cron.weekly
@monthly 45     cron.monthly        nice run-parts /etc/cron.monthly
```

图 7-12　/etc/anacrontab 配置文件

该文件中的每一行都代表一项任务，其语法格式是，period in days delay in minutes job-identifier command。

- period in days：命令执行的频率，（单位为天）可以是数字（如 1 代表每天，7 代表每周，30 代表每月）。

- delay in minutes：延迟时间（单位为分钟），表示在任务执行前需要等待的分钟数。
- job-identifier：任务的描述，用在 anacron 的消息中，作为作业时间戳文件的名称，只能包括非空白的字符（除斜线外）。
- command：要执行的命令。

对于每项任务，anacron 命令先判定任务是否已在配置文件的 period in days 字段指定的期间内被执行，如果它在给定期间内还没有被执行，anacron 命令会等待 delay 字段中指定的分钟数，然后执行 command 字段中指定的命令。

任务完成后，anacron 命令在/var/spool/anacron 目录内的时间戳文件中记录日期，但只记录日期，并无具体时间，而且 job-identifier 的数值会被用作时间控制文件的名称。

crontab 命令的一些实例如表 7-4 所示。

表 7-4　crontab 命令的一些实例

命令行	说明
30 21 * * * /usr/local/etc/rc.d/apache restart	每晚的 21:30 重启 apache
45 4 1,10,22 * * usr/local/etc/rc.d/apache restart	每月的 1、10、22 日的 4:45 重启 apache
10 1 * * 6,0 /usr/local/etc/rc.d/apache restart	每个星期六、星期日的 1:10 重启 apache
0,30 18-23 * * * /usr/local/etc/rc.d/apache restart	每天 18:00 至 23:00 每隔 30min 重启 apache
0 23 * * 6 /usr/local/etc/rc.d/apache restart	每星期六的 23:00 重启 apache
* 23-7/1 * * * /usr/local/etc/rc.d/apache restart	第一天 23:00 到第二天 7:00 每隔一小时重启 apache
* */1 * * * /usr/local/etc/rc.d/apache restart	每一小时重启 apache
0 11 4 * 1-3 /usr/local/etc/rc.d/apache restart	每月的 4 号与每个星期一到星期三的 11:00 重启 apache
*/30 * * * * /usr/sbin/ntpdate 210.72.145.44	每隔 30min 同步一次时间

5．crontab 命令的限制

crontab 命令通过/etc/cron.allow 和/etc/cron.deny 文件来限制某些用户是否可以使用 crontab 命令。

当系统中有/etc/cron.allow 文件时，只有写入此文件的用户可以使用 crontab 命令，没有写入的用户不能使用 crontab 命令。此外，如果有此文件，/etc/cron.deny 文件会被忽略，因为 /etc/cron.allow 文件的优先级更高。

当系统中只有/etc/cron.deny 文件时，写入此文件的用户不能使用 crontab 命令，没有写入文件的用户可以使用 crontab 命令。

7.3　习题

一、填空题

1．可以使用命令修改运行级别，其中用于从字符界面转到图形界面的命令是_____。

2. ＿＿＿＿＿＿＿＿是系统启动和服务器守护进程管理器，负责在系统启动或运行时，激活系统资源、服务器进程和其他进程。

3. ＿＿＿＿＿＿＿＿是一个开源日志程序，是大量 Linux 发行版中最流行的日志记录机制之一。

4. ＿＿＿＿＿＿＿＿是指在约定的时间执行预先安排好的进程任务，即可以在无须人工干预的情况下运行作业。

二、操作题

1. 写出查看 Bob 用户进程信息的相关命令。

2. 写出终止正在运行的进程（前台进程和后台进程）的命令。

3. 写出将挂起的进程调入前台继续执行的命令。

4. 写出将进程调入后台执行的命令。

5. 上机实现免密登录远程主机。

6. 用 crontab 命令实现每个星期一、星期三、星期五的下午 3:00 系统进入维护状态并重新启动系统。

7. 实现从第一天 23:00 到第二天 7:00，每隔一小时重启 httpd 进程，请给出具体实现方法。

8. 实现在 8:00 到 11:00 的第 3 和第 15 分钟重启 httpd 进程，请给出具体实现方法。

9. 实现在每星期六、星期日的 1:10 重启 httpd 进程，请给出具体实现方法。

第 8 章 常用服务配置

本章导读

网络文件共享服务是局域网中常用的服务，主要通过文件服务器来实现，例如 NFS、vsftpd、Samba。网络服务是互联网的基础服务，包括 DHCP、DNS、电子邮件服务等，广泛应用于企业网络。数据库服务也是互联网的基础服务，包括 MySQL、Redis 等。综合服务是全面的互联网服务，包括信息查询、数据服务、程序运行支持等，例如 LAMP 是最为流行的 Web 应用软件组合之一，而 Docker 是流行的开源应用容器引擎，可以方便地运行开发者的应用并且具有良好的可移植性。本章详细讲解这些服务的安装与配置，使得读者的应用开发能力有一定的提升。

知识目标

- 了解常用的网络文件共享服务，包括 NFS、vsftpd、Samba。
- 了解常用的网络服务，包括 DHCP、DNS、电子邮件服务。
- 了解常用的数据库服务，包括 MySQL、Redis。
- 了解 LAMP 和 Docker 的作用。

能力目标

- 能够安装与配置常用的网络文件共享服务，包括 NFS、vsftpd、Samba。
- 能够安装与配置常用的网络服务，包括 DHCP、DNS、电子邮件服务。
- 能够安装与配置常用的数据库服务，包括 MySQL、Redis。
- 能够安装与配置 LAMP 和 Docker。

素质目标

具有一定的专业素养。

本章知识导图

```
                    ┌─ 网络文件共享服务 ─┬─ NFS
                    │                    ├─ vsftpd
                    │                    └─ Samba
                    │
                    ├─ 网络服务 ─────────┬─ DHCP
  本章               │                    ├─ DNS
  知识 ──────────────┤                    └─ 电子邮件服务
  导图               │
                    ├─ 数据库服务 ───────┬─ MySQL
                    │                    └─ Redis
                    │
                    └─ 综合服务 ─────────┬─ LAMP
                                         └─ Docker
```

8.1 网络文件共享服务

8.1.1 NFS

NFS 于 1984 年由 Sun 公司创建。NFS 可以通过网络,让不同的计算机、不同的操作系统彼此共享文件。当用户想使用远程文件时,只要用 mount 命令就可以把远程文件系统挂载在自己的文件系统之下,这样使用远程文件就像使用本地计算机上的文件一样。

NFS 支持的功能很多,不同的功能使用不同的程序来启动,并且会主动向 RPC(Remote Procedure Call,远程过程调用)服务注册采用的端口和功能信息。RPC 服务使用固定端口 111 监听来自 NFS 客户端的请求,并将正确的 NFS 服务端的端口信息返回给客户端,这样客户端与服务端就可以进行数据传输了。

为了调试系统方便,现就最小的 Linux 集群做出特别的约定:服务端主机名为 master,IP 地址为 192.168.125.128;客户端主机名为 slave,IP 地址为 192.168.125.129。本章以后各小节,若没有特别声明,Linux 集群均采用此约定。

下面讲解 NFS 的安装与配置过程。

1. 服务端安装服务

查看系统中是否已安装 NFS。由于 RPC 服务是先决条件，所以先要查询该服务。另外，安装服务一般需要具有 root 用户权限，所以要切换用户，避免安装出错。

```
[tang@master ~]$ su - root
密码:
上一次登录: 四 3月 14 04:24:24 CST 2024pts/0 上
[root@master ~]# rpm -qa|grep rpcbind
rpcbind-0.2.0-44.el7.x86_64
[root@master ~]# systemctl status rpcbind.service
  rpcbind.service - RPC bind service
  Loaded: loaded (/usr/lib/systemd/system/rpcbind.service; enabled; vendor
preset: enabled)
  Active: active (running) since 四 2024-03-14 04:19:48 CST; 3 days ago
  Process: 698 ExecStart=/sbin/rpcbind -w $RPCBIND_ARGS (code=exited, status=
0/SUCCESS)
 Main PID: 708 (rpcbind)
    Tasks: 1
   CGroup: /system.slice/rpcbind.service
           └─708 /sbin/rpcbind -w
3月 14 04:19:39 localhost.localdomain systemd[1]: Starting RPC bind service...
3月 14 04:19:48 localhost.localdomain systemd[1]: Started RPC bind service.
```

可以发现，系统默认安装了 RPC 服务并且启动了该服务。

```
[root@master ~]# rpm -qa|grep nfs
libnfsidmap-0.25-19.el7.x86_64
nfs-utils-1.3.0-0.54.el7.x86_64
```

这里系统已经默认安装了 NFS，如果没有安装，可以运行 yum -y install nfs-utils 命令来安装。

2. 服务端配置端口

NFS 除了主程序端口 2049 和 rpcbind 端口 111 以外，还会使用一些随机端口，以下将配置这些端口，以便配置防火墙。

```
[root@master ~]# vi /etc/sysconfig/nfs
```

在/etc/sysconfig/nfs 文件的最后添加以下内容。

```
# 追加端口配置
MOUNTD_PORT=4001
STATD_PORT=4002
LOCKD_TCPPORT=4003
LOCKD_UDPPORT=4003
RQUOTAD_PORT=4004
```

3. 服务端 NFS 权限设置

对于普通用户来说，设置 NFS 权限需注意以下事项。

（1）当设置 all_squash 时，访客一律被映射为匿名用户（nfsnobody）。

（2）当设置 no_all_squash 时，访客被映射为服务器上相同 UID 的用户，因此在客户端应建立与服务端 UID 一致的用户，否则也将其映射为 nfsnobody。但 root 用户除外，因为 root_squash 为默认选项，除非指定了 no_root_squash。

对于 root 用户来说，设置 NFS 权限需注意以下事项。

（1）当设置 root_squash 时，访客以 root 身份访问 NFS 服务端，被映射为匿名用户。

（2）当设置 no_root_squash 时，访客以 root 身份访问 NFS 服务端，被映射为 root 用户，以其他用户访问，同样被映射为对应 UID 的用户，因为 no_all_squash 是默认选项，常用的选项如下。

ro：共享目录只读。

rw：共享目录可读可写。

all_squash：所有访问用户都映射为匿名用户或组。

no_all_squash（默认）：访问用户先与本机用户匹配，匹配失败后再映射为匿名用户或组。

root_squash（默认）：将来访的 root 用户映射为匿名用户或组。

no_root_squash：来访的 root 用户保持 root 账号权限。

anonuid=<UID>：指定匿名用户的本地用户 UID，默认为 nfsnobody（65534）。

anongid=<GID>：指定匿名用户的本地组 GID，默认为 nfsnobody（65534）。

secure（默认）：限制客户端只能从小于 1024 的 TCP/IP 端口连接服务器。

insecure：允许客户端从大于 1023 的 TCP/IP 端口连接服务器。

sync：将数据同步写入内存缓冲区与硬盘中，效率低，但可以保证数据的一致性。

async：将数据先保存在内存缓冲区中，必要时才将其写入硬盘中。

wdelay（默认）：检查是否有相关的写操作，如果有，则将这些写操作一起执行，这样做可以提高效率。

no_wdelay：若有写操作，则立即执行，注意应与 sync 配合使用。

subtree_check（默认）：若输出目录是一个子目录，则 NFS 服务端将检查其父目录的权限。

no_subtree_check：即使输出目录是一个子目录，NFS 服务端也不检查其父目录的权限，这样可以提高效率。

运行以下命令，可用 nfsnobody 创建共享目录，并且允许所有客户端写入数据。

```
[root@master ~]# mkdir /var/nfs
[root@master ~]# echo 'Hello,world!'>/var/nfs/text.txt
[root@master ~]# chown -R nfsnobody:nfsnobody /var/nfs
[root@master ~]# vi /etc/exports
```

在/etc/exports 文件中输入如下内容。

```
/var/nfs *(rw,sync)
```

重载 exports 配置。

```
[root@master ~]# exportfs -r
```

查看共享参数。

```
[root@master ~]# exportfs -v
/var/nfs
<world>(rw,sync,wdelay,hide,no_subtree_check,sec=sys,root_squash,no_all_squash)
```

exportfs 命令的常用选项如下。

-a：全部挂载或卸载/etc/exports 中的内容。

-r：重新读取/etc/exports 中的信息，并同步更新/etc/exports、/var/lib/nfs/xtab。

-u：卸载单一目录（和-a 一起使用，将卸载/etc/exports 中的所有目录）。

-v：输出详细的共享参数。

4. 服务端防火墙设置

对于 CentOS 7.5 以上的版本，默认安装的防火墙是 firewall，不是 iptables。

运行以下命令可以设置端口。

```
[root@master ~]# firewall-cmd --permanent --add-port=111/tcp
success
[root@master ~]# firewall-cmd --permanent --add-port=111/udp
success
[root@master ~]# firewall-cmd --permanent --add-port=2049/tcp
success
[root@master ~]# firewall-cmd --permanent --add-port=2049/udp
success
[root@master ~]# firewall-cmd --permanent --add-port=4001-4004/tcp
success
[root@master ~]# firewall-cmd --permanent --add-port=4001-4004/udp
success
```

重启防火墙后再用以下命令查看设置。

```
[root@master ~]# systemctl restart firewalld.service
[root@master ~]# firewall-cmd --list-all
public (active)
  target: default
  icmp-block-inversion: no
  interfaces: ens33
  sources:
  services: ssh dhcpv6-client
  ports: 111/tcp 111/udp 2049/tcp 2049/udp 4001-4004/tcp 4001-4004/udp
  protocols:
  masquerade: no
  forward-ports:
  source-ports:
  icmp-blocks:
  rich rules:
```

5. 服务端启动 NFS

运行以下命令。

```
[root@master ~]# systemctl start nfs.service
[root@master ~]# systemctl enable nfs.service
Created symlink from /etc/systemd/system/multi-user.target.wants/nfs-server.
service to /usr/lib/systemd/system/nfs-server.service.
[root@master ~]# systemctl status nfs.service
  nfs-server.service - NFS server and services
  Loaded: loaded (/usr/lib/systemd/system/nfs-server.service; enabled; vendor
preset: disabled)
 Drop-In: /run/systemd/generator/nfs-server.service.d
          └─order-with-mounts.conf
  Active: active (exited) since 日 2024-03-17 22:39:51 CST; 2min 10s ago
 Main PID: 83600 (code=exited, status=0/SUCCESS)
  CGroup: /system.slice/nfs-server.service
3 月  17 22:39:49 localhost.localdomain systemd[1]: Starting NFS server and
services...
3 月  17 22:39:51 localhost.localdomain systemd[1]: Started NFS server and
services.
```

至此，服务端的安装设置完成。

6. 客户端挂载

（1）执行如下命令切换用户。

```
[tang@slave ~]$ su - root
密码:
上一次登录: 二 3月 19 16:14:04 CST 2024pts/0 上
```

（2）将服务端 NFS 共享目录挂载到本地的/mnt/nfs 目录中。

```
[root@slave ~]# mkdir /mnt/nfs
[root@slave ~]# mount -t nfs master:/var/nfs /mnt/nfs
[root@slave ~]# ls -l /mnt/nfs
text.txt
```

若要卸载 NFS 共享目录，则执行如下命令。

```
[root@slave ~]# umount /mnt/nfs
[root@slave ~]# ls /mnt/nfs
```

8.1.2　vsftpd

vsftpd（very secure FTP daemon，非常安全的 FTP 守护进程）是 Linux 发行版中主流的、完全免费的、开源的 FTP 服务器程序，其优点是小巧轻便，安全易用，稳定高效，可伸缩性良好，可创建虚拟用户，支持 IPv6，速率高，可满足企业跨部门、多用户的使用需求等。

vsftpd 基于 GPL（GNU General Public License，GNU 通用公共许可证）开源协议发布，

可以在中小企业中得到广泛的应用。vsftpd 可以快速上手，基于 vsftpd 虚拟用户方式使访问验证更加安全；vsftpd 还可以基于 MySQL 数据库进行安全验证，实现多重安全防护。CentOS 7 默认没有开启 vsftpd，必须手动开启。其具体安装、开启等步骤如下。

1. 安装 vsftpd

命令如下。

```
[root@master ~]# rpm -qa |grep vsftpd
[root@master ~]# yum list installed|grep vsftpd
```

vsftpd 服务安装

以上命令执行后若无任何信息显示，说明 vsftpd 没有安装。现在通过命令 yum -y install vsftpd 直接在线安装它，这需要联网才可以正常进行，其中的 "-y" 表示不用进行输入确定，直接安装。

```
[root@master ~]# yum -y install vsftpd
已加载插件: fastestmirror, langpacks
Loading mirror speeds from cached hostfile
 * base: mirrors.aliyun.com
 * extras: mirrors.aliyun.com
 * updates: mirrors.aliyun.com
......
安装   1 软件包
总下载量: 171 kB
安装大小: 353 kB
......
已安装:
  vsftpd.x86_64 0:3.0.2-25.el7
完毕!
```

2. 设置开机启动 vsftpd

命令如下。

```
[root@master ~]# systemctl enable vsftpd.service
Created symlink from /etc/systemd/system/multi-user.target.wants/vsftpd.service
to /usr/lib/systemd/system/vsftpd.service.
```

3. 启动 vsftpd

命令如下。

```
[root@master ~]# systemctl start vsftpd.service
```

4. 查看 ftp 是否启动

命令如下。

```
[root@master ~]# ps -e |grep ftp
 11547 ?        00:00:00 vsftpd
[root@master ~]# systemctl status vsftpd.service
  vsftpd.service - Vsftpd ftp daemon
  Loaded: loaded (/usr/lib/systemd/system/vsftpd.service; enabled; vendor
```

```
preset: disabled)
   Active: active (running) since 五 2024-03-22 02:32:14 CST; 55s ago
  Process: 11543 ExecStart=/usr/sbin/vsftpd /etc/vsftpd/vsftpd.conf (code=
exited, status=0/SUCCESS)
 Main PID: 11547 (vsftpd)
    Tasks: 1
   CGroup: /system.slice/vsftpd.service
           └─11547 /usr/sbin/vsftpd /etc/vsftpd/vsftpd.conf
3月 22 02:32:13 master systemd[1]: Starting Vsftpd ftp daemon...
3月 22 02:32:14 master systemd[1]: Started Vsftpd ftp daemon.
```

5. 开启防火墙，开放 21 端口

命令如下。

```
[root@master ~]# firewall-cmd --permanent --zone=public --add-port=21/tcp
success
[root@master ~]# firewall-cmd --permanent --zone=public --add-service=ftp
success
[root@master ~]# firewall-cmd --reload
success
[root@master ~]# firewall-cmd --list-all
public (active)
  target: default
  icmp-block-inversion: no
  interfaces: ens33
  sources:
  services: ssh dhcpv6-client ftp
  ports: 111/tcp 111/udp 2049/tcp 2049/udp 4001-4004/tcp 4001-4004/udp 873/tcp
21/tcp
  protocols:
  masquerade: no
  forward-ports:
  source-ports:
  icmp-blocks:
  rich rules:
```

6. 安装 vsftpd 虚拟用户需要的软件和认证模块

命令如下。

```
[root@master ~]# yum -y install pam* libdb-utils libdb* -skip-broken
已加载插件: fastestmirror, langpacks
Loading mirror speeds from cached hostfile
 * base: mirrors.aliyun.com
 * extras: mirrors.aliyun.com
```

```
* updates: mirrors.aliyun.com
……
完毕!
```

7. 创建虚拟用户临时文件

命令如下。

```
[root@master ~]# vi /etc/vsftpd/ftpusers.txt
```

在创建的文件中添加如下内容。

```
tql
pas369
lxy
zb2598
zidb
pq6527
```

其中的奇数行代表用户名，偶数行代表与上一行用户对应的密码。

8. 生成虚拟用户数据认证文件

命令如下。

```
[root@master ~]# db_load -T -t hash -f /etc/vsftpd/ftpusers.txt /etc/vsftpd/login.db
```

9. 设置数据认证文件的权限为 755

命令如下。

```
[root@master ~]# chmod 755 /etc/vsftpd/login.db
```

10. 配置 PAM 认证文件

命令如下。

```
[root@master ~]# vi /etc/pam.d/vsftpd
```

在 PAM 认证文件中注释掉原来的内容，加入下面的两行内容。

```
auth required pam_userdb.so db=/etc/vsftpd/login
account required pam_userdb.so db=/etc/vsftpd/login
```

11. 新建一个系统用户（ftpuser），使其作为虚拟用户的映射，这个用户不用密码即可登录

命令如下。

```
[root@master ~]# useradd ftpuser -s /sbin/nologin
```

12. 创建放置虚拟用户配置文件的目录

命令如下。

```
[root@master ~]# mkdir -p /etc/vsftpd/user_conf
```

13. 设置 vsftpd 配置文件

命令如下。

```
[root@master ~]# vi /etc/vsftpd/vsftpd.conf
```

在配置文件中将"anonymous_enable=YES"改为如下内容。

```
anonymous_enable=NO
```

将"xferlog_file=/var/log/xferlog"前面的"#"删除。

将"listen=NO"改为如下内容。

```
listen=YES
```

将"listen_ipv6=YES"改为如下内容。

```
listen_ipv6=NO
```

在配置文件末尾加入以下内容。

```
# 启用虚拟用户
guest_enable=YES
# 映射虚拟用户到系统用户 ftpuser
guest_username=ftpuser
# 设置虚拟用户配置文件所在的目录
user_config_dir=/etc/vsftpd/user_conf
# 虚拟用户拥有本地用户的权限
virtual_use_local_privs=YES
# 锁定用户目录
chroot_local_user=YES
# 禁止用户列表功能
chroot_list_enable=YES
chroot_list_file=/etc/vsftpd/chroot_list
allow_writeable_chroot=YES
```

建立主目录锁定的用户列表文件。

```
[root@master ~]# touch /etc/vsftpd/chroot_list
```

14. 为每个虚拟用户创建配置文件

命令如下。

```
# 添加第一个虚拟用户
[root@master ~]# vi /etc/vsftpd/user_conf/tql
```

在配置文件中加入以下内容。

```
# 虚拟用户主目录路径
local_root=/home/ftpuser/tql
# 允许虚拟用户有写入权限
write_enable=YES
# 允许匿名用户有下载和读取权限
anon_world_readable_only=YES
# 允许匿名用户有上传文件权限，在 write_enable=YES 时有效
anon_upload_enable=YES
# 允许匿名用户有创建目录权限，在 write_enable=YES 时有效
anon_mkdir_write_enable=YES
# 允许匿名用户有其他权限，在 write_enable=YES 时有效
anon_other_write_enable=YES
```

添加第二个虚拟用户，命令如下。

```
[root@master ~]# vi /etc/vsftpd/user_conf/lxy
```

在配置文件中加入以下内容。

```
local_root=/home/ftpuser/lxy
write_enable=YES
anon_world_readable_only=YES
anon_upload_enable=YES
anon_mkdir_write_enable=YES
anon_other_write_enable=YES
```

添加第三个虚拟用户，命令如下。

```
[root@master ~]# vi /etc/vsftpd/user_conf/zidb
```

在配置文件中加入以下内容。

```
local_root=/home/ftpuser/zidb
write_enable=YES
anon_world_readable_only=YES
anon_upload_enable=YES
anon_mkdir_write_enable=YES
anon_other_write_enable=YES
```

15. 创建虚拟用户各自的主目录

命令如下。

```
[root@master ~]# mkdir -p /home/ftpuser/tql
[root@master ~]# mkdir -p /home/ftpuser/lxy
[root@master ~]# mkdir -p /home/ftpuser/zidb
```

16. 设置虚拟用户权限

命令如下。

```
[root@master ~]# chown -R ftpuser:ftpuser /home/ftpuser
```

17. 允许 ftp 访问用户的主目录和主目录之外的文件或目录

命令如下。

```
[root@master ~]# setsebool -P allow_ftpd_full_access on
[root@master ~]# setsebool -P tftp_home_dir on
```

18. 重启 vsftpd

命令如下。

```
[root@master ~]# systemctl restart vsftpd.service
```

19. 客户端测试

在用户根目录下创建空文件，以便于测试。

```
[root@master ~]# touch /home/ftpuser/lxy/test{01..10}
[root@master ~]# ls /home/ftpuser/lxy/
test01  test02  test03  test04  test05  test06  test07  test08  test09  test10
```

用浏览器测试 FTP，在浏览器的地址栏中输入如下地址后按 Enter 键，在弹出的窗口中输入用户名和密码后按 Enter 键，即可看到图 8-1 所示的结果。

```
ftp://192.168.125.128
```

图 8-1　用浏览器测试 FTP

FTP 客户端是一种用于与远程主机进行文件传输的软件，负责向远程主机发出传输命令并处理响应。CuteFTP 是一款功能强大的 FTP 客户端，它以其独特的特点和丰富的功能在 FTP 工具领域占有一席之地，它将远程主机的文件和目录结构信息以 Windows 系统文件管理器的形式组织起来，简化了文件传输过程。

要使用 CuteFTP，先要将软件下载并进行安装，启动 CuteFTP 后做一些基本的设置就可连接到 FTP 服务器了，登录成功后结果如图 8-2 所示。

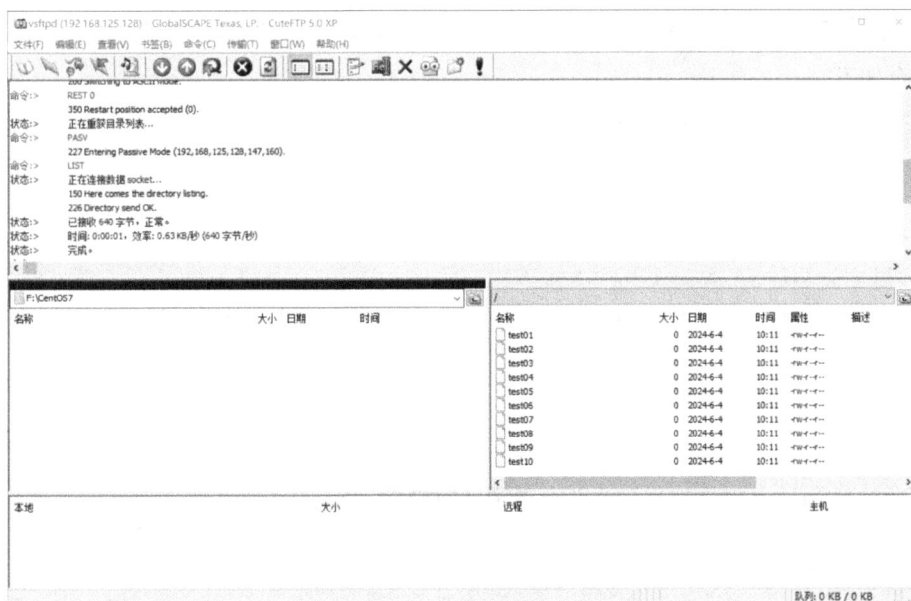

图 8-2　用 FTP 客户端测试 FTP

8.1.3 Samba

Samba 是一个能让 Linux 应用 Microsoft 网络通信协议的软件，于 1991 年由安德鲁·特里格韦尔（Andrew Tridgwell）创建。

Samba 可以用于 Linux 与 Windows 之间直接的文件共享和打印共享，也可以用于 Linux 与 Linux 之间的资源共享。Samba 还可以实现 WINS(Windows Internet Name Service, Windows 网络名称服务 ）和 DNS、网络浏览服务、Linux 和 Windows 域之间的认证和授权、Unicode 字符集和域名映射等功能。

Samba 服务器既可以充当文件共享服务器，也可以充当 Samba 的客户端。

Samba 包括 SMB（Server Message Block，服务器消息块）和 NMB（NetBIOS Message Block，NetBIOS 消息块）两个服务。SMB 是 Samba 的核心服务，主要负责建立服务器与客户端之间的对话，验证用户身份并提供对文件系统和打印系统的访问，实现文件的共享。NMB 负责把 Linux 共享的工作组名称与其 IP 地址对应起来，实现类似 DNS 的功能。如果 NMB 没有启动，就只能通过 IP 地址来访问共享文件。

1. 安装 Samba

命令如下。

```
[root@master ~]# yum -y install samba
已加载插件：fastestmirror, langpacks
Loading mirror speeds from cached hostfile
 * base: mirrors.aliyun.com
 * extras: mirrors.aliyun.com
 * updates: mirrors.aliyun.com
……
完毕!
```

Samba 服务配置

2. 查看 Samba 的安装状况

命令如下。

```
[root@master ~]# rpm -qa | grep samba
samba-libs-4.8.3-4.el7.x86_64
samba-common-4.8.3-4.el7.noarch
samba-4.8.3-4.el7.x86_64
samba-client-libs-4.8.3-4.el7.x86_64
samba-common-libs-4.8.3-4.el7.x86_64
samba-common-tools-4.8.3-4.el7.x86_64
```

3. 设置 Samba 开机自启

命令如下。

```
[root@master ~]# systemctl enable smb.service
Created symlink from /etc/systemd/system/multi-user.target.wants/smb.service
to /usr/lib/systemd/system/smb.service.
[root@master ~]# systemctl enable nmb.service
```

```
Created symlink from /etc/systemd/system/multi-user.target.wants/nmb.service
to /usr/lib/systemd/system/nmb.service.
```

4. 启动 Samba

命令如下。

```
[root@master ~]# systemctl start smb.service
[root@master ~]# systemctl status smb.service
   smb.service - samba SMB Daemon
   Loaded: loaded (/usr/lib/systemd/system/smb.service; enabled; vendor preset:
disabled)
   Active: active (running) since 六 2024-03-23 00:28:49 CST; 7s ago
     Docs: man:smbd(8)
           man:samba(7)
           man:smb.conf(5)
 Main PID: 17706 (smbd)
   Status: "smbd: ready to serve connections..."
    Tasks: 4
   CGroup: /system.slice/smb.service
               ├─17706 /usr/sbin/smbd --foreground --no-process-group
               ├─17711 /usr/sbin/smbd --foreground --no-process-group
               ├─17712 /usr/sbin/smbd --foreground --no-process-group
               └─17716 /usr/sbin/smbd --foreground --no-process-group
3月 23 00:28:26 master systemd[1]: Starting samba SMB Daemon...
3月 23 00:28:49 master smbd[17706]: [2024/03/23 00:28:49.354230,  0] ../lib/
util/become_dae...ady)
3月 23 00:28:49 master systemd[1]: Started samba SMB Daemon.
3月 23 00:28:49 master smbd[17706]:   daemon_ready: STATUS=daemon 'smbd'
finished starting ...ions
Hint: Some lines were ellipsized, use -l to show in full.
[root@master ~]# systemctl start nmb.service
[root@master ~]# systemctl status nmb.service
   nmb.service - samba NMB Daemon
   Loaded: loaded (/usr/lib/systemd/system/nmb.service; enabled; vendor preset:
disabled)
   Active: active (running) since 六 2024-03-23 00:49:51 CST; 10s ago
     Docs: man:nmbd(8)
           man:samba(7)
           man:smb.conf(5)
 Main PID: 17992 (nmbd)
   Status: "nmbd: ready to serve connections..."
    Tasks: 1
   CGroup: /system.slice/nmb.service
```

```
        └─17992 /usr/sbin/nmbd --foreground --no-process-group
3 月 23 00:49:44 master systemd[1]: Starting samba NMB Daemon...
3 月 23 00:49:51 master systemd[1]: Started samba NMB Daemon.
3 月 23 00:49:51 master nmbd[17992]: [2024/03/23 00:49:51.891660,  0] ../lib/
util/become_dae...ady)
3 月 23 00:49:51 master nmbd[17992]:   daemon_ready: STATUS=daemon 'nmbd' finished
starting ...ions
Hint: Some lines were ellipsized, use -l to show in full.
```

5. 查看 Samba 服务进程

命令如下。

```
[root@master ~]# netstat -tunlp|grep -E 'smbd|nmbd'
tcp    0    0 0.0.0.0:445           0.0.0.0:*       LISTEN     17706/smbd
tcp    0    0 0.0.0.0:139           0.0.0.0:*       LISTEN     17706/smbd
tcp6   0    0 :::445                :::*            LISTEN     17706/smbd
tcp6   0    0 :::139                :::*            LISTEN     17706/smbd
udp    0    0 192.168.122.255:137   0.0.0.0:*                  17992/nmbd
udp    0    0 192.168.122.1:137     0.0.0.0:*                  17992/nmbd
udp    0    0 192.168.125.255:137   0.0.0.0:*                  17992/nmbd
udp    0    0 192.168.125.128:137   0.0.0.0:*                  17992/nmbd
udp    0    0 0.0.0.0:137           0.0.0.0:*                  17992/nmbd
udp    0    0 192.168.122.255:138   0.0.0.0:*                  17992/nmbd
udp    0    0 192.168.122.1:138     0.0.0.0:*                  17992/nmbd
udp    0    0 192.168.125.255:138   0.0.0.0:*                  17992/nmbd
udp    0    0 192.168.125.128:138   0.0.0.0:*                  17992/nmbd
udp    0    0 0.0.0.0:138           0.0.0.0:*                  17992/nmbd
```

6. 设置防火墙

命令如下。

```
[root@master ~]# firewall-cmd --permanent --add-port=137-138/udp
success
[root@master ~]# firewall-cmd --permanent --add-port=139/tcp
success
[root@master ~]# firewall-cmd --permanent --add-port=445/tcp
success
[root@master ~]# systemctl restart firewalld.service
[root@master ~]# firewall-cmd --list-all
public (active)
  target: default
  icmp-block-inversion: no
  interfaces: ens33
  sources:
```

```
services: ssh dhcpv6-client ftp
ports: 111/tcp 111/udp 2049/tcp 2049/udp 4001-4004/tcp 4001-4004/udp 873/tcp
21/tcp 137-138/udp 139/tcp 445/tcp
protocols:
masquerade: no
forward-ports:
source-ports:
icmp-blocks:
rich rules:
```

7. 修改配置文件

命令如下。

（1）备份配置文件。

```
[root@master ~]# cp -p /etc/samba/smb.conf /etc/samba/smb.conf.bak
```

（2）修改配置文件的内容。

```
[root@master ~]# vi /etc/samba/smb.conf
```

将配置文件的内容替换成以下内容。

```
[global]
# 该设置与 Samba 整体运行环境有关，设置项目针对所有共享资源
# 定义工作组，也就是 Windows 中的工作组概念
workgroup = WORKGROUP
# 定义 Samba 服务器的简要说明
server string = Master samba Server Version %v
# 定义 Windows 中显示出来的计算机名称
netbios name = Master
# 定义 Samba 用户的日志文件，%m 代表客户端主机名
# Samba 服务器会在指定的目录中为每个登录主机建立不同的日志文件
log file = /var/log/samba/log.%m
# 设置共享级别，用户不需要账号和密码即可访问
security = share
map to guest = Bad User


[public]
# 设置针对的是个别的共享目录，只对当前的共享资源起作用


# 对共享目录的说明文件，可以自己定义说明信息
comment = Public Stuff
# 用来指定共享的目录，必选项
path = /share
# 所有人可查看
public = yes
guest ok =yes
```

8. 建立共享目录

命令如下。

```
[root@master ~]# mkdir /share
[root@master ~]# echo "This is a share file" >/share/share.txt
[root@master ~]# touch /share/share{01..10}
[root@master ~]# ll /share/
总用量 4
-rw-r--r--. 1 root root  0 3月  23 03:05 share01
-rw-r--r--. 1 root root  0 3月  23 03:05 share02
-rw-r--r--. 1 root root  0 3月  23 03:05 share03
-rw-r--r--. 1 root root  0 3月  23 03:05 share04
-rw-r--r--. 1 root root  0 3月  23 03:05 share05
-rw-r--r--. 1 root root  0 3月  23 03:05 share06
-rw-r--r--. 1 root root  0 3月  23 03:05 share07
-rw-r--r--. 1 root root  0 3月  23 03:05 share08
-rw-r--r--. 1 root root  0 3月  23 03:05 share09
-rw-r--r--. 1 root root  0 3月  23 03:05 share10
-rw-r--r--. 1 root root 21 3月  23 03:03 share.txt
[root@master ~]# chown -R nobody:nobody /share/
[root@master ~]# ll /share/
总用量 4
-rw-r--r--. 1 nobody nobody  0 3月  23 03:05 share01
-rw-r--r--. 1 nobody nobody  0 3月  23 03:05 share02
-rw-r--r--. 1 nobody nobody  0 3月  23 03:05 share03
-rw-r--r--. 1 nobody nobody  0 3月  23 03:05 share04
-rw-r--r--. 1 nobody nobody  0 3月  23 03:05 share05
-rw-r--r--. 1 nobody nobody  0 3月  23 03:05 share06
-rw-r--r--. 1 nobody nobody  0 3月  23 03:05 share07
-rw-r--r--. 1 nobody nobody  0 3月  23 03:05 share08
-rw-r--r--. 1 nobody nobody  0 3月  23 03:05 share09
-rw-r--r--. 1 nobody nobody  0 3月  23 03:05 share10
-rw-r--r--. 1 nobody nobody 21 3月  23 03:03 share.txt
```

9. 重启 SMB

命令如下。

```
[root@master ~]# systemctl restart smb.service
[root@master ~]# systemctl status smb.service
  nmb.service - samba NMB Daemon
  Loaded: loaded (/usr/lib/systemd/system/nmb.service; enabled; vendor preset:
disabled)
  Active: active (running) since 六 2024-03-23 03:07:52 CST; 8s ago
    Docs: man:nmbd(8)
```

```
            man:samba(7)
            man:smb.conf(5)
 Main PID: 20111 (nmbd)
   Status: "nmbd: ready to serve connections..."
    Tasks: 1
   CGroup: /system.slice/nmb.service
            └─20111 /usr/sbin/nmbd --foreground --no-process-group
3月 23 03:07:50 master systemd[1]: Starting samba NMB Daemon...
3月 23 03:07:52 master nmbd[20111]: [2024/03/23 03:07:52.602878,  0] ../ lib/
util/become_dae...ady)
3月 23 03:07:52 master systemd[1]: Started samba NMB Daemon.
3月 23 03:07:52 master nmbd[20111]:   daemon_ready: STATUS=daemon 'nmbd' finished
starting ...ions
Hint: Some lines were ellipsized, use -l to show in full.
```

10.　测试 smb.conf 配置是否正确

命令如下。

```
[root@master ~]# testparm
Load smb config files from /etc/samba/smb.conf
rlimit_max: increasing rlimit_max (1024) to minimum Windows limit (16384)
Processing section "[public]"
Loaded services file OK.
Server role: ROLE_STANDALONE
Press enter to see a dump of your service definitions
# Global parameters
[global]
 log file = /var/log/samba/log.%m
 map to guest = Bad User
 security = USER
 server string = Master samba Server Version %v
 idmap config * : backend = tdb
  [public]
 comment = Public Stuff
 guest ok = Yes
 path = /share
```

11.　访问 Samba 服务器的共享文件

（1）在 Linux 中访问 Samba 服务器的共享文件。

首次使用时，需要安装 Samba 客户端。

```
[root@slave ~]# yum -y install samba-client
```

要求输入密码时，直接按 Enter 键。

```
[root@slave ~]# smbclient //192.168.125.128/public/
```

```
Enter samba\root's password:
Try "help" to get a list of possible commands.
smb: \> ls
  .                                   D      0  Sat Mar 23 03:05:06 2024
  ..                                  DR     0  Sat Mar 23 03:02:37 2024
  share.txt                           N     21  Sat Mar 23 03:03:55 2024
  share01                             N      0  Sat Mar 23 03:05:06 2024
  share02                             N      0  Sat Mar 23 03:05:06 2024
  share03                             N      0  Sat Mar 23 03:05:06 2024
  share04                             N      0  Sat Mar 23 03:05:06 2024
  share05                             N      0  Sat Mar 23 03:05:06 2024
  share06                             N      0  Sat Mar 23 03:05:06 2024
  share07                             N      0  Sat Mar 23 03:05:06 2024
  share08                             N      0  Sat Mar 23 03:05:06 2024
  share09                             N      0  Sat Mar 23 03:05:06 2024
  share10                             N      0  Sat Mar 23 03:05:06 2024

      10475520 blocks of size 1024. 4924620 blocks available
```

（2）在 Windows 中访问 Samba 服务器的共享文件。

在浏览器的地址栏中输入下面的地址，然后按 Enter 键。

```
\\192.168.125.128\public
```

可以得到图 8-3 所示的结果。

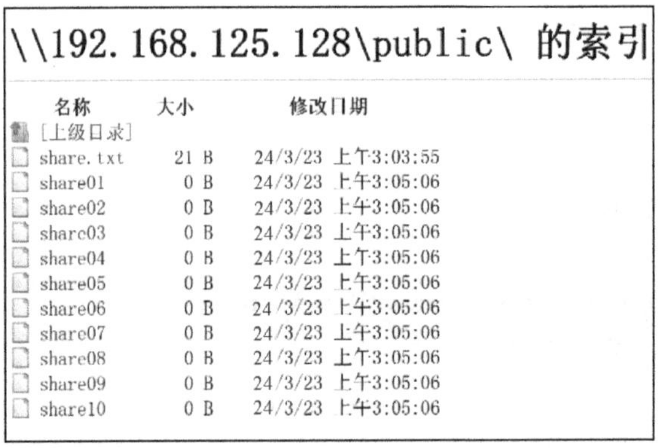

图 8-3　在 Windows 中访问 Samba 服务器的共享文件

8.2　网络服务

8.2.1　DHCP

动态主机配置协议（Dynamic Host Configuration Protocol，DHCP）的主要作用是在大型局域网络环境中集中管理和分配 IP 地址，使网络中的各个主机能动态地获得 IP 地址、网关地址、域名服务器地址等信息，并提高地址的使用率。

DHCP 采用客户端/服务器（Client/Server，C/S）模式，当客户端需要 IP 地址时，向 DHCP 服务器发送请求，DHCP 服务器收到请求后向客户端发送地址信息，从而实现 IP 地址的动态配置。

DHCP 有 3 种分配 IP 地址的方式。

（1）手动分配：客户端的 IP 地址由网络管理员指定，DHCP 服务器只是将指定的 IP 地址"告诉"客户端主机。

（2）自动分配：DHCP 服务器为客户端主机指定一个永久性的 IP 地址，客户端第一次成功从 DHCP 服务器租用到一个 IP 地址后，就可以永久性地使用该地址。

（3）动态分配：DHCP 服务器给客户端主机指定一个具有时间限制的 IP 地址，在时间到期或主机明确表示放弃该地址时，该地址可以被其他主机使用。

在 3 种地址分配方式中，只有动态分配可以重复使用客户端不再需要的地址。

DHCP 具有以下功能。

（1）DHCP 可以给客户端分配永久性的 IP 地址。

（2）DHCP 可以保证任何 IP 地址在同一时刻只能由一台客户端使用。

（3）可以与用其他方法获得 IP 地址的客户端共存。

（4）DHCP 可以为现有的无盘客户端分配动态 IP 地址。

下面讲解 DHCP 的安装与配置等过程。

DHCP 服务配置

1. 安装 DHCP

命令如下。

```
[root@master ~]# yum -y install dhcp
已加载插件: fastestmirror, langpacks
Loading mirror speeds from cached hostfile
 * base: mirrors.aliyun.com
 * extras: mirrors.aliyun.com
 * updates: mirrors.aliyun.com
......
已安装:
  dhcp.x86_64 12:4.2.5-68.el7.centos.1
作为依赖被升级:
  dhclient.x86_64 12:4.2.5-68.el7.centos.1          dhcp-common.x86_64 12:4.2.5-68
.el7.centos.1
  dhcp-libs.x86_64 12:4.2.5-68.el7.centos.1
完毕!
```

2. 配置 DHCP 服务器

命令如下。

```
[root@master ~]# vi /etc/dhcp/dhcpd.conf
```

在配置文件最后添加以下内容。

```
# 设置 DHCP 服务器模式
ddns-update-style none;
```

```
# 禁止客户端更新
ignore client-updates;
# 声明 DHCP 作用域
subnet 192.168.125.0 netmask 255.255.255.0 {
# 地址池（IP 地址可分配范围）
range 192.168.125.130 192.168.125.254;
# DNS 服务器
option domain-name-servers 114.114.114.114, 8.8.8.8;
# 默认网关
option routers 192.168.125.1;
# 默认租约时间
default-lease-time 600;
# 最大租约时间
max-lease-time 7200;
}
# 地址绑定
host master {
# 绑定物理地址（客户端 MAC 地址）
hardware ethernet 00:0c:29:60:72:02;
# 绑定网络地址（为指定客户端分配的 IP 地址）
fixed-address 192.168.125.128;
}
host slave {
hardware ethernet 00:0c:29:51:62:28;
fixed-address 192.168.125.129;
}
# 将 DHCP 服务器绑定在 virbr0-nic 网卡上
DHCPDARGS="virbr0-nic";
```

3. 启动 DHCP

命令如下。

```
[root@master ~]# systemctl start dhcpd.service
[root@master ~]# systemctl enable dhcpd.service
Created symlink from /etc/systemd/system/multi-user.target.wants/dhcpd.service
to /usr/lib/systemd/system/dhcpd.service.
[root@master ~]# netstat -antupl | grep dhcp
udp       0      0 0.0.0.0:67          0.0.0.0:*          4671/dhcpd
```

重新启动 DHCP 服务可以使用如下命令。

```
systemctl restart dhcpd.service
```

4. 测试

由于使用 VMware Workstation 构建的虚拟网络默认提供了 DHCP 功能，为了避免它对实验造成干扰，需要先关闭虚拟网卡的 DHCP 功能。打开 VMware Workstation 的"虚拟网络编辑器"对话框，选中"VMnet8"，勾选"使用本地 DHCP 服务将 IP 地址分配给虚拟机"复选框，将 VMnet8 虚拟网卡的 DHCP 功能关闭，如图 8-4 所示。

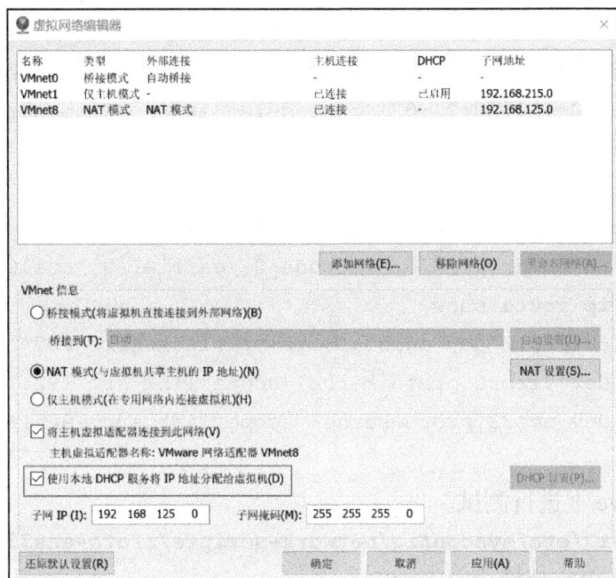

图 8-4　关闭 VMware Workstation 虚拟网卡的 DHCP 功能

（1）在主机 master 上进行测试。

```
[root@master ~]# vi /etc/sysconfig/network-scripts/ifcfg-ens33
```

将文件的内容替换为以下内容。

```
TYPE=Ethernet
PROXY_METHOD=none
BROWSER_ONLY=no
BOOTPROTO=dhcp
DEFROUTE=yes
IPV4_FAILURE_FATAL=no
IPV6INIT=yes
IPV6_AUTOCONF=yes
IPV6_DEFROUTE=yes
IPV6_FAILURE_FATAL=no
IPV6_ADDR_GEN_MODE=stable-privacy
NAME=ens33
UUID=48987c99-d4fd-4e37-a726-16a4d7a49ba3
DEVICE=ens33
ONBOOT=yes
IPV6_PRIVACY=no
ZONE=public
```

重启网络。

```
[root@master ~]# systemctl restart network.service
```
查看 IP 地址信息。
```
[root@master ~]# ifconfig ens33
ens33: flags=4163<UP,BROADCAST,RUNNING,MULTICAST>  mtu 1500
        inet 192.168.125.125  netmask 255.255.255.0  broadcast 192.168.125.255
        inet6 fe80::774:fb36:d3fa:370a  prefixlen 64  scopeid 0x20<link>
        ether 00:0c:29:60:72:02  txqueuelen 1000  (Ethernet)
        RX packets 32  bytes 6212 (6.0 KiB)
        RX errors 0  dropped 0  overruns 0  frame 0
        TX packets 657  bytes 110220 (107.6 KiB)
        TX errors 0  dropped 0 overruns 0  carrier 0  collisions 0
[root@master ~]# ip route show
default via 192.168.125.1 dev ens33 proto static metric 100
192.168.122.0/24 dev virbr0 proto kernel scope link src 192.168.122.1
192.168.125.0/24 dev ens33 proto kernel scope link src 192.168.125.125 metric
 100
```
（2）在从机 slave 上进行测试。
```
[root@slave ~]# vi /etc/sysconfig/network-scripts/ifcfg-ens33
```
将网卡配置文件内容替换成以下内容。
```
TYPE=Ethernet
PROXY_METHOD=none
BROWSER_ONLY=no
BOOTPROTO=dhcp
DEFROUTE=yes
IPV4_FAILURE_FATAL=no
IPV6INIT=yes
IPV6_AUTOCONF=yes
IPV6_DEFROUTE=yes
IPV6_FAILURE_FATAL=no
IPV6_ADDR_GEN_MODE=stable-privacy
NAME=ens33
UUID=48987c99-d4fd-4e37-a726-16a4d7a49ba3
DEVICE=ens33
ONBOOT=yes
IPV6_PRIVACY=no
```
重启网络。
```
[root@slave ~]# systemctl restart network.service
```
查看 IP 地址信息。
```
[root@slave ~]# ifconfig ens33
ens33: flags=4163<UP,BROADCAST,RUNNING,MULTICAST>  mtu 1500
        inet 192.168.125.129  netmask 255.255.255.0  broadcast 192.168.125.255
        inet6 fe80::9025:971:f214:15c0  prefixlen 64  scopeid 0x20<link>
```

```
                inet6 fe80::774:fb36:d3fa:370a  prefixlen 64  scopeid 0x20<link>
                ether 00:0c:29:51:62:28  txqueuelen 1000   (Ethernet)
                RX packets 79  bytes 14299 (13.9 KiB)
                RX errors 0  dropped 0  overruns 0  frame 0
                TX packets 86  bytes 12757 (12.4 KiB)
                TX errors 0  dropped 0 overruns 0  carrier 0  collisions 0
[root@slave ~]# ip route show
default via 192.168.125.1 dev ens33 proto dhcp metric 100
192.168.122.0/24 dev virbr0 proto kernel scope link src 192.168.122.1
192.168.125.0/24 dev ens33 proto kernel scope link src 192.168.125.129 metric 100
```

8.2.2　DNS

DNS 是互联网的核心应用服务，可以通过 IP 地址查询域名，也可以通过域名查询 IP 地址。

IP 地址是平面结构，不便于记忆；而 DNS 是层次化结构，便于记忆。DNS 的层次结构类似于一颗倒置的树，这个逻辑的树形结构被称为命名空间。从顶层到底层，可以分为以下几个层次。

- 根域（Root Domain）：这是 DNS 结构的顶层，通常用一个点（.）表示，它包含了所有顶级域（Top-Level Domain，TLD）的信息。
- 顶级域（TLD）：位于根域之下，例如.com、.net 等，表示不同类型的组织或地区。
- 二级域（Second-Level Domain）：位于顶级域之下，代表具体的组织或实体，如 www.baidu.com 中的"baidu"。
- 子域（Subdomain）：二级域下还可以有子域，用于进一步细分或组织。

DNS 在进行区域传输时使用 TCP 53 端口，其他时候则使用 UDP 53 端口。

常见的 DNS 资源记录类型有以下几种。

① SOA（Start of Authority，起始授权）：在一个区域中是唯一的，定义一个区域的全局参数，负责进行整个区域的管理。

② NS（Name Server，名称服务器）：在一个区域中至少有一条，记录一个区域中授权的 DNS 服务器。

③ A（Address Record，地址记录）：记录主机名和 IP 地址的对应关系。

④ CNAME（Canonical Name Record，别名记录）：隐藏内部网络的细节。

⑤ PTR（Pointer Record，反向记录）：将 IP 地址映射到主机名。

⑥ MX（Mail Exchange，电子邮件交换记录）：指向一个电子邮件服务器，根据收件人的地址后缀指定电子邮件服务器。

主机名由一个或多个字符串组成，字符串用点号隔开。有了主机名，就不用再死记硬背每台设备的 IP 地址，只需记住相对直观、有意义的主机名就可以了。

通过主机名，得到其对应的 IP 地址的过程叫作域名解析。在解析域名时，可以首先考虑采用静态域名解析方法，如果解析不成功，再考虑采用动态域名解析方法。

DNS 的解析类型有以下两种。

① 正向解析：把主机名解析为 IP 地址。

② 反向解析：把 IP 地址解析为主机名。

下面讲解 DNS 的安装与配置等。

1. 安装 DNS

BIND 全名为 Berkeley Internet Name Domain，是一款开放源码的 DNS 服务器软件，它由美国加州大学 Berkeley 分校开发和维护，是目前世界上使用最广泛的 DNS 服务器软件之一。

安装 BIND 的命令如下。

```
[root@master ~]# yum -y install bind
已加载插件: fastestmirror, langpacks
Determining fastest mirrors
 * base: mirrors.aliyun.com
 * extras: mirrors.aliyun.com
 * updates: mirrors.163.com
......
已安装:
  bind.x86_64 32:9.9.4-73.el7_6
作为依赖被安装:
  python-ply.noarch 0:3.4-11.el7
作为依赖被升级:
  bind-libs.x86_64 32:9.9.4-73.el7_6              bind-libs-lite.x86_64 32:9.9.4-
73.el7_6
  bind-license.noarch 32:9.9.4-73.el7_6           bind-utils.x86_64 32:9.9.4-73.
el7_6
完毕!
```

DNS 服务配置

2. 检查 DNS 的安装结果

命令如下。

```
[root@master ~]# rpm -qa | grep bind
bind-libs-9.9.4-73.el7_6.x86_64
keybinder3-0.3.0-1.el7.x86_64
rpcbind-0.2.0-44.el7.x86_64
bind-libs-lite-9.9.4-73.el7_6.x86_64
bind-utils-9.9.4-73.el7_6.x86_64
bind-license-9.9.4-73.el7_6.noarch
bind-9.9.4-73.el7_6.x86_64
```

3. 修改 DNS 配置文件

命令如下。

```
[root@master ~]# vi /etc/named.conf
```

找到 “listen-on port 53 { 127.0.0.1; };” 这一行，将其改为以下内容。

```
listen-on port 53 { any; };
```

找到 “allow-query   { localhost; };” 这一行，将其改为以下内容。

```
allow-query       { any; };
```

4. 对 DNS 配置文件进行语法检查

命令如下。

```
[root@master ~]# named-checkconf /etc/named.conf
```

5. 启动 DNS

命令如下。

```
[root@master ~]# systemctl start named.service
[root@master ~]# systemctl enable named.service
Created symlink from /etc/systemd/system/multi-user.target.wants/named.service
to /usr/lib/systemd/system/named.service.
[root@master ~]# systemctl status named.service
   named.service - Berkeley Internet Name Domain (DNS)
   Loaded: loaded (/usr/lib/systemd/system/named.service; enabled; vendor
preset: disabled)
   Active: active (running) since 日 2024-03-24 10:42:25 CST; 38s ago
 Main PID: 9660 (named)
   CGroup: /system.slice/named.service
           └─9660 /usr/sbin/named -u named -c /etc/named.conf
......
```

6. 配置防火墙

命令如下。

```
[root@master ~]# firewall-cmd --permanent --add-service=dns
success
[root@master ~]# firewall-cmd --reload
success
[root@master ~]# firewall-cmd --list-all
public (active)
  target: default
  icmp-block-inversion: no
  interfaces: ens33
  sources:
  services: ssh dhcpv6-client ftp dns
  ports: 111/tcp 111/udp 2049/tcp 2049/udp 4001-4004/tcp 4001-4004/udp 873/tcp
21/tcp 137-138/udp 139/tcp 445/tcp
  protocols:
  masquerade: no
  forward-ports:
  source-ports:
  icmp-blocks:
  rich rules:
```

7. 测试 DNS

命令如下。

```
[root@master ~]# dig www.zidb.com @192.168.125.128

; <<>> DiG 9.9.4-RedHat-9.9.4-73.el7_6 <<>> www.zidb.com @192.168.125.128
;; global options: +cmd
;; Got answer:
;; ->>HEADER<<- opcode: QUERY, status: NOERROR, id: 3159
;; flags: qr rd ra; QUERY: 1, ANSWER: 1, AUTHORITY: 4, ADDITIONAL: 9
;; OPT PSEUDOSECTION:
; EDNS: version: 0, flags:; udp: 4096
;; QUESTION SECTION:
;www.zidb.com.            IN   A
;; ANSWER SECTION:
www.zidb.com.     120 IN   A    182.61.104.89
;; AUTHORITY SECTION:
zidb.com.          172800    IN    NS    dns.bizcn.com.
zidb.com.          172800    IN    NS    ns5.cnmsn.net.
zidb.com.          172800    IN    NS    ns6.cnmsn.net.
zidb.com.          172800    IN    NS    dns.cnmsn.net.
;; ADDITIONAL SECTION:
dns.bizcn.com.         172800    IN    A    183.131.156.81
dns.bizcn.com.         172800    IN    A    180.163.194.139
dns.cnmsn.net.         172800    IN    A    183.131.156.101
dns.cnmsn.net.         172800    IN    A    180.163.194.140
ns5.cnmsn.net.         172800    IN    A    180.163.194.135
ns5.cnmsn.net.         172800    IN    A    183.131.155.226
ns6.cnmsn.net.         172800    IN    A    183.131.155.231
ns6.cnmsn.net.         172800    IN    A    180.163.194.136
;; Query time: 728 msec
;; SERVER: 192.168.125.128#53(192.168.125.128)
;; WHEN: 日 3月 24 11:01:32 CST 2024
;; MSG SIZE  rcvd: 272
```

若返回数据无异常，则 DNS 初步配置完成。

8. 配置正向解析

（1）编辑扩展配置文件 named.rfc1912.zones。

```
[root@master ~]# vi /etc/named.rfc1912.zones
```

在该文件末尾增加如下几行内容。

```
zone "vip.zidb"  IN {
      type master;
      file "data/master.vip.zidb.zone";
};
```

（2）添加区域配置文件 master.vip.zidb.zone。

```
[root@master ~]# cp -p /var/named/named.localhost /var/named/data/master.vip.
zidb.zone
[root@master ~]# vi /var/named/data/master.vip.zidb.zone
```

将该文件的内容替换成以下内容。

```
$TTL 1D
@    IN  SOA  vip.zidb.  admin.vip.zidb. (
    0    ; serial
    1D   ; refresh
    1H   ; retry
    1W   ; expire
    3H ) ; minimum
@    IN   NS   192.168.125.128.
@    IN   MX   128  mail.vip.zidb.
mail IN   A    192.168.125.128
user IN   A    192.168.125.129
```

> **注意**　"@　IN　NS　192.168.125.128"后面的点不可省略，否则会报错。MX 记录的格式如下。
> "@　IN　MX　128　mail.vip.zidb."中的"128"表示电子邮件主机所在的 IP 主机位。

SOA 与区域有关，后面接 7 个参数，这 7 个参数及其含义如下。

• Master DNS（主服务器）：指定在某个区域中哪个 DNS 作为主服务器；在本例中是 vip.zidb。

• 管理员的电子邮件：出现问题时可发电子邮件给管理员，但出于安全和隐私考虑，通常使用点（.）号代替@符号；在本例中是 admin.vip.zidb。

• 序号：代表数据库文件的新旧程度，序号越大，文件越新。当从服务器决定是否要从主服务器下载数据库时，就以主服务器上的序号是否比从服务器上的序号新进行判断，如果新就进行下载。

• 刷新间隔（Refresh Interval）：从服务器多久检查一次主服务器上的 SOA 记录。时间单位可以是秒、分钟、小时、天或星期。

• 重试时间间隔（Retry Interval）：如果某些因素导致从服务器在刷新间隔时间内未能从主服务器获取 SOA 记录，将等待此间隔时间后再次尝试。时间单位可以是秒、分钟、小时、天或星期。

• 过期时间（Expire Time）：若从服务器在过期时间内都未能成功从主服务器获取更新，则它将停止提供该区域的解析服务。

• 最小生存时间（Minimum TTL）：用于指定从该区域返回的除 SOA 和 NS 记录之外的所有其他资源记录的最小缓存时间。

区域配置文件命令的语法格式如下。

[名称] [TTL] [网络类型] 资源记录类型 数据

- 名称：指定资源记录引用的对象名，可以是主机名，也可以是域名。对象名可以是相对名称，也可以是完整名称。完整名称必须以点号结尾。如果连续的几条资源记录都使用同一个对象名，则第一条资源记录后的资源记录可以省略对象名。相对名称相对于当前域名，如当前域名为 zidb.com，表示 www 主机时，完整名称为 www.zidb.com.，相对名称为 www。
- TTL：指定资源记录被缓存后可以保留的有效时间，单位为 s。如果省略该字段，则使用文件开始处的 TTL 定义的时间。
- 网络类型：常用的为 IN。
- 资源记录类型：常用的有 SOA、NS、A、CNAME、PTR、MX 等。在定义资源记录时，一般情况下 SOA 记录为第一行，NS 记录为第二行，接着是 MX 记录，其他的记录可以随便写。

区域配置文件中使用的符号含义如下。
- ;：表示注释。
- ()：允许数据跨行，通常用于 SOA 记录中。
- @：表示当前区域，来自主配置文件中 zone 定义的区域名称。
- *：作为名称字段的通配符。
- $ORIGIN：ORIGIN 后面跟的是字符串，即要补全的内容。

IP 地址的格式可以是如下几种。
- 单一主机：×.×.×.×，如 172.17.100.100。
- 指定网段：×.×.×.或×.×.×.×/×，如 172.17.100.或者 172.17.100.0/24。
- 指定多个地址：×.×.×.×;×.×.×.×;，如 172.17.100.100;172.17.100.200;。
- 使用!表示否定：如!172.17.100.100，即排除 172.17.100.100。
- 不匹配任何：none。
- 匹配所有：any。
- 本地主机（绑定本机）：localhost。
- 与绑定主机同网段的所有 IP 地址：localnet。

（3）测试。
① 在服务端重启 named 服务。

```
[root@master ~]# systemctl restart named.service
```
② 在客户端把 DNS 改为 192.168.125.128。

```
[root@slave ~]# vi /etc/sysconfig/network-scripts/ifcfg-ens33
```
将网卡配置文件的内容替换为以下内容。

```
TYPE=Ethernet
PROXY_METHOD=none
BROWSER_ONLY=no
BOOTPROTO=none
DEFROUTE=yes
IPV4_FAILURE_FATAL=no
IPV6INIT=yes
```

```
IPV6_AUTOCONF=yes
IPV6_DEFROUTE=yes
IPV6_FAILURE_FATAL=no
IPV6_ADDR_GEN_MODE=stable-privacy
NAME=ens33
UUID=48987c99-d4fd-4e37-a726-16a4d7a49ba3
DEVICE=ens33
ONBOOT=yes
IPV6_PRIVACY=no
IPADDR=192.168.125.129
PREFIX=24
GATEWAY=192.168.125.128
DNS1=192.168.125.128
```

③ 重启网络。

```
[root@slave ~]# systemctl restart network.service
```

④ 查看 IP 地址信息。

```
[root@slave ~]# ifconfig ens33
ens33: flags=4163<UP,BROADCAST,RUNNING,MULTICAST>  mtu 1500
        inet 192.168.125.129  netmask 255.255.255.0  broadcast 192.168.125.255
        inet6 fe80::774:fb36:d3fa:370a  prefixlen 64  scopeid 0x20<link>
        ether 00:0c:29:51:62:28  txqueuelen 1000  (Ethernet)
        RX packets 135  bytes 25311 (24.7 KiB)
        RX errors 0  dropped 0  overruns 0  frame 0
        TX packets 219  bytes 29838 (29.1 KiB)
        TX errors 0  dropped 0 overruns 0  carrier 0  collisions 0
```

⑤ 测试网络。

```
[root@slave ~]# ping mail.vip.zidb
PING mail.vip.zidb (192.168.125.128) 56(84) bytes of data.
64 bytes from master (192.168.125.128): icmp_seq=1 ttl=64 time=21.4 ms
64 bytes from master (192.168.125.128): icmp_seq=2 ttl=64 time=0.584 ms
64 bytes from master (192.168.125.128): icmp_seq=3 ttl=64 time=0.533 ms
......
```

⑥ 在客户端以 SSH 方式登录服务端。

```
[root@slave ~]# ssh mail.vip.zidb
The authenticity of host 'mail.vip.zidb (192.168.125.128)' can't be established.
ECDSA key fingerprint is SHA256:p5ML38jDG2+A93i513yraTj5e3yytVGpyYGncvB5ALc.
ECDSA key fingerprint is MD5:31:70:49:2c:11:6a:1d:c8:ff:39:ee:9a:25:66:e1:55.
Are you sure you want to continue connecting (yes/no)? yes
Warning: Permanently added 'mail.vip.zidb' (ECDSA) to the list of known hosts.
root@mail.vip.zidb's password:
Last login: Sun Mar 24 19:07:00 2024
```

正向解析配置完成。

9. 配置反向解析

（1）编辑扩展配置文件 named.rfc1912.zones。

```
[root@master ~]# vi /etc/named.rfc1912.zones
```

在该文件最后添加如下内容。

```
zone "125.168.192.in-addr.arpa" IN {
        type master;
        file "data/named.129.zone";
        allow-update { none; };
};
```

注意　　　反向解析的 IP 地址需要反过来写，并且只写前 3 个部分。

（2）添加区域配置文件 named.129.zone。

```
[root@master ~]# cp -p /var/named/named.localhost /var/named/data/named.129.zone
[root@master ~]# vi /var/named/data/named.129.zone
```

将该文件的原有内容替换成以下内容。

```
$TTL 1D
@   IN  SOA  vip.zidb.  admin.vip.zidb. (
        1; Serial
        1H; Refresh
        15M; Retry
        7D; Expire
        1H; TTL
        )
@   IN  NS    192.168.125.128.
@   IN  MX  128 mail.vip.zidb.
128 IN  PTR   mail.vip.zidb.
129 IN  PTR   user.vip.zidb.
```

（3）重启 named 服务。

```
[root@master ~]# systemctl restart named.service
```

（4）测试反向解析过程。

① 把 DNS 改为 192.168.125.128。

```
[root@master ~]# vi /etc/sysconfig/network-scripts/ifcfg-ens33
```

将网卡配置文件的内容替换为以下内容。

```
TYPE=Ethernet
PROXY_METHOD=none
BROWSER_ONLY=no
BOOTPROTO=none
```

```
DEFROUTE=yes
IPV4_FAILURE_FATAL=no
IPV6INIT=yes
IPV6_AUTOCONF=yes
IPV6_DEFROUTE=yes
IPV6_FAILURE_FATAL=no
IPV6_ADDR_GEN_MODE=stable-privacy
NAME=ens33
UUID=48987c99-d4fd-4e37-a726-16a4d7a49ba3
DEVICE=ens33
ONBOOT=yes
IPV6_PRIVACY=no
ZONE=public
IPADDR=192.168.125.128
PREFIX=24
GATEWAY=192.168.125.128
DNS1=192.168.125.128
```

② 重启网络。

```
[root@master ~]# systemctl restart network.service
```

③ 查看 IP 地址信息。

```
[root@master ~]# ifconfig ens33
ens33: flags=4163<UP,BROADCAST,RUNNING,MULTICAST>  mtu 1500
        inet 192.168.125.128  netmask 255.255.255.0  broadcast 192.168.125.255
        inet6 fe80::9025:971:f214:15c0  prefixlen 64  scopeid 0x20<link>
        inet6 fe80::774:fb36:d3fa:370a  prefixlen 64  scopeid 0x20<link>
        ether 00:0c:29:60:72:02  txqueuelen 1000  (Ethernet)
        RX packets 346  bytes 46867 (45.7 KiB)
        RX errors 0  dropped 0  overruns 0  frame 0
        TX packets 1429  bytes 253109 (247.1 KiB)
        TX errors 0  dropped 0 overruns 0  carrier 0  collisions 0
```

④ 反向查询。

```
[root@master ~]# nslookup 192.168.125.129
Server:     192.168.125.128
Address: 192.168.125.128#53
129.125.168.192.in-addr.arpa  name = user.vip.zidb.
[root@master ~]# dig -x 192.168.125.129
; <<>> DiG 9.9.4-RedHat-9.9.4-73.el7_6 <<>> -x 192.168.125.129
;; global options: +cmd
;; Got answer:
;; ->>HEADER<<- opcode: QUERY, status: NOERROR, id: 1074
;; flags: qr aa rd ra; QUERY: 1, ANSWER: 1, AUTHORITY: 1, ADDITIONAL: 1
```

```
;; OPT PSEUDOSECTION:
; EDNS: version: 0, flags:; udp: 4096
;; QUESTION SECTION:
;129.125.168.192.in-addr.arpa.IN  PTR
;; ANSWER SECTION:
129.125.168.192.in-addr.arpa. 86400 IN   PTR user.vip.zidb.
;; AUTHORITY SECTION:
125.168.192.in-addr.arpa. 86400  IN  NS  192.168.125.128.
;; Query time: 4 msec
;; SERVER: 192.168.125.128#53(192.168.125.128)
;; WHEN: 一 3月 25 02:15:48 CST 2024
;; MSG SIZE  rcvd: 109
```

8.2.3 电子邮件服务

电子邮件是指一种由寄件人将数字信息发送给一个人或多个人的信息交换方式，也是互联网中应用最广泛的服务之一。电子邮件与传统的邮寄方式相比，它几乎不需要任何物质成本，如纸张、信封、邮票等，这为企业和个人节省了大量的时间和金钱。电子邮件提供了几乎即时的通信方式，使用户能够在全球范围内快速发送和接收信息，这大大加快了信息传递的速度，提高了工作效率。

电子邮件可以是文字、图像、音频等多种形式。同时，用户可以得到大量免费的新闻、专题电子邮件，并轻松实现信息搜索。电子邮件的存在极大地方便了人与人之间的沟通与交流，促进了社会的发展。

如何架设自己的电子邮件服务呢？可以按如下步骤进行。

1. 对防火墙添加信任端口 25、110、143

命令如下。

```
[root@master ~]# firewall-cmd --add-port=25/tcp --permanent
success
[root@master ~]# firewall-cmd --add-port=110/tcp --permanent
success
[root@master ~]# firewall-cmd --add-port=143/tcp --permanent
success
```

2. 修改区域配置文件 master.vip.zidb.zone，添加域名 mail.vip.zidb 的正向解析

具体操作方法在 8.2.2 小节讲过，此处略。

3. 修改区域配置文件 named.129.zone，添加域名 mail.vip.zidb 的反向解析

具体操作方法在 8.2.2 小节讲过，此处略。

4. 重启域名服务，查询域名解析是否正确

命令如下。

```
[root@master ~]# systemctl restart named.service
```

```
[root@master ~]# nslookup mail.vip.zidb
Server:    192.168.125.128
Address:   192.168.125.128#53

Name:  mail.zidb
Address: 192.168.125.128
[root@master ~]# nslookup 192.168.125.128
Server:    192.168.125.128
Address:   192.168.125.128#53

128.125.168.192.in-addr.arpa  name = mail.vip.zidb.
```

5. 安装 Postfix

Postfix 是由维茨·维内马（Wietse Venema）在 IBM 的 GPL 协议之下开发的 MTA（Mail Transfer Agent，电子邮件传送代理）软件。它的设计初衷是替代使用最广泛的 sendmail（一款免费的邮件服务器软件），以实现更快、更容易管理、更安全的邮件传输服务，同时还与 sendmail 保持足够的兼容性。在这里使用 Postfix 进行演示。

在服务器上安装 Postfix，命令如下。

```
[root@master ~]# yum install postfix -y
已加载插件: fastestmirror, langpacks
Loading mirror speeds from cached hostfile
...
升级  1 软件包
总计: 2.4 MB
...
完毕!
[root@master ~]# rpm -qa | grep postfix
postfix-2.10.1-9.el7.x86_64
```

6. 编辑 Postfix 的配置文件，查找并修改对应配置项

命令如下。

```
[root@mail ~]# vim /etc/postfix/main.cf
```

（1）大约在 75 行，设置主机名，具体修改如下。

```
myhostname = mail.vip.zidb
```

（2）大约在 83 行，设置主机域名，具体修改如下。

```
mydomain = vip.zidb
```

（3）大约在 100 行，设置电子邮件的后缀，具体修改如下。

```
myorigin = $mydomain
```

（4）大约在 117 行，指定 Postfix 监听的网络接口。若注释配置项或输入公网 IP 地址，服务器的 25 端口将对公网开放。inet_interfaces 的默认值为 all，即监听所有网络接口。若将其指定为 localhost，则只能发电子邮件不能接收电子邮件。具体修改如下。

```
inet_interfaces = all
```

（5）大约在 120 行，指定网络协议，具体修改如下。

```
inet_protocols = ipv4
```

（6）大约在 165 行，指定 Postfix 接收电子邮件时收件人的域名，具体修改如下。

```
mydestination = $myhostname, localhost.$mydomain, localhost, $mydomain
```

（7）大约在 264 行，指定邮件服务器所在网络的 IP 地址，可以依次输入公网 IP 地址、内网 IP 地址、本地 IP 地址，这里根据实际情况进行如下修改。

```
mynetworks = 192.168.125.128, 127.0.0.1
```

（8）大约在 419 行，指定电子邮件目录，这里指定电子邮件在用户的家目录下。

```
home_mailbox = Maildir/
```

（9）大约在 572 行，指定 MUA（Mail User Agent，电子邮件用户代理）通过 SMTP（Simple Mail Transfer Protocol，简单邮件传送协议）连接 Postfix 时返回的头信息，具体修改如下。

```
smtpd_banner = $myhostname ESMTP
```

（10）将下面的内容添加到配置文件末尾即可。

```
# SMTP Config
# 规定电子邮件最大大小为 10MB
message_size_limit = 10485760
# 规定收件箱最大容量为 1GB
mailbox_size_limit = 1073741824
# SMTP 认证
smtpd_sasl_type = dovecot
smtpd_sasl_path = private/auth
smtpd_sasl_auth_enable = yes
smtpd_sasl_security_options = noanonymous
smtpd_sasl_local_domain = $myhostname
smtpd_recipient_restrictions = permit_mynetworks,permit_auth_destination,
permit_sasl_authenticated,reject
```

7. 检查配置文件是否有语法错误

命令如下。

```
[root@master ~]# postfix check
```

8. 启动 Postfix

命令如下。

```
[root@master ~]# systemctl start postfix
```

9. 将 Postfix 添加到系统自启

命令如下。

```
[root@master ~]# systemctl enable postfix
[root@master ~]# systemctl status postfix
● postfix.service - Postfix Mail Transport Agent
   Loaded: loaded (/usr/lib/systemd/system/postfix.service; enabled; vendor
preset: disabled)
```

```
  Active: active (running) since 一 2023-05-29 03:36:50 CST; 29min ago
 Main PID: 19139 (master)
   CGroup: /system.slice/postfix.service
           ├─19139 /usr/libexec/postfix/master -w
           ├─19140 pickup -l -t unix -u
           └─19141 qmgr -l -t unix -u

5月 29 03:36:49 master systemd[1]: Starting Postfix Mail Transport Agent...
5月 29 03:36:50 master postfix/postfix-script[19137]: starting the Postfix mail
system
5月 29 03:36:50 master postfix/master[19139]: daemon started -- version 2.10.1,
configuration /etc/postfix
5月 29 03:36:50 master systemd[1]: Started Postfix Mail Transport Agent.
```

10. 修改 MTA

命令如下。

```
[root@master ~]# alternatives --config mta

共有 1 个提供 "mta" 的程序。

  选项    命令
------------------------------------------------
*+ 1            /usr/sbin/sendmail.postfix

按 Enter 键保留当前选项[+]，或者键入选项编号：1
[root@master ~]# alternatives --display mta
mta - 状态为手工。
链接当前指向 /usr/sbin/sendmail.postfix
/usr/sbin/sendmail.postfix - priority 30
从 mta-pam: /etc/pam.d/smtp.postfix
从 mta-mailq: /usr/bin/mailq.postfix
从 mta-newaliases: /usr/bin/newaliases.postfix
从 mta-rmail: /usr/bin/rmail.postfix
从 mta-sendmail: /usr/lib/sendmail.postfix
从 mta-mailqman: /usr/share/man/man1/mailq.postfix.1.gz
从 mta-newaliasesman: /usr/share/man/man1/newaliases.postfix.1.gz
从 mta-aliasesman: /usr/share/man/man5/aliases.postfix.5.gz
从 mta-sendmailman: /usr/share/man/man1/sendmail.postfix.1.gz
当前 "最佳" 版本是 /usr/sbin/sendmail.postfix。
```

11. 安装 Dovecot

Dovecot 是一个用于接收和存储电子邮件的服务器软件，支持 IMAP（Internet Mail Access

Protocol，Internet 邮件访问协议）和 POP3（Post Office Protocol-Version 3，邮局协议版本 3）。
IMAP 允许用户从多个设备上访问和同步他们的邮件，而 POP3 则通常用于从邮件服务器中
下载邮件到本地设备。

在这里将 Dovecot 与 MTA 配合使用，形成完整的邮件系统解决方案。安装 Dovecot，命
令如下。

```
[root@master ~]# yum install dovecot -y
...
已安装：
  dovecot.x86_64 1:2.2.36-8.el7

作为依赖被安装：
  portreserve.x86_64 0:0.0.5-11.el7

完毕！
[root@master ~]# rpm -qa | grep dovecot
dovecot-2.2.36-8.el7.x86_64
```

12. 配置 Dovecot

（1）编辑文件 dovecot.conf。

```
[root@master ~]# vim /etc/dovecot/dovecot.conf
```

如果不使用 IPv6，将文件第 30 行修改为如下内容。

```
listen = *
```

（2）编辑文件 10-auth.conf。

```
[root@master ~]# vim /etc/dovecot/conf.d/10-auth.conf
```

将文件中的第 10 行取消注释并修改为如下内容。

```
disable_plaintext_auth = no
```

将文件中的第 100 行修改为如下内容。

```
auth_mechanisms = plain login
```

（3）编辑文件 10-mail.conf。

```
[root@master ~]# vim /etc/dovecot/conf.d/10-mail.conf
```

设置电子邮件存放地址，"~"代表用户的根目录，将文件中的第 30 行修改为如下内容。

```
mail_location = maildir:~/Maildir
```

（4）编辑文件 10-master.conf。

```
[root@master ~]# vim /etc/dovecot/conf.d/10-master.conf
```

将文件中的第 96～98 行取消注释并修改为如下内容。

```
# Postfix smtp 验证
unix_listener /var/spool/postfix/private/auth {
mode = 0666
user = postfix
group = postfix
}
```

（5）编辑文件 10-ssl.conf。

```
[root@master ~]# vim /etc/dovecot/conf.d/10-ssl.conf
```

将文件中的第 8 行修改为如下内容，将 ssl 设为 no，表示不使用 ssl：

```
ssl = no
```

（6）启动 Dovecot 并将其设置为开机自启。

```
[root@master ~]# systemctl start dovecot
[root@master ~]# systemctl enable dovecot
Created symlink from /etc/systemd/system/multi-user.target.wants/dovecot.service
to /usr/lib/systemd/system/dovecot.service.
[root@master ~]# systemctl status dovecot
● dovecot.service - Dovecot IMAP/POP3 email server
   Loaded: loaded (/usr/lib/systemd/system/dovecot.service; enabled; vendor
preset: disabled)
   Active: active (running) since 二 2023-05-30 03:24:26 CST; 32s ago
     Docs: man:dovecot(1)

 Main PID: 14815 (dovecot)
   CGroup: /system.slice/dovecot.service
           ├─14815 /usr/sbin/dovecot
           ├─14822 dovecot/anvil
           ├─14823 dovecot/log
           └─14825 dovecot/config

5 月 30 03:24:24 master systemd[1]: Starting Dovecot IMAP/POP3 email server...
5 月 30 03:24:26 master dovecot[14815]: master: Dovecot v2.2.36 (1f10bfa63)
starting up for imap, pop3, l...bled)
5 月 30 03:24:26 master systemd[1]: PID file /var/run/dovecot/master.pid not
readable (yet?) after start.
5 月 30 03:24:26 master systemd[1]: Started Dovecot IMAP/POP3 email server.
Hint: Some lines were ellipsized, use -l to show in full.
```

13. 收发电子邮件测试

（1）添加电子邮件账号组。

```
[root@master ~]# groupadd mailusers
```

（2）创建用户 lxy 并修改其密码为 "87654321"。

```
[root@master ~]# useradd -g mailusers -s /sbin/nologin lxy
[root@master ~]# passwd lxy
```

（3）创建用户 tql 并修改其密码为 "87654321"。

```
[root@master ~]# useradd -g mailusers -s /sbin/nologin tql
[root@master ~]# passwd tql
```

（4）安装远程登录服务。

```
[root@mail named]# yum install telnet -y
```

```
已加载插件: fastestmirror, langpacks
Loading mirror speeds from cached hostfile
...
已安装:
  telnet.x86_64 1:0.17-65.el7_8
完毕!
```

（5）远程登录 25 端口，发送电子邮件。

```
[root@master ~]# telnet mail.vip.zidb 25
Trying 192.168.125.128...
Connected to mail.vip.zidb.
Escape character is '^]'.
220 mail.vip.zidb ESMTP
helo lxy
250 mail.vip.zidb
mail from:lxy
250 2.1.0 Ok
rcpt to:tql
250 2.1.5 Ok
data
354 End data with <CR><LF>.<CR><LF>
This is a testing message.
.
250 2.0.0 Ok: queued as 90FCB97A5B1
quit
221 2.0.0 Bye
Connection closed by foreign host.
```

（6）远程登录 110 端口，收取电子邮件。

```
[root@master ~]# telnet mail.vip.zidb 110
Trying 192.168.125.128...
Connected to mail.vip.zidb.
Escape character is '^]'.
+OK Dovecot ready.
user tql
+OK
pass 87654321
+OK Logged in.
list
+OK 1 messages:
1 380
.
retr 1
```

```
+OK 380 octets
Return-Path: <lxy@vip.zidb>
X-Original-To: tql
Delivered-To: tql@vip.zidb
Received: from lxy (master [192.168.125.128])
    by mail.vip.zidb (Postfix) with SMTP id 90FCB97A5B1
    for <tql>; Sat,  3 Jun 2023 02:39:05 +0800 (CST)
Message-Id: <20230602183920.90FCB97A5B1@mail.vip.zidb>
Date: Sat,  3 Jun 2023 02:39:05 +0800 (CST)
From: lxy@vip.zidb

This is a testing message.
.
quit
+OK Logging out.
Connection closed by foreign host.
```

8.3　数据库服务

8.3.1　MySQL

数据库是按照数据结构来组织、存储和管理数据的"仓库"。关系数据库是建立在关系模型（二维表格模型）基础上的数据库，它借助集合、代数等数学概念和方法来处理数据库中的数据。

MySQL 是一个关系数据库管理系统（Relational Database Management System, RDBMS），由瑞典 MySQL AB 公司开发，目前属于 Oracle 公司旗下的产品。MySQL 是最流行的关系数据库管理系统之一，在 Web 应用方面，MySQL 是较好的关系数据库管理系统应用软件。MySQL 使用的 SQL（Structure Query Language，结构查询语言）是用于访问数据库的常用标准化语言。

MySQL 采用双授权政策，分为社区版和商业版。MySQL 8.0.15 是第一个创新版本。最新的创新版本是 8.3.0，已于 2023 年 12 月 15 日发布。MySQL 第一个长期支持版本是 MySQL 8.4.0 LTS，已于 2024 年 4 月 30 日发布。

总的来说，MySQL 具有如下特点。

（1）MySQL 是开源的，其中社区版不需要支付费用。

（2）MySQL 支持大型的数据库，可以处理拥有上千万条记录的大型数据库。

（3）MySQL 使用标准的 SQL。

（4）MySQL 可以应用于多个系统，并且支持多种语言。

（5）MySQL 对目前流行的 Web 开发语言 PHP（Page Hypertext Preprocessor，页面超文本预处理器）有很好的支持。

（6）MySQL 是可以定制的，采用 GPL 协议，开发人员可以修改源码来开发自己的

MySQL。

下面讲解 MySQL 的安装与配置。

1. 删除 CentOS 7.6 已有的 MariaDB 和 MySQL

（1）删除 MariaDB。

查看系统中是否已安装 MariaDB。

```
[root@master ~]# yum list installed | grep mariadb
mariadb.x86_64                         1:5.5.56-2.el7          @anaconda
mariadb-libs.x86_64                    1:5.5.56-2.el7          @anaconda
mariadb-server.x86_64                  1:5.5.56-2.el7          @anaconda
```

由此可见，系统中已经安装了 MariaDB，执行下面的命令将其删除。

```
[root@master ~]# yum -y remove mariadb
已加载插件: fastestmirror, langpacks
……
删除:
  mariadb.x86_64 1:5.5.56-2.el7
作为依赖被删除:
  akonadi-mysql.x86_64 0:1.9.2-4.el7              mariadb-server.x86_64 1:5.5.
56-2.el7
完毕!
```

（2）删除 MySQL。

```
[root@master ~]# yum list installed | grep mysql
libdbi-dbd-mysql.x86_64                0.8.3-16.el7           @base
qt-mysql.x86_64                        1:4.8.7-2.el7          @anaconda
[root@master ~]# yum -y remove mysql
已加载插件: fastestmirror, langpacks
参数 mysql 没有匹配
不删除任何软件包
```

（3）删除相关的依赖软件包。

```
[root@master ~]# rpm -qa | grep mariadb
mariadb-libs-5.5.56-2.el7.x86_64
[root@master ~]# rpm -e --nodeps mariadb-libs-5.5.56-2.el7.x86_64
[root@master ~]# rpm -qa | grep mysql
qt-mysql-4.8.7-2.el7.x86_64
libdbi-dbd-mysql-0.8.3-16.el7.x86_64
[root@master ~]# rpm -e --nodeps qt-mysql-4.8.7-2.el7.x86_64
[root@master ~]# rpm -e --nodeps libdbi-dbd-mysql-0.8.3-16.el7.x86_64
```

（4）删除 MariaDB 和 MySQL 的相关文件夹。

```
[root@master ~]# find / -name mariadb
```

若没有名称为"mariadb"的文件夹，就不用删除。

```
[root@master ~]# find / -name mysql
/etc/selinux/targeted/active/modules/100/mysql
```

```
/usr/lib64/mysql
/usr/lib64/perl5/vendor_perl/auto/DBD/mysql
/usr/lib64/perl5/vendor_perl/DBD/mysql
```

以上列出的文件夹，都要一一删除。

```
[root@master ~]# rm -rf /etc/selinux/targeted/active/modules/100/mysql
[root@master ~]# rm -rf /usr/lib64/mysql
[root@master ~]# rm -rf /usr/lib64/perl5/vendor_perl/auto/DBD/mysql
[root@master ~]# rm -rf /usr/lib64/perl5/vendor_perl/DBD/mysql
```

（5）添加 mysql 组。

```
[root@master ~]# groupadd mysql
```

（6）创建 mysql 用户并指定 mysql 用户所在的组。

```
[root@master ~]# useradd -g mysql mysql
```

（7）给 mysql 用户添加密码。

```
[root@master ~]# passwd mysql
更改用户 mysql 的密码。
新的密码:
重新输入新的密码:
passwd: 所有的身份验证令牌已经成功更新。
```

2. 下载并添加存储库

命令如下。

```
[root@master ~]# sudo yum -y localinstall https://dev.mysql.com/get/mysql80-
community-release-el7-2.noarch.rpm
已加载插件: fastestmirror, langpacks
mysql80-community-release-el7-2.noarch.rpm         |  25 kB  00:00:00
正在检查 /var/tmp/yum-root-2d5_sD/mysql80-community-release-el7-2.noarch. rpm:
mysql80-community-release-el7-2.noarch
/var/tmp/yum-root-2d5_sD/mysql80-community-release-el7-2.noarch.rpm 将被安装
......
正在安装    : mysql80-community-release-el7-2.noarch       1/1
验证中      : mysql80-community-release-el7-2.noarch        1/1
已安装:
  mysql80-community-release.noarch 0:el7-2
完毕!
```

3. 安装 MySQL 8.0.15

使用 MySQL 8.0.15 稳定版本进行演示，先安装，命令如下。

```
[root@master ~]# sudo yum -y install mysql-community-server
已加载插件: fastestmirror, langpacks
Loading mirror speeds from cached hostfile
 * base: mirrors.huaweicloud.com
 * extras: mirrors.163.com
```

```
* updates: mirrors.aliyun.com
......
  正在安装     : mysql-community-common-8.0.15-1.el7.x86_64      1/4
  正在安装     : mysql-community-libs-8.0.15-1.el7.x86_64        2/4
  正在安装     : mysql-community-client-8.0.15-1.el7.x86_64      3/4
  正在安装     : mysql-community-server-8.0.15-1.el7.x86_64      4/4
  验证中       : mysql-community-client-8.0.15-1.el7.x86_64      1/4
  验证中       : mysql-community-libs-8.0.15-1.el7.x86_64        2/4
  验证中       : mysql-community-common-8.0.15-1.el7.x86_64      3/4
  验证中       : mysql-community-server-8.0.15-1.el7.x86_64      4/4
已安装:
  mysql-community-server.x86_64 0:8.0.15-1.el7
作为依赖被安装:
  mysql-community-client.x86_64 0:8.0.15-1.el7      mysql-community-common.x86_
64 0:8.0.15-1.el7
  mysql-community-libs.x86_64 0:8.0.15-1.el7
完毕!
```

4. 编辑 MySQL 的配置文件

在/etc/my.cnf 配置文件中更改默认的身份认证方式，命令如下。

```
[root@master ~]# vi /etc/my.cnf
```

在配置文件中添加如下内容。

```
# 使用已有的密码认证方式
default-authentication-plugin=mysql_native_password
```

5. 启动 MySQL

命令如下。

```
[root@master ~]# systemctl start mysqld.service
[root@master ~]# systemctl status mysqld.service
  mysqld.service - MySQL Server
  Loaded: loaded (/usr/lib/systemd/system/mysqld.service; enabled; vendor
preset: disabled)
  Active: active (running) since 二 2024-03-26 00:45:51 CST; 25min ago
   Docs: man:mysqld(8)
 Main PID: 6847 (mysqld)
  Status: "SERVER_OPERATING"
  CGroup: /system.slice/mysqld.service
          └─6847 /usr/sbin/mysqld
3月 26 00:45:39 master systemd[1]: Starting MySQL Server...
3月 26 00:45:51 master systemd[1]: Started MySQL Server.
```

6. 查询 root 用户的临时密码

若 MySQL 在安装或重置密码时生成了临时密码, 那么可以查找并显示它, 命令如下。

```
[root@master ~]# sudo grep 'temporary password' /var/log/mysqld.log
2024-03-25T16:45:11.975771Z 5 [Note] [MY-010454] [Server] A temporary password
is generated for root@localhost: iD12Hb-wndGa
```

7. 登录数据库并更改 root 用户的密码

出于安全考虑, 管理员应该尽快更改 MySQL 的临时密码, 命令如下。

```
[root@master ~]# mysql -u root -p
Enter password:
Welcome to the MySQL monitor.  Commands end with ; or \g.
Your MySQL connection id is 9
Server version: 8.0.15
Copyright (c) 2000, 2024, Oracle and/or its affiliates. All rights reserved.
Oracle is a registered trademark of Oracle Corporation and/or its
affiliates. Other names may be trademarks of their respective
owners.
Type 'help;' or '\h' for help. Type '\c' to clear the current input statement.
mysql> ALTER USER 'root'@'localhost' IDENTIFIED WITH mysql_native_password BY
 'LXYtql3.25';
Query OK, 0 rows affected (2.73 sec)
mysql> ALTER USER 'mysql.infoschema'@'localhost' IDENTIFIED WITH mysql_native_
password BY 'LXYtql3.25';
Query OK, 0 rows affected (2.71 sec)
mysql> ALTER USER 'mysql.session'@'localhost' IDENTIFIED WITH mysql_native_
password BY 'LXYtql3.25';
Query OK, 0 rows affected (0.11 sec)
mysql> ALTER USER 'mysql.sys'@'localhost' IDENTIFIED WITH mysql_native_password
BY 'LXYtql3.25';
Query OK, 0 rows affected (0.08 sec)
mysql> use mysql;
Reading table information for completion of table and column names
You can turn off this feature to get a quicker startup with -A
Database changed
mysql> select user,plugin,authentication_string,password_last_changed from user;
……
mysql> flush privileges;
mysql> quit;
Bye
```

至此, MySQL 安装并配置完成。

可使用如下命令重启 MySQL 服务。

```
systemctl restart mysqld.service
```

8.3.2 Redis

Redis 是一个开源的日志型键值对数据库。Redis 支持的值类型很多，包括字符串、链表、集合、有序集合和哈希值等，还支持多种类型的数据结构，并且提供了对这些数据结构的丰富操作，使得开发者可以更加灵活地处理数据。为了保证效率，数据都缓存在内存中，但 Redis 会周期性地把更新的数据写入硬盘或者把修改操作写入追加的记录文件，并且在此基础上实现主从同步。数据可以从主服务器向任意数量的从服务器同步，从服务器可以是关联其他从服务器的主服务器。

Redis 的出现，在很大程度上弥补了键值对存储的不足，在部分场合可以对关系数据库起到很好的补充作用。

Redis 提供了使用 Java、C、C++、PHP、JavaScript、Perl 等的客户端，其使用非常方便。Redis 服务端的默认端口是 6379。

下面讲解 Redis 的安装与配置。

1. 以 root 用户的身份登录系统，创建并进入/soft 目录

命令如下。

```
[root@master ~]# mkdir /soft
[root@master ~]# cd /soft/
```

2. 下载 Redis 安装包

命令如下。

```
[root@master soft]# wget -c -O redis-5.0.4.tar.gz http://download.redis.io/
releases/redis-5.0.4.tar.gz
```

3. 解压 Redis 安装包并进入其目录

命令如下。

```
[root@master soft]# tar -zxvf redis-5.0.4.tar.gz
[root@master soft]# mv redis-5.0.4 redis
[root@master soft]# cd redis
[root@master redis]# ls -l
总用量 252
-rw-rw-r--.  1 root root 99445 3月  24 00:21 00-RELEASENOTES
-rw-rw-r--.  1 root root    53 3月  24 00:21 BUGS
-rw-rw-r--.  1 root root  1894 3月  24 00:21 CONTRIBUTING
-rw-rw-r--.  1 root root  1487 3月  24 00:21 COPYING
drwxrwxr-x.  6 root root   124 3月  24 00:21 deps
-rw-rw-r--.  1 root root    11 3月  24 00:21 INSTALL
-rw-rw-r--.  1 root root   151 3月  24 00:21 Makefile
-rw-rw-r--.  1 root root  4223 3月  24 00:21 MANIFESTO
-rw-rw-r--.  1 root root 20555 3月  24 00:21 README.md
-rw-rw-r--.  1 root root 62155 3月  24 00:21 redis.conf
-rwxrwxr-x.  1 root root   275 3月  24 00:21 runtest
```

```
-rwxrwxr-x.  1 root root   280 3月  24 00:21 runtest-cluster
-rwxrwxr-x.  1 root root   281 3月  24 00:21 runtest-sentinel
-rw-rw-r--.  1 root root  9710 3月  24 00:21 sentinel.conf
drwxrwxr-x.  3 root root  4096 3月  24 00:21 src
drwxrwxr-x. 10 root root   167 3月  24 00:21 tests
drwxrwxr-x.  8 root root  4096 3月  24 00:21 utils
```

4. 编译源程序

先安装依赖软件包 gcc 再编译源程序，命令如下。

```
[root@master redis]# yum -y install gcc
……
已安装:
  gcc.x86_64 0:4.8.5-36.el7_6.1
作为依赖被安装:
  glibc-devel.x86_64 0:2.17-260.el7_6.3  glibc-headers.x86_64 0:2.17-260.el7_6.3
作为依赖被升级:
  cpp.x86_64 0:4.8.5-36.el7_6.1  glibc.x86_64 0:2.17-260.el7_6.3
  glibc-common.x86_64 0:2.17-260.el7_6.3  libgcc.x86_64 0:4.8.5-36.el7_6.1
  libgomp.x86_64 0:4.8.5-36.el7_6.1
完毕!
[root@master redis]# make MALLOC=libc
cd src && make all
make[1]: 进入目录"/soft/redis/src"
……
Hint: It's a good idea to run 'make test' ;)
make[1]: 离开目录"/soft/redis/src"
[root@master redis]# make install PREFIX=/usr/local/redis
cd src && make install
make[1]: 进入目录"/soft/redis/src"
Hint: It's a good idea to run 'make test' ;)
    INSTALL install
    INSTALL install
    INSTALL install
    INSTALL install
    INSTALL install
make[1]: 离开目录"/soft/redis/src"
```

5. 将配置文件移动到 redis 目录中

命令如下。

```
[root@master redis]# mkdir /usr/local/redis/etc/
[root@master redis]# mv redis.conf /usr/local/redis/etc/
[root@master redis]# cd /usr/local/redis/etc/
```

```
[root@master etc]# ls
redis.conf
```

6. 启动 Redis

命令如下。

```
[root@master etc]# /usr/local/redis/bin/redis-server /usr/local/redis/etc/red
is.conf
```

Redis 成功启动后的界面如图 8-5 所示。

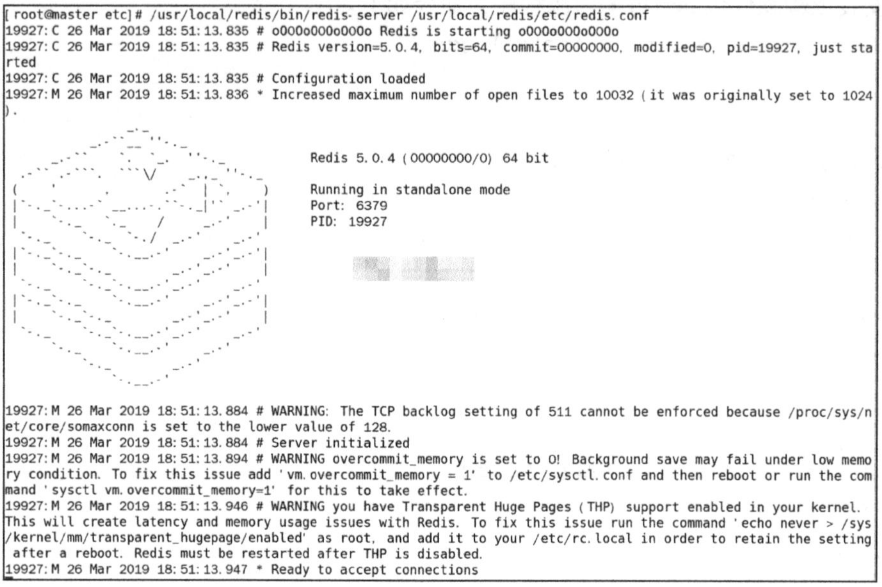

图 8-5　Redis 成功启动后的界面

7. 修改配置文件，让 Redis 在后台运行

命令如下。

```
[root@master etc]# vi /usr/local/redis/etc/redis.conf
```

编辑此配置文件，将 daemonize 的值改为 yes，保存退出即可。

```
# By default Redis does not run as a daemon. Use 'yes' if you need it.
# Note that Redis will write a pid file in ar/run/redis.pid when daemonized.
daemonize yes
```

然后重新运行程序。

```
[root@master etc]# /usr/local/redis/bin/redis-server /usr/local/redis/etc/redis.
conf
20334:C 26 Mar 2024 19:26:28.402 # oO0oo0O0oo0O0o Redis is starting oO0oo0O0oo0O0o
20334:C 26 Mar 2024 19:26:28.403 # Redis version=5.0.4, bits=64, commit=00000000,
modified=0, pid=20334, just started
20334:C 26 Mar 2024 19:26:28.403 # Configuration loaded
```

8. 连接客户端

命令如下。

```
[root@master etc]# /usr/local/redis/bin/redis-cli
127.0.0.1:6379> help
redis-cli 5.0.4
To get help about Redis commands type:
        "help @<group>" to get a list of commands in <group>
        "help <command>" for help on <command>
        "help <tab>" to get a list of possible help topics
        "quit" to exit

To set redis-cli preferences:
        ":set hints" enable online hints
        ":set nohints" disable online hints
Set your preferences in ~/.redisclirc
127.0.0.1:6379>quit
```

9. 停止运行 Redis 实例

命令如下。

```
[root@master etc]# /usr/local/redis/bin/redis-cli shutdown
[root@master etc]# pkill redis-server
```

使用上述命令之一即可。

10. 让 Redis 开机自启

命令如下。

```
[root@master etc]# vi /etc/rc.local
```

在此文件最后添加以下内容。

```
/usr/local/redis/bin/redis-server /usr/local/redis/etc/redis.conf
```

目录/usr/local/redis/bin 中有如下几个文件。

- redis-benchmark：Redis 性能测试工具。
- redis-check-aof：检查 AOF（Append Only File，追加写入的日志文件）日志的工具。
- redis-check-dump：检查 RDB（Redis Data Base，Redis 数据库）日志的工具。
- redis-cli：连接用的客户端。
- redis-server：Redis 服务进程。

Redis 的配置项如下。

- daemonize：如需要在后台运行，应把该项的值改为 yes。
- pidfile：把 PID 文件放在/var/run/redis.pid 目录中，若更改了默认的安装位置或要将 PID 文件保存在不同的位置，则可修改该项。
- bind：指定 Redis 只接收来自某 IP 地址的请求，如果不设置，Redis 将处理所有请求，在生产环境中最好设置此项。
- port：监听端口，默认为 6379。
- timeout：设置客户端连接的超时时间，单位为 s。
- loglevel：日志级别分为 4 级，即 debug、rebose、notice 和 warning。生产环境中一般

使用 notice。

- logfile：配置日志文件地址，默认使用标准输出。
- database：设置数据库的个数，默认使用的数据库个数是 0。
- save：设置 Redis 进行数据库镜像备份的频率。
- rdbcompression：在进行数据库镜像备份时，是否压缩。
- dbfilename：镜像备份文件的名称。
- dir：数据库镜像备份文件的路径。
- slaveof：设置某数据库为其他数据库的从数据库。
- masterauth：当连接主数据库需要密码验证时，用此项设定。
- requirepass：设置客户端连接后进行任何其他操作前需要使用的密码。
- maxclients：限制同时连接的客户端数量。
- maxmemory：设置 Redis 能够使用的最大内存。
- appendonly：开启 appendonly 模式后，Redis 会把每一次接收到的写操作都追加到 appendonly.aof 文件中，当 Redis 重新启动时，会通过该文件恢复之前的状态。
- appendfsync：设置 appendonly.aof 文件进行同步的频率。
- vm_enabled：是否启用虚拟内存。
- vm_swap_file：设置虚拟内存的交换文件的路径。
- vm_max_memory：设置启用虚拟内存后，Redis 可使用的最大物理内存的大小，默认为 0。
- vm_page_size：设置虚拟内存页的大小。
- vm_pages：设置交换文件的总页数量。
- vm_max_threads：设置虚拟内存 I/O 操作同时使用的线程数量。

8.4 综合服务

8.4.1 LAMP

LAMP 架构配置

LAMP 是 Linux、Apache、MySQL、PHP 的缩写，即把 Apache、MySQL、PHP 安装在 Linux 上，组成一个环境来运行 PHP 网站。这里的 Apache 特指 httpd 服务。LAMP 可以安装在一台计算机上，也可以安装在多台计算机上，但是 httpd 和 PHP 必须安装在同一台计算机上，因为 PHP 是作为 httpd 服务的一个模块存在的，它们必须在一起，才能实现效果。

LAMP 自 20 世纪 90 年代初期开始流行。LAMP 允许网页浏览器的用户在服务器上执行一个程序，既能接收静态内容，也能接收动态内容。程序开发人员使用 PHP 语言正是因为它能很容易、有效地操作文本流，甚至当文本流并非源自程序自身时也可以。正因如此，PHP 语言常被称为"胶水语言"。

米夏埃尔·孔策（Michael Kunze）在德国计算机杂志 *c't* 上发表的一篇文章中首次使用了缩略语"LAMP"，意在展示一系列的自由软件成为商业软件包的替换物。之后，O'Reilly 和 MySQL AB 公司（MySQL 创始人和主要开发人创办的公司）普及了 LAMP 这个术语。

本书中的"LAMP"，指的是以下版本的组合。

L（Linux）为 Linux 版本，本节使用 Linux 的发行版 CentOS 7.6。

A（Apache）为网页服务器，其版本为 Apache httpd 2.4.6。

M（MySQL）为数据库服务器，其版本为 MySQL 8.0.15。

P（PHP）为脚本语言，其版本为 PHP 7.3.3。

CentOS 7.6 和 MySQL 8.0.15 已经完成安装，下面讲解 Apache httpd 2.4.6 和 PHP 7.3.3 的安装。

1. Apache 的安装

Apache 是 Apache HTTP Server 的简称。它是 Apache 软件基金会旗下的一个开源的 Web 服务器软件，可以运行在几乎所有的计算机平台上，并且可以快速、可靠地通过简单的 API 将 PHP 等解释器编译到服务器中。

Apache 源于美国 NCSA（National Center for Supercomputing Applications，国家超级计算应用中心）的 httpd 服务器，经过多次修改，已成为世界上最流行的 Web 服务器软件之一。Apache 的读音取自"A Patchy Server"，意思是充满补丁的服务器，因为它是自由软件，所以不断有人来为它开发新的功能，添加新的特性，修改原来的缺陷。Apache 的突出特点是简单、速度快、性能稳定，并可作为代理服务器使用。

Apache 具有以下特点。

- Apache 支持通用网关接口。
- Apache 支持基于 IP 地址和基于域名的虚拟主机。
- Apache 支持多种方式的 HTTP 认证。
- Apache 支持 HTTP/1.1 通信协议。
- Apache 支持实时监视服务器状态和定制服务器日志。
- Apache 支持服务端包含（Server Side Includes，SSI）指令。
- Apache 支持安全套接字层（Secure Socket Layer，SSL）。
- Apache 支持 FastCGI。
- Apache 拥有简单且有力的、基于文件的配置过程。
- Apache 集成代理服务器模块。
- Apache 提供对用户会话过程的跟踪。

下面讲解 Apache 的具体安装和配置过程。

（1）安装 Apache。

```
[root@master ~]# yum -y install httpd
已加载插件: fastestmirror, langpacks
Loading mirror speeds from cached hostfile
 * base: mirrors.huaweicloud.com
 * extras: mirrors.zju.edu.cn
 * updates: centosp4.centos.org
......
已安装:
  httpd.x86_64 0:2.4.6-88.el7.centos
作为依赖被安装:
```

```
  apr.x86_64 0:1.4.8-3.el7_4.1     apr-util.x86_64 0:1.5.2-6.el7          httpd-
tools.x86_64 0:2.4.6-88.el7.centos
完毕!
```

（2）启动 Apache。

命令如下。

```
[root@master ~]# systemctl start httpd.service
```

（3）将 Apache 设为开机自启。

命令如下。

```
[root@master ~]# systemctl enable httpd.service
Created symlink from /etc/systemd/system/multi-user.target.wants/httpd.service
to /usr/lib/systemd/system/httpd.service.
[root@master ~]# systemctl status httpd.service
  httpd.service - The Apache HTTP Server
  Loaded: loaded (/usr/lib/systemd/system/httpd.service; enabled; vendor preset:
disabled)
  Active: active (running) since 三 2024-03-27 02:19:05 CST; 3min 22s ago
    Docs: man:httpd(8)
          man:apachectl(8)
 Main PID: 24711 (httpd)
  Status: "Total requests: 0; Current requests/sec: 0; Current traffic: 0 B/
sec"
  CGroup: /system.slice/httpd.service
              ├─24711 /usr/sbin/httpd -DFOREGROUND
              ├─24715 /usr/sbin/httpd -DFOREGROUND
              ├─24719 /usr/sbin/httpd -DFOREGROUND
              ├─24720 /usr/sbin/httpd -DFOREGROUND
              ├─24721 /usr/sbin/httpd -DFOREGROUND
              └─24722 /usr/sbin/httpd -DFOREGROUND
3月 27 02:19:04 master systemd[1]: Starting The Apache HTTP Server...
3月 27 02:19:05 master httpd[24711]: AH00558: httpd: Could not reliably determine
the server's fully qua...ssage
3月 27 02:19:05 master systemd[1]: Started The Apache HTTP Server.
Hint: Some lines were ellipsized, use -l to show in full.
```

（4）测试。

① 使用命令测试。

```
[root@master ~]# httpd -v
Server version: Apache/2.4.6 (CentOS)
Server built:   Nov  5 2018 01:47:09
```

② 使用浏览器测试。

打开 Firefox 浏览器，访问 Apache 默认首页。

```
http://localhost
```

出现图 8-6 所示的测试页面，说明 Apache 安装成功。

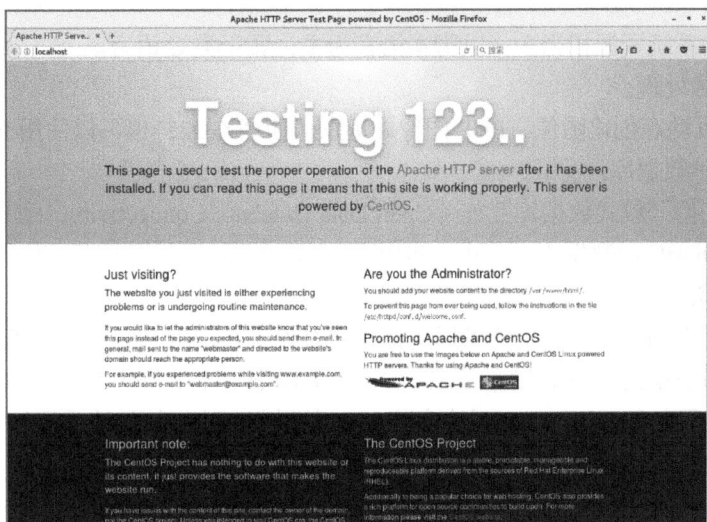

图 8-6 Apache 测试结果

2. PHP 的安装

PHP 是一种应用范围广泛的语言，特别是在网络程序开发方面。一般来说，PHP 代码在服务端执行，以产生网页供浏览器读取。PHP 也可以用来开发命令行脚本程序和 GUI 应用程序。PHP 代码可以在许多不同种类的服务器、操作系统、平台上执行，也可以和许多数据库系统结合。使用 PHP 不需要支付任何费用，其官方组织 PHP Group 提供了其完整的程序源码，供使用者修改、编译、扩充。

PHP 继承自 PHP/FI，1995 年由拉斯马斯·勒多夫（Rasmus Lerdorf）创建，用来跟踪访问他的主页信息，并且他为其取名为 "Personal Home Page Tools"。随着功能的增加，Rasmus 为其写了一个更完整的 C 语言实现版本，它不仅可以访问数据库，还可以让用户开发简单的动态 Web 程序。

从 PHP/FI 到 PHP 7，PHP 经过多次重新编写和改进，其发展十分迅速，成为当前流行的服务端 Web 程序开发语言，并且与 Linux、Apache 和 MySQL 共同组成了一个强大的 Web 应用程序开发平台 LAMP。随着开源思想的不断发展，开源的 LAMP 已经与 Java 和.NET 形成"三足鼎立"之势。

PHP 之所以应用广泛，受到大众的欢迎，是因为它具有很多突出的特点。

① 开源免费。

PHP 遵循 GNU 计划的开源协议，所有的 PHP 源码事实上都可以得到，和其他技术相比，PHP 本身就是免费的。

② 跨平台性。

由于 PHP 程序是运行在服务端的脚本，其跨平台性很好，方便移植，在 UNIX、Linux、Android 和 Windows 平台上都可以运行。

③ 快捷性。

PHP 程序开发快、运行快，其技术学习起来也快。PHP 代码可以被嵌入 HTML 代码之中，相对于其他语言，PHP 简单、实用性强，更适合初学者学习。

④ 效率高。

PHP 消耗的系统资源相当少，以脚本语言为主，属于类 C 语言。

⑤ 支持图像处理。

用 PHP 可以动态创建图像，PHP 图像处理默认使用 GD2，也可以使用 ImageMagick。

⑥ 支持多种数据库。

PHP 由于支持开放式数据库互连（Open Data Datebase Connectivity，ODBC），因此可以连接任何支持 ODBC 的数据库。其中，PHP 与 MySQL 是"最佳搭档"，使用得最多。

⑦ 面向对象

PHP 提供了类和对象，使用者可以选择面向对象方式，用 PHP 来开发大型商业程序。

PHP 的最新版本是 8.3.6，发布于 2024 年 4 月 10 日，本节使用 PHP 的 7.3.3 版本进行演示。经过测试，用命令 yum install 无法安装 PHP 的最新版本，故只能采用编译安装。下面讲解其详细的安装方法。

（1）以 root 用户的身份登录 master 并卸载已安装的 PHP。

```
[root@master ~]# yum -y remove php*
已加载插件：fastestmirror, langpacks
参数 php* 没有匹配
不删除任何软件包
```

（2）下载 PHP 7.3.3 源码压缩文件。

```
[root@master ~]# cd /soft/
[root@master soft]# wget -c -O php-7.3.3.tar.gz https://downloads.php.net/~cmb/
php-7.3.3.tar.gz
--2024-03-27 08:43:35--  https://downloads.php.net/~cmb/php-7.3.3.tar.gz
正在解析主机 downloads.php.net (downloads.php.net)... 104.236.32.144, 2604:
a880:800:10::2dd:1
正在连接 downloads.php.net (downloads.php.net)|104.236.32.144|:443... 已连接。
已发出 HTTP 请求，正在等待回应... 200 OK
长度：19421313 (19M) [application/x-gzip]
正在保存至："php-7.3.3.tar.gz"
100%[===================================================>] 19,421,313  44.7KB/
s 用时 10m 1s
2024-03-27 08:53:39 (31.6 KB/s) - 已保存 "php-7.3.3.tar.gz" [19421313/ 19421313])
```

（3）查看用户、组并解压 PHP 7.3.3 源码压缩文件。

```
[root@master soft]# cut -d : -f 1 /etc/passwd | grep apache
apache
[root@master soft]# cut -d : -f 1 /etc/group | grep apache
apache
[root@master soft]# tar -zxvf php-7.3.3.tar.gz
[root@master soft]# mv php-7.3.3 php
[root@master soft]# cd php
```

（4）安装依赖库。

```
[root@master php]# yum -y install epel-release
······
已安装:
  epel-release.noarch 0:7-11
完毕!
[root@master php]# yum -y update
······
安装   9 软件包 (+24 依赖软件包)
升级  553 软件包
总计: 648 MB
总下载量: 6.4 MB
······
完毕!
```

然后继续安装 gcc、libxml2、libxml2-devel、httpd-level 等所需的依赖软件包，安装时间较长，请耐心等候。

```
[root@master php]# yum -y install gcc
······
[root@master php]# yum -y install libxml2
[root@master php]# yum -y install libxml2-devel
······
安装   1 软件包 (+1 依赖软件包)
总下载量: 1.1 MB
安装大小: 8.9 MB
······
完毕!
[root@master php]# yum -y install httpd-devel
······
安装   1 软件包 (+4 依赖软件包)
总下载量: 1.5 MB
安装大小: 6.4 MB
······
完毕!
[root@master php]# yum -y install openssl
[root@master php]# yum -y install openssl-devel
······
安装   1 软件包 (+7 依赖软件包)
总下载量: 2.3 MB
安装大小: 4.5 MB
······
完毕!
```

```
[root@master php]# yum -y install curl-devel
......
```

安装　1　软件包
总下载量：302 kB
安装大小：623 kB

```
......
```

完毕！
```
[root@master php]# yum -y install libjpeg.x86_64 libpng.x86_64 freetype.x86_64
libjpeg-devel.x86_64 libpng-devel.x86_64 freetype-devel.x86_64
......
[root@master php]# yum -y install libjpeg-devel
......
```

安装　1　软件包
总下载量：99 kB
安装大小：314 kB

```
......
```

完毕！
```
[root@master php]# yum -y install bzip2-devel.x86_64
......
```

安装　1　软件包
总下载量：218 kB
安装大小：382 kB

```
......
```

完毕！
```
[root@master php]# yum -y install libXpm-devel
......
```

安装　1　软件包
总下载量：36 kB
安装大小：67 kB

```
......
```

完毕！
```
[root@master php]# yum -y install gmp-devel
......
```

安装　1　软件包
总下载量：181 kB
安装大小：340 kB

```
......
```

完毕！
```
[root@master php]# yum -y install icu libicu libicu-devel
......
```

安装　1　软件包
总下载量：187 kB

安装大小: 435 kB

......

完毕!

```
[root@master php]# yum -y install php-mcrypt libmcrypt libmcrypt-devel
```

......

安装　3 软件包 (+2 依赖软件包)

总下载量: 746 kB

安装大小: 4.2 MB

......

完毕!

```
[root@master php]# yum -y install postgresql-devel
```

......

安装　1 软件包 (+1 依赖软件包)

总下载量: 4.0 MB

安装大小: 20 MB

......

完毕!

```
[root@master php]# yum -y install libxslt-devel
```

......

安装　1 软件包 (+2 依赖软件包)

总下载量: 453 kB

安装大小: 2.6 MB

......

完毕!

```
[root@master php]# yum -y install valgrind valgrind-devel
```

......

安装　2 软件包

总下载量: 9.7 MB

安装大小: 37 MB

......

完毕!

　　下面着重介绍 libzip 1.5.2 依赖库的安装。libzip 有点特殊,如果用一般的 YUM 方式安装,安装的版本都过低,不能满足需求,所以只能采取编译安装。但在安装 libzip 之前需要先安装 3.0 以上的版本的 CMake,这里选择 CMake 3.10.2。

```
[root@master build]# cd /opt
[root@master opt]# wget https://cmake.org/files/v3.10/cmake-3.10.2-Linux-x86_64.tar.gz
--2024-03-27 10:53:27--  https://cmake.org/files/v3.10/cmake-3.10.2-Linux-x86_64.tar.gz
正在解析主机 cmake.org (cmake.org)... 66.194.253.19
正在连接 cmake.org (cmake.org)|66.194.253.19|:443... 已连接。
```

```
已发出 HTTP 请求，正在等待回应... 200 OK
长度: 34221307 (33M) [application/x-gzip]
正在保存至: "cmake-3.10.2-Linux-x86_64.tar.gz"
100%[===================================>] 34,221,307    535KB/s 用时 1m 48s
2024-03-27 10:55:21 (308 KB/s) - 已 保 存 "cmake-3.10.2-Linux-x86_64.tar.gz"
[34221307/34221307])
[root@master opt]# tar -zxvf cmake-3.10.2-Linux-x86_64.tar.gz
......
[root@master opt]# vi /etc/profile.d/cmake.sh
```

将以下内容加到此文件末尾。

```
export CMAKE_HOME=/opt/cmake-3.10.2-Linux-x86_64
export PATH=$PATH:$CMAKE_HOME/bin
```

执行命令，使刚才的配置生效。

```
[root@master opt]# source /etc/profile
[root@master opt]# cmake -version
cmake version 3.10.2
CMake suite maintained and supported by Kitware (kitware.com/cmake).
```

至此，CMake 3.10.2 安装完成。下面安装 libzip 1.5.2。

```
[root@master opt]# cd /soft/php/
[root@master php]# wget -c -O libzip-1.5.2.tar.gz https://libzip.org/download
/libzip-1.5.2.tar.gz
......
[root@master php]# tar -zxvf libzip-1.5.2.tar.gz
......
[root@master php]# cd libzip-1.5.2
[root@master libzip-1.5.2]# mkdir build
[root@master build]# cd build
[root@master build]# cmake ..
......
-- Build files have been written to: /soft/php/libzip-1.5.2/build
[root@master build]# make && make install
......
-- Installing: /usr/local/bin/ziptool
-- Set runtime path of "/usr/local/bin/ziptool" to ""
```

至此，依赖库 libzip 1.5.2 已经成功安装。

```
[root@master php]# cd /soft/php
```

添加搜索路径到/etc/ld.so.conf 配置文件。

```
[root@master php]# echo '/usr/local/lib64
/usr/local/lib
/usr/lib
/usr/lib64'>>/etc/ld.so.conf
```

更新配置。

```
[root@master php]# ldconfig -v
```

（5）配置编译参数。

```
[root@master php]# ./configure --prefix=/usr/local/php7 --exec-prefix=/usr/local/
php7 --bindir=/usr/local/php7/bin --sbindir=/usr/local/php7/sbin --includedir
=/usr/local/php7/include --libdir=/usr/local/php7/lib/php --mandir=/usr/local/
php7/php/man --with-config-file-path=/usr/local/php7/etc --with-mhash --with-
openssl --with-mysqli=mysqlnd --with-pdo-mysql=mysqlnd --enable-mysqlnd --with-
gd --with-iconv --with-zlib --enable-zip --enable-inline-optimization --disable-
debug --disable-rpath --enable-shared --enable-xml --enable-bcmath --enable-
shmop --enable-sysvsem --enable-mbregex --enable-mbstring --enable-ftp --enable-
pcntl --enable-sockets --with-xmlrpc --enable-soap --without-pear --with-
gettext --enable-session --with-curl --with-jpeg-dir --with-freetype-dir --
enable-opcache --enable-fpm --with-fpm-user=apache --with-fpm-group=apache --
without-gdbm --disable-fileinfo --with-apxs2=/usr/bin/apxs | tee /tmp/php7_
install.log
……
Thank you for using PHP.
config.status: creating php7.spec
config.status: creating main/build-defs.h
config.status: creating scripts/phpize
config.status: creating scripts/man1/phpize.1
config.status: creating scripts/php-config
config.status: creating scripts/man1/php-config.1
config.status: creating sapi/cli/php.1
config.status: creating sapi/fpm/php-fpm.conf
config.status: creating sapi/fpm/www.conf
config.status: creating sapi/fpm/init.d.php-fpm
config.status: creating sapi/fpm/php-fpm.service
config.status: creating sapi/fpm/php-fpm.8
config.status: creating sapi/fpm/status.html
config.status: creating sapi/phpdbg/phpdbg.1
config.status: creating sapi/cgi/php-cgi.1
config.status: creating ext/phar/phar.1
config.status: creating ext/phar/phar.phar.1
config.status: creating main/php_config.h
config.status: main/php_config.h is unchanged
config.status: executing default commands
```

（6）编译安装 PHP 7.3.3。

```
[root@master php]# make clean && make && make install
……
Build complete.
```

```
Don't forget to run 'make test'.

Installing PHP SAPI module:        apache2handler
/usr/lib64/httpd/build/instdso.sh SH_LIBTOOL='/usr/lib64/apr-1/build/libtool'
 libphp7.la
/usr/lib64/httpd/modules
/usr/lib64/apr-1/build/libtool --mode=install install libphp7.la /usr/lib64/
httpd/modules/
libtool: install: install .libs/libphp7.so /usr/lib64/httpd/modules/libphp7.so
libtool: install: install .libs/libphp7.lai /usr/lib64/httpd/modules/libphp7.la
libtool: install: warning: remember to run `libtool --finish /soft/php/libs`
chmod 755 /usr/lib64/httpd/modules/libphp7.so
[activating module `php7` in /etc/httpd/conf/httpd.conf]
Installing shared extensions:      /usr/local/php7/lib/php/extensions/no-debug-
non-zts-20180731/
Installing PHP CLI binary:         /usr/local/php7/bin/
Installing PHP CLI man page:       /usr/local/php7/php/man/man1/
Installing PHP FPM binary:         /usr/local/php7/sbin/
Installing PHP FPM defconfig:      skipping
Installing PHP FPM man page:       /usr/local/php7/php/man/man8/
Installing PHP FPM status page:    /usr/local/php7/php/php/fpm/
Installing phpdbg binary:          /usr/local/php7/bin/
Installing phpdbg man page:        /usr/local/php7/php/man/man1/
Installing PHP CGI binary:         /usr/local/php7/bin/
Installing PHP CGI man page:       /usr/local/php7/php/man/man1/
Installing build environment:      /usr/local/php7/lib/php/build/
Installing header files:           /usr/local/php7/include/php/
Installing helper programs:        /usr/local/php7/bin/
  program: phpize
  program: php-config
Installing man pages:              /usr/local/php7/php/man/man1/
  page: phpize.1
  page: php-config.1
/soft/php/build/shtool install -c ext/phar/phar.phar /usr/local/php7/bin
ln -s -f phar.phar /usr/local/php7/bin/phar
Installing PDO headers:            /usr/local/php7/include/php/ext/pdo/
```

安装时间较长，请读者耐心等待。

（7）执行 make test 命令进行测试。

```
[root@master php]# make test
......
```

（8）查看编译成功后的 PHP 7.3.3 的安装目录。

```
[root@master php]# ls -lrt /usr/local/php7/lib/php/extensions/no-debug-non-
```

zts-20180731/

总用量 3092

```
-rwxr-xr-x. 1 root root  654688 3月  27 11:58 mysqli.so
-rwxr-xr-x. 1 root root  230776 3月  27 11:58 pdo_mysql.so
-rwxr-xr-x. 1 root root 2275496 3月  27 14:06 opcache.so
```

（9）配置 PHP 7.3.3。

设置 PHP 7.3.3 的配置文件 php.ini、php-fpm.conf、www.conf 和 php-fpm。

① 使用编译后未经优化处理的配置。

```
[root@master php]# cp php.ini-production /usr/local/php7/etc/php.ini
[root@master php]# cp ./sapi/fpm/init.d.php-fpm /etc/init.d/php-fpm
[root@master php]# cp /usr/local/php7/etc/php-fpm.conf.default /usr/local/php7/etc/php-fpm.conf
[root@master php]# cp /usr/local/php7/etc/php-fpm.d/www.conf.default /usr/local/php7/etc/php-fpm.d/www.conf
```

② 配置 php.ini。

```
[root@master php]# vi /usr/local/php7/etc/php.ini
```

该文件内容按照以下内容进行修改或添加。

```
extension_dir ="/usr/local/php7/lib/php/extensions/no-debug-non-zts-20180731/";
extension=/usr/local/php7/lib/php/extensions/no-debug-non-zts-20180731/mysqli.so;
extension=/usr/local/php7/lib/php/extensions/no-debug-non-zts-20180731/pdo_mysql.so
sys_temp_dir = "/var/lib/php/session/"
session.save_path = "/var/lib/php/session/"
sys_temp_dir = "/var/lib/php/session/"
pcre.jit=0
mysqli.default_socket = "/var/run/mysqld/mysql.sock"
pdo_mysql.default_socket="/var/run/mysqld/mysql.sock"
```

③ 添加 PHP 的环境变量。

```
[root@master php]# echo -e '\nexport PATH=/usr/local/php7/bin:/usr/local/php7/sbin:$PATH\n' >> /etc/profile && source /etc/profile
```

④ 设置 PHP 日志目录和 php-fpm 配置文件（php-fpm.sock）目录。

```
[root@master php]# groupadd -r apache && useradd -r -g apache -s /bin/false -M apache
groupadd: "apache"组已存在
[root@master php]# mkdir -p /var/log/php-fpm/ && mkdir -p /var/run/php-fpm && cd /var/run/ && chown -R apache:apache php-fpm
```

⑤ 修改 session 的目录配置。

```
[root@master run]# mkdir -p /var/lib/php/session
[root@master run]# chown -R apache:apache /var/lib/php
```

⑥ 设置 PHP 开机自启。

```
[root@master run]# chmod +x /etc/init.d/php-fpm
```

```
[root@master run]# chkconfig --add php-fpm
[root@master run]# chkconfig php-fpm on
```

⑦ 测试 PHP 的配置文件是否正确。

```
[root@master run]# php-fpm -t
[27-Mar-2024 12:16:17] NOTICE: configuration file /usr/local/php7/etc/php-fpm
.conf test is successful
```

（10）启动 PHP 7.3.3。

① 启动 PHP 7.3.3 服务。

```
[root@master run]# service php-fpm start
Starting php-fpm   done
```

② 通过命令查看 PHP 7.3.3 是否启动成功。

```
[root@master run]# ps -aux|grep php
root      121183  0.0  0.2 112972   4316 ?          Ss   12:17   0:00 php-fpm:
master process (/usr/local/php7/etc/php-fpm.conf)
apache    121184  0.0  0.2 115056   4212 ?          S    12:17   0:00 php-fpm:
pool www
apache    121185  0.0  0.2 115056   4208 ?          S    12:17   0:00 php-fpm:
pool www
root      121210  0.0  0.0 112728    992 pts/0      R+   12:18   0:00 grep --
color=auto php
[root@master run]# php -version
PHP 7.3.3 (cli) (built: Mar 27 2024 11:56:41) ( NTS )
Copyright (c)The PHP Group
Zend Engine v3.3.3, Copyright (c) Zend Technologies
```

（11）配置 Apache。

① 编辑配置文件。

```
[root@master run]# vi /etc/httpd/conf/httpd.conf
```

修改该文件的以下值。

在 LoadModule 下面添加以下内容。

```
LoadModule php7_module /usr/lib64/httpd/modules/libphp7.so
```

添加对 .php 扩展名的处理。

```
AddType application/x-httpd-php .php
```

添加默认首页 index.php。

```
DirectoryIndex index.php index.html
```

② 在 Apache 根目录下建立默认首页 index.php。

```
[root@master run]# vi /var/www/html/index.php
```

在此文件添加以下内容。

```
<?php
phpinfo();
?>
```

③ 重新启动 Apache。

```
[root@master run]# systemctl restart httpd
```

④ 访问默认首页 index.php，如图 8-7 所示。

```
http://localhost/
```

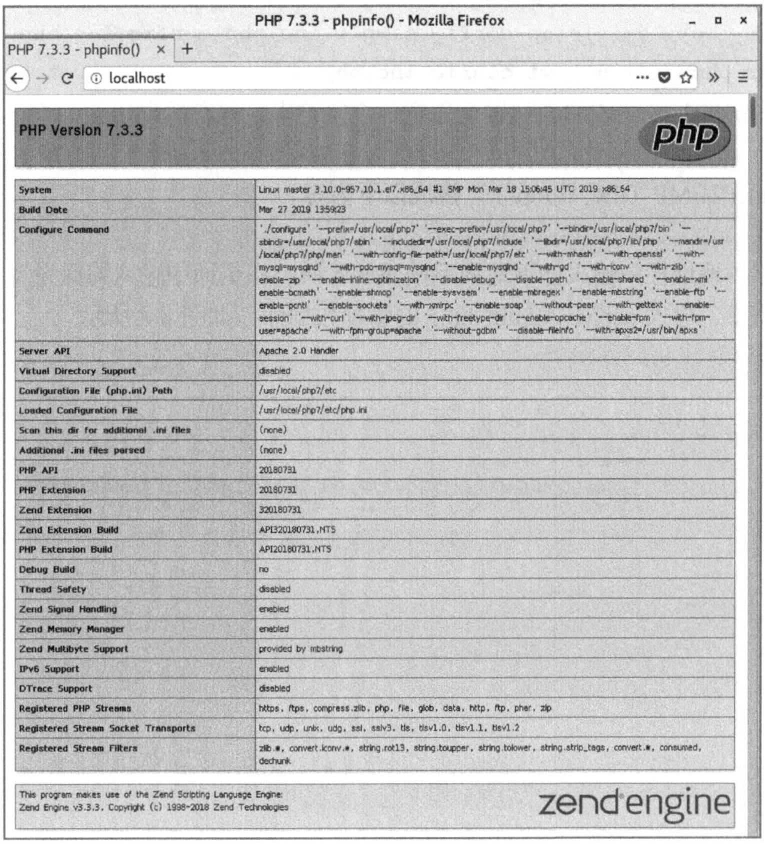

图 8-7　默认首页 index.php

⑤ 下载并安装 PHP 管理工具 phpMyAdmin 4.8.5。

```
[root@master ~]# cd /var/www/html/
[root@master html]# wget -c -O phpMyAdmin-4.8.5-all-languages.zip https://files.
phpmyadmin.net/phpMyAdmin/4.8.5/phpMyAdmin-4.8.5-all-languages.zip
--2024-03-27 12:48:04--  https://files.phpmyadmin.net/phpMyAdmin/4.8.5/phpMyAdmin-
4.8.5-all-languages.zip
正在解析主机 files.phpmyadmin.net (files.phpmyadmin.net)... 185.180.13.210
正在连接 files.phpmyadmin.net (files.phpmyadmin.net)|185.180.13.210|:443... 已
连接。
已发出 HTTP 请求，正在等待回应... 200 OK
长度: 10794370 (10M) [application/zip]
正在保存至: "phpMyAdmin-4.8.5-all-languages.zip"
100%[=====================================================>] 10,794,370 376KB/s
用时 36s
```

```
2024-03-27 12:48:43 (292 KB/s) - 已保存 "phpMyAdmin-4.8.5-all-languages.zip"
[10794370/10794370])
[root@master html]# unzip phpMyAdmin-4.8.5-all-languages.zip
[root@master html]# mv phpMyAdmin-4.8.5-all-languages phpMyAdmin
[root@master html]# cd phpMyAdmin
[root@master phpMyAdmin]# cp config.sample.inc.php config.inc.php
[root@master phpMyAdmin]# vi config.inc.php
```

将$cfg['blowfish_secret']的值设置为任意一个字符串，保存后退出。

```
[root@master phpMyAdmin]# vi libraries/vendor_config.php
```

将 "define('TEMP_DIR', './tmp/');" 换成以下内容。

```
define('TEMP_DIR', '/var/lib/php/tmp/');
```

在浏览器的地址栏中输入如下地址后按 Enter 键，在页面中输入前面设置的用户名与密码，进入数据库，导入 phpMyAdmin 4.8.5 的管理数据库，如图 8-8 所示。

```
http://localhost/phpMyAdmin/
```

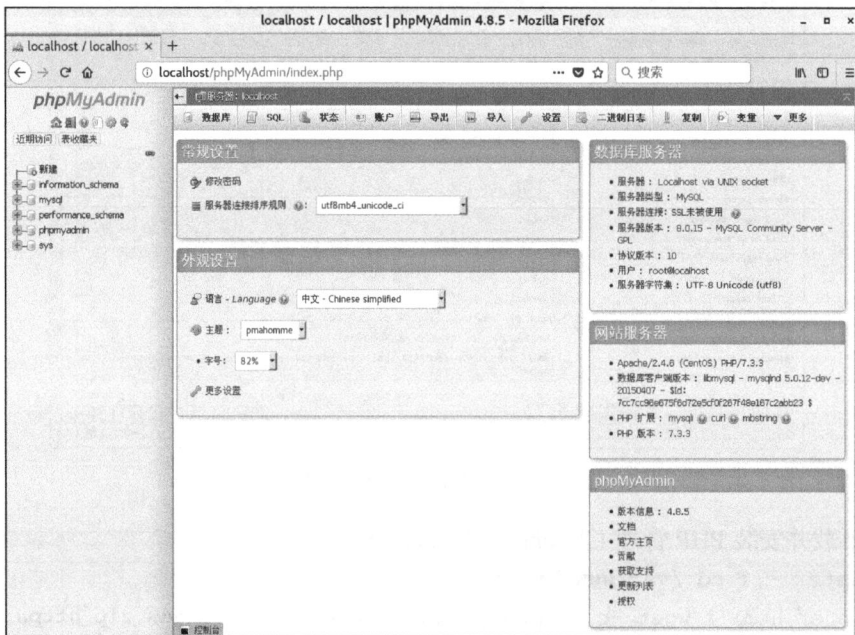

图 8-8　导入 phpMyAdmin 4.8.5 的管理数据库

至此，PHP 7.3.3 安装成功，开发平台 LAMP 也安装成功。

8.4.2　Docker

Docker 是一个开源的应用容器引擎，可以让开发者将它们的应用以及依赖软件包打包到一个可移植的容器中，然后发布到任何流行的 Linux 或 Windows 上，也可以实现虚拟化。容器完全使用沙箱机制，相互之间不会有任何接口。

一个完整的 Docker 有以下几个部分。

（1）DockerClient 客户端。

（2）Docker Daemon 守护进程。

（3）Docker Image 镜像。

（4）Docker Container 容器。

Docker 的主要目标是 "Build, Ship and Run Any App, Anywhere"（随时随地构建、交付和运行任何应用程序），即通过对应用组件的封装（Packaging）、分发（Distribution）、部署（Deployment）、运行（Runtime）等生命周期进行管理，达到应用组件级别的 "一次封装，到处运行"。这里的应用组件既可以是 Web 应用，也可以是数据库服务，甚至可以是操作系统或编译器。

Docker 基于 Linux 多项开源技术提供了高效、敏捷和轻量级的容器方案，并且支持在多种主流云平台 PaaS（Platform as a Service，平台即服务，它提供计算平台与解决方案，作为服务提供给开发人员）和本地系统上部署。它为应用的开发和部署提供了一站式解决方案。

Docker 通常用于如下场景。

（1）Web 应用的自动化打包和发布。

（2）自动化测试和持续集成、发布。

（3）在服务型环境中部署和调整数据库或其他的后台应用。

（4）从头编译或扩展现有的 OpenShift 或 Cloud Foundry 平台来搭建自己的 PaaS 环境。

Docker 从 17.03 版本之后分为 CE(Community Edition, 社区版)和 EE(Enterprise Edition, 企业版)。相对于社区版，企业版更强调安全性，但需付费使用。这里我们使用社区版。

Docker 支持 64 位版本的 CentOS 7 和 CentOS 8 及更高版本，要求 Linux 内核版本不低于 3.10。

查看 Linux 内核版本的命令有如下 3 种。

（1）cat /proc/version。

```
[root@master ~]# cat /proc/version
Linux version 3.10.0-957.10.1.el7.x86_64 (mockbuild@kbuilder.bsys.centos.org)
(gcc version 4.8.5 20150623 (Red Hat 4.8.5-36) (GCC) ) #1 SMP Mon Mar 18 15:06:45
UTC 2024
```

（2）uname –srm。

```
[root@master ~]# uname -srm
Linux 3.10.0-957.10.1.el7.x86_64 x86_64
```

（3）hostnamectl |grep -i kernel。

```
[root@master ~]# hostnamectl |grep -i kernel
          Kernel: Linux 3.10.0-957.10.1.el7.x86_64
```

可以看到，当前 Linux 内核版本满足 Docker 的安装要求。

Docker 的安装和配置步骤如下。

（1）进入目录/etc/yum.repos.d/，备份原有的源，再下载阿里云 YUM 源并重建元数据缓存。

```
[root@master ~]# cd /etc/yum.repos.d/
[root@master yum.repos.d]# ll
...
[root@master yum.repos.d]# mv CentOS-Base.repo CentOS-Base.repo.bak
...
```

```
[root@master yum.repos.d]# wget http://mirrors.aliyun.com/repo/Centos-7.repo
[root@master yum.repos.d]# wget http://mirrors.aliyun.com/repo/epel-7.repo
[root@master yum.repos.d]# wget http://mirrors.aliyun.com/docker-ce/linux/
centos/docker-ce.repo
[root@master yum.repos.d]# cd
[root@master ~]# yum clean all
已加载插件: fastestmirror, langpacks
正在清理软件源: base docker-ce-stable extras updates
Cleaning up list of fastest mirrors
Other repos take up 52 M of disk space (use --verbose for details)
[root@master ~]# yum makecache
已加载插件: fastestmirror, langpacks
...
元数据缓存已建立
```

EPEL（Extra Packages for Enterprise Linux，企业级 Linux 的额外软件包）由 Fedora 社区打造，为 RHEL 及其衍生发行版，如 CentOS、Scientific Linux 等提供高质量软件包，相当于一个第三方源。为什么需要 EPEL 呢？因为 CentOS 官方源包含的大多数的库都是比较旧的，并且很多流行的库也未包含。

（2）安装 Docker Engine-Community 和 containerd。

```
[root@master ~]# sudo yum install -y docker-ce docker-ce-cli containerd.io
已加载插件: fastestmirror, langpacks
Loading mirror speeds from cached hostfile
 * base: ██████████████
 * extras: ██████████████
 * updates: ██████████████
正在解决依赖关系
...
安装  3 软件包 (+7 依赖软件包)

总下载量: 105 MB
安装大小: 372 MB
...
已安装:
  containerd.io.x86_64 0:1.6.21-3.1.el7
  docker-ce.x86_64 3:24.0.2-1.el7
  docker-ce-cli.x86_64 1:24.0.2-1.el7

作为依赖被安装:
  container-selinux.noarch 2:2.119.2-1.911c772.el7_8
  docker-buildx-plugin.x86_64 0:0.10.5-1.el7
  docker-ce-rootless-extras.x86_64 0:24.0.2-1.el7
  docker-compose-plugin.x86_64 0:2.18.1-1.el7
```

```
 fuse-overlayfs.x86_64 0:0.7.2-6.el7_8
 fuse3-libs.x86_64 0:3.6.1-4.el7
 slirp4netns.x86_64 0:0.4.3-4.el7_8
```

完毕!

（3）启动 Docker，通过运行 hello-world 镜像来验证其是否成功安装和启动。

```
[root@master ~]# sudo systemctl start docker
[root@master ~]# sudo docker pull hello-world
Using default tag: latest
latest: Pulling from library/hello-world
719385e32844: Pull complete
Digest: sha256:fc6cf906cbfa013e80938cdf0bb199fbdbb86d6e3e013783e5a766f50f5dbce0
Status: Downloaded newer image for hello-world:latest
docker.io/library/hello-world:latest
[root@master ~]# sudo docker run hello-world
Hello from Docker!
This message shows that your installation appears to be working correctly.

To generate this message, Docker took the following steps:
1. The Docker client contacted the Docker daemon.
2. The Docker daemon pulled the "hello-world" image from the Docker Hub.
   (amd64)
3. The Docker daemon created a new container from that image which runs the
   executable that produces the output you are currently reading.
4. The Docker daemon streamed that output to the Docker client, which sent it
   to your terminal.

To try something more ambitious, you can run an Ubuntu container with:
 $ docker run -it ubuntu bash

Share images, automate workflows, and more with a free Docker ID:


For more examples and ideas, visit:
```

看到 "Hello from Docker!" 这样的信息，则表示 Docker 安装和启动成功。

除了启动 Docker 的命令外，还有一些其他相关的启动命令。

重启守护进程。

```
systemctl daemon-reload
```

重启 Docker 服务。

```
systemctl restart docker
```

（4）删除 Docker。

删除安装包。

```
yum remove docker-ce
```

删除镜像、容器、配置文件等。

```
rm -rf /var/lib/docker
```

（5）Docker 的常见操作命令。

搜索仓库镜像。

```
docker search 镜像名
```

拉取镜像。

```
docker pull 镜像名
```

查看正在运行的容器。

```
docker ps
```

查看所有容器。

```
docker ps -a
```

删除容器。

```
docker rm container_id
```

查看镜像。

```
docker images
```

删除镜像。

```
docker rmi image_id
```

启动（停止的）容器。

```
docker start 容器ID
```

停止容器。

```
docker stop  容器ID
```

重启容器。

```
docker restart 容器ID
```

启动（新）容器。

```
docker run -it ubuntu /bin/bash
```

进入容器。

```
docker attach 容器ID
docker exec -it 容器ID /bin/bash
```

推荐使用后者。

更多命令可以通过 docker help 命令来查看。

8.5 习题

一、填空题

1. NFS（Network File System，_____）可以通过网络，让不同的计算机、不同的操作系统彼此共享文件。

2. _____是非常安全的 FTP 服务进程，也是 Linux 发行版中主流的、完全免费的、开源的 FTP 服务器程序。

3. Samba 可以用于＿＿＿＿＿＿＿＿系统之间直接的文件共享和打印共享。

4. ＿＿＿＿＿＿＿＿的主要作用是在大型局域网环境中集中管理和分配 IP 地址，使网络中的各个主机能动态地获得 IP 地址、网关地址、域名服务器地址等信息，并提高地址的使用率。

5. ＿＿＿＿＿＿＿＿是互联网的核心应用服务，可以通过 IP 地址查询域名，也可以通过域名查询 IP 地址。

6. ＿＿＿＿＿＿＿＿是指一种由寄件人将数字信息发送给一个人或多个人的信息交换方式，也是互联网中应用最广泛的服务之一。

7. 在 Web 应用方面，＿＿＿＿＿＿＿＿是较好的关系数据库管理系统应用软件，使用的 SQL 是用于访问数据库的常用标准化语言。

8. Redis 是一个开源的＿＿＿＿＿＿＿＿，支持存储的值类型很多，包括字符串、链表、集合、有序集合和哈希值等，也支持各种不同方式的排序。

9. LAMP 是＿＿＿＿＿＿＿＿的缩写。

10. Docker 是一个开源的＿＿＿＿＿＿＿＿，可以让开发者将它们的应用以及依赖软件包打包到一个可移植的容器中，然后发布到任何流行的 Linux 或 Windows 上，也可以实现虚拟化。容器完全使用沙箱机制，相互之间不会有任何接口。

二、操作题

1. 某公司有 5 个部门：人事行政部、财务部、技术支持部、项目部、客服部。各部门的文件夹只允许本部门员工访问；各部门之间交流用的文件放在公用文件夹中。每个部门都有一个用于管理本部门文件夹的管理员账号和一个只能新建和查看文件的普通用户账号。公用文件夹包含存放各部门共享文件的文件夹和存放工具的文件夹。对于各部门自己的文件夹，各部门管理员具有完全控制权限，各部门普通用户只能在对应文件夹下新建文件及文件夹，并且对于自己新建的文件及文件夹有完全控制权限，对于管理员新建及上传的文件和文件夹只能访问，不能更改和删除；非本部门用户不能访问本部门文件夹。对于公用文件夹中的各部门共享文件夹，各部门管理员具有完全控制权限，各部门普通用户可以在对应文件夹下新建文件及文件夹，并且对于自己新建的文件及文件夹有完全控制权限，对于管理员新建及上传的文件和文件夹只能访问，不能更改和删除；本部门用户（包括管理员和普通用户）在访问其他部门的共享文件夹时，只能查看，不能修改、删除、新建。对于公用文件夹中存放工具的文件夹，只有管理员有完全控制权限，普通用户只能访问。根据该公司需求，现做出如下规划。

（1）在进行系统分区时单独分一个 Company 区，在该区下设置以下几个文件夹：HR、FM、TS、PRO、CS 和 Share。在 Share 文件夹下设置以下几个文件夹：HR、FM、TS、PRO、CS 和 Tools。

（2）各部门对应的文件夹由各部门自己管理，Tools 文件夹由管理员维护。

（3）账号设置。

HR 管理员账号：hradmin。HR 普通用户账号：hruser。

FM 管理员账号：fmadmin。FM 普通用户账号：fmuser。

TS 管理员账号：tsadmin。TS 普通用户账号：tsuser。

PRO 管理员账号：proadmin。PRO 普通用户账号：prouser。

CS 管理员账号：csadmin。CS 普通用户账号：csuser。

Tools 管理员账号：admin。

现在已经架设 Samba 服务器，请上机操作完成如下任务。

（1）使用 useradd 命令新建符合上述规划的系统账户。

示例代码如下。

```
useradd -s /sbin/nologin hradmin
useradd -g hradmin -s /sbin/nologin hruser
```

（2）使用 smbpasswd –a 建立与上述系统账户对应的 SMB 账户。

示例代码如下。

```
smbpasswd -a hradmin
```

（3）在系统分区上新建符合上述规划的文件夹。

（4）使用 chown 命令更改上述规划文件夹的属主和属组。

示例代码如下。

```
chown hradmin.hradmin /Company/HR
chown hradmin.hradmin /Company/Share/HR
```

（5）使用 chmod 命令更改用户访问上述规划文件夹的权限。

示例代码如下。

```
chmod 1770 /Company/HR
chmod -R 0775 /Company/Share
chmod 1775 /Company/Share/HR
```

（6）根据上述规划，修改 Samba 的主配置文件 smb.conf。

提示：针对某个文件夹，可以进行如下设置。

```
[HR]
comment = HR专用目录
path = /Company/HR/
public = no
admin users = hradmin
valid users = @hradmin
writable = yes
create mask = 0750
directory mask = 0750
```

2. 在 MySQL 官网下载最新版本的 RPM 包，在自己的计算机上离线安装 MySQL 8.0.15。

3. 在自己的计算机上安装 Apache 2.4.6。

4. 在自己的计算机上安装 PHP 7.3.3，同时安装 phpMyAdmin 4.8.5。

5. 在自己的计算机上安装 Docker。

第 9 章 常用集群配置

本章导读

集群是将多台单独存在的服务器，通过技术集合构成一个工作组、一台大型的服务器。简而言之，集群就是将多台服务器组合成一台服务器使用。这些服务器之间可以彼此通信，协同向用户提供应用程序、系统资源和数据，并以单一系统的模式加以管理。当用户使用集群时，集群对于用户来说就像一个独立的服务器，而实际上用户使用的是一组集群服务器。

知识目标

- 理解 LVS 的工作原理、负载均衡技术及调度算法。
- 了解 HAProxy 的工作原理。
- 了解 Keepalived 的工作原理。
- 了解 MySQL Replication。

能力目标

- 能够完成 LVS 集群的搭建。
- 能够完成 HAProxy 的配置。
- 能够完成 Keepalived 的配置。
- 能够完成 MySQL Replication 主从模式的配置。

素质目标

具有遵守法律或约定俗成的社会规则的意识。

本章知识导图

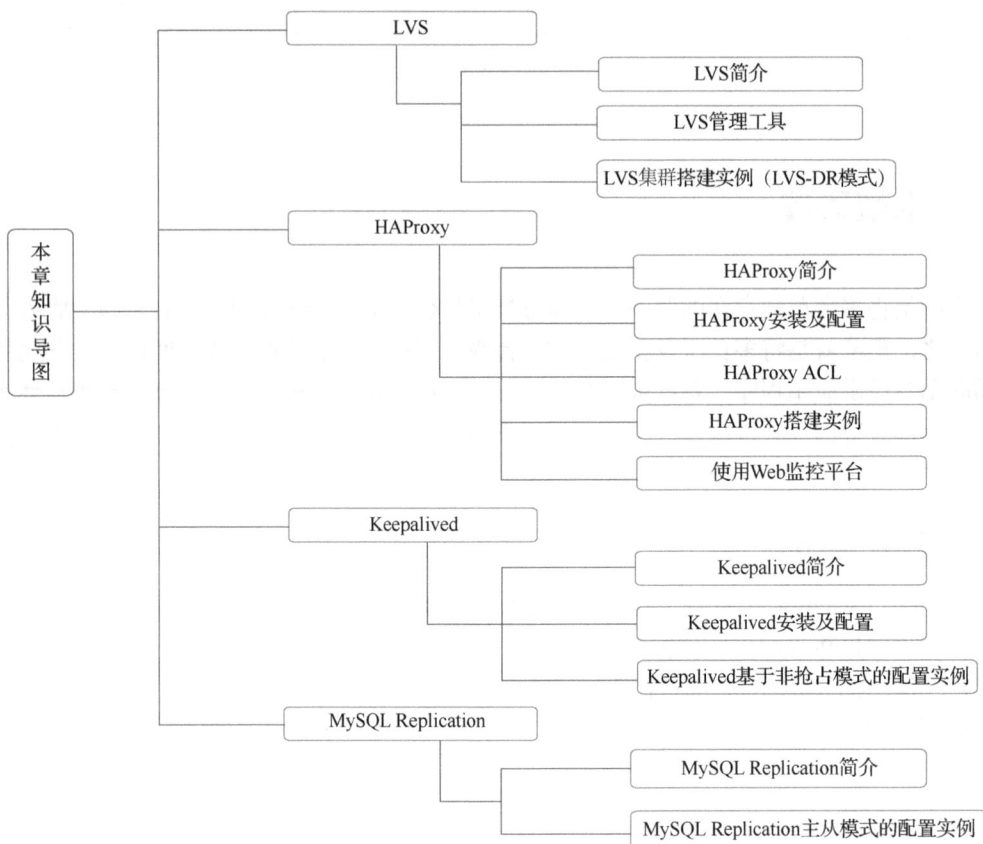

```
本章知识导图
├─ LVS
│   ├─ LVS简介
│   ├─ LVS管理工具
│   └─ LVS集群搭建实例（LVS-DR模式）
├─ HAProxy
│   ├─ HAProxy简介
│   ├─ HAProxy安装及配置
│   ├─ HAProxy ACL
│   ├─ HAProxy搭建实例
│   └─ 使用Web监控平台
├─ Keepalived
│   ├─ Keepalived简介
│   ├─ Keepalived安装及配置
│   └─ Keepalived基于非抢占模式的配置实例
└─ MySQL Replication
    ├─ MySQL Replication简介
    └─ MySQL Replication主从模式的配置实例
```

9.1 LVS

9.1.1 LVS 简介

Linux 虚拟服务器（Linux Virtual Server，LVS）是虚拟的服务器集群系统，是章文嵩博士在 1998 年 5 月成立的开源项目，也是国内最早出现的自由软件项目之一，目前属于 Linux 标准内核的一部分。

LVS 的核心作用是通过负载均衡技术将客户端的请求分发到不同的服务器上进行处理，从而提高整体的服务能力和资源的利用效率。其工作原理是 VS（Virtual Server，虚拟服务器）根据请求报文的目标 IP 和目标协议以端口的方式将其调度转发至某 RS（Real Server，真实服务器），根据调度算法来挑选合适的 RS，把单台服务器无法承受的大规模的并发访问或数据流量分摊到多台服务器上分别处理，减少用户等待响应的时间，提升用户体验。

LVS 配置

如图 9-1 所示，LVS 提供了包含 3 种 IP 负载均衡技术的 IP 虚拟服务器（IP Virtual Server，IPVS）、基于内容请求分发的内核 TCP 虚拟服务器（Kernel TCP Virtual Server，KTCPVS）、

集群管理软件（Cluster Management）、通用网络服务（General Network Services）以及支持庞大用户数的电子商务应用（E-Commerce）。

图 9-1　LVS

LVS 的主要特点如下。

- LVS 中的 IPVS 的内部实现采用了高效的哈希函数和垃圾回收机制，能正确处理与所调度报文相关的 ICMP 消息。
- LVS 对虚拟服务数量无限制且支持持久的虚拟服务（如 HTTP Cookie），并提供较为详细的统计数据。
- LVS 的应用范围较广。后端真实服务器可运行任何支持 TCP/IP 的操作系统；负载调度器（Load Balancer）能支持绝大多数的 TCP 和 UDP，无须对客户端和服务器做任何修改。
- LVS 具有良好的伸缩性，可支持百万级的并发连接。若使用百兆网卡，可采用 VS/TUN（Virtual Server via IP Tunneling，IP 隧道实现虚拟服务器）或 VS/DR（Virtual Server via Direct Routing，直接路由实现虚拟服务器）模式，集群系统的吞吐量可高达 1Gbit/s；若使用千兆网卡，集群系统的最大吞吐量可接近 10Gbit/s。
- LVS 可靠、稳定、抗负载能力强。LVS 仅分发请求，自身不会产生流量且流量不会由它传输出去，其对内存和 CPU 资源的消耗比较低。LVS 具备完整的双机热备方案及防卫策略，保证其能稳定工作。
- LVS 配置简单易懂，大大减少人为出错的概率。
- LVS 不支持正则表达式，无法实现动静分离。

LVS 主要由两个部分组成。

- IPVS：为 LVS 提供服务的内核模块，工作于内核空间，主要用于使用户定义的策略生效。
- ipvsadm：用于管理集群服务的命令行工具，工作于用户空间，主要用于定义用户和管理集群服务等。

LVS 集群采用 3 层结构。

- 负载调度器：整个集群对外的前端机和整个集群的唯一入口，负责将客户端的请求分发到后端的一组真实服务器上执行，而客户端则认为服务来自同一个 IP 地址（虚拟 IP 地址）服务器。
- 服务器池：一组真正执行客户端请求的服务器（真实服务器），执行的服务有 Web、

Mail、FTP 和 DNS 等。

- 共享存储：为服务器池提供共享的存储区，使服务器池能较容易地拥有相同的内容，便于提供相同的服务。

IP 负载均衡技术在负载调度器实现技术中的效率是最高的。LVS 实现的 IP 负载均衡技术主要分为 3 种。

（1）通过 NAT（Network Address Translation，网络地址转换）实现虚拟服务器。

- 在客户端发起请求时,调度器根据预先设定好的调度算法从一组真实服务器中选出一台服务器。
- 调度器将请求报文中的目标地址及端口重写为选定的服务器地址和端口,并将请求分发给选定的服务器。
- 调度器在连接哈希表中记录这个报文请求连接，方便下一个报文处理。
- 真实服务器的响应报文通过调度器时，调度器将报文的源地址和端口修改为虚拟 IP（Virtual IP，VIP）地址和相应的端口，再发回给客户端。

（2）通过 IP 隧道实现虚拟服务器。

- 在客户端发起请求时，调度器从一组真实服务器中动态地选择一台服务器。
- 调度器在原报文的基础上封装一层，然后将数据包转发到选定的服务器。
- 真实服务器的响应报文直接返回给客户端。

（3）通过直接路由实现虚拟服务器。

- 在客户端发起请求时,调度器从一组真实服务器中动态地选择一台服务器（调度器与真实服务器必须在同一个内网中）。
- 调度器不修改报文也不封装报文，而是直接将数据帧的 MAC 地址改为选定的真实服务器的 MAC 地址，再将修改后的数据帧分发给选定的服务器。
- 真实服务器的响应报文直接返回给客户端。

针对不同的网络服务需求和服务器配置，IPVS 实现了 10 种调度算法，它们主要分为静态算法和动态算法。

（1）静态算法：仅依据算法本身进行调度，不考虑后端真实服务器的负载情况。

① RR（Round Robin，轮询）。将请求轮流分配给后端真实服务器，计数器从 1 开始，直到 n（真实服务器的个数），然后重新开始循环。计数器均等地对待每一个后端真实服务器，并不关注每个真实服务器实际的连接数及负载情况等。

② WRR（Weighted Round Robin，加权轮询）。根据每个真实服务器分配的一个权重值（表示处理能力的整数值，权重值越大，权重越高），为权重高的真实服务器分配更多的连接。在加权轮询的实现中，在修改虚拟服务器的规则之后，将根据服务器权重生成调度序列。

③ SH（Source Hashing，源地址哈希）。根据请求的源 IP 地址，将其作为哈希键（Hash Key）从静态分配的哈希表中找出对应的服务器，若该服务器是可用的且未超载，则将请求发送到该服务器处理，否则返回空。

④ DH（Destination Hashing，目标地址哈希）。根据请求的目标 IP 地址，将其作为哈希键从静态分配的哈希表中找出对应的服务器，若该服务器是可用的且未超载，则将请求发送到该服务器处理，否则返回空。

（2）动态算法：依据算法及后端的各个真实服务器的负载情况进行调度。

① LC（Least-Connection，最少连接）。动态地计算每个真实服务器的实时连接数，以此为依据将访问请求分配到当前连接数最少的真实服务器处理。

② WLC（Weighted Least-Connection，加权最少连接）。为每个真实服务器分配一个权重值，权重值更高的服务器在任何时候都会获得更大比例的实时连接。

③ LBLC（Locality-Based Least-Connection，基于局部性的最少连接）。它针对目标 IP 地址进行负载平衡，通常用于缓存集群。根据请求的目标 IP 地址找到最近使用的后端服务器，若该服务器是可用的且未超载，则将请求发送到该服务器上；若该服务器不存在或超载，同时有其他真实服务器可用且未超载，则使用"最少连接"原则选出一个可用的服务器，将请求分配给该服务器。该算法需要维护一个目标 IP 地址到一台真实服务器的映射。

④ LBLCR（Locality-Based Least-Connection with Replication，带复制的基于局部性的最少连接）。它针对目标 IP 地址进行负载均衡。根据请求的目标 IP 地址找出对应的真实服务器组，按"最少连接"原则从真实服务器组中选出一台服务器，若该服务器未超载，则将请求发送到该服务器上；若该服务器超载，同样使用"最少连接"原则，从其他真实服务器（不在原有的真实服务器组中）中选出一台服务器。将选出的服务器加入该真实服务器组中，并将请求分配给新选出的服务器。如果该真实服务器组在指定的时间内未被修改，则从中将负载最高的服务器移除，以降低负载。该算法需要维护一个目标 IP 地址到一组真实服务器的映射。

⑤ SED（Shortest Expected Delay，最小期望延迟）。以最小的期望延迟为依据将请求分配给真实服务器。如果将请求发送到第 i 台服务器上，作业将经历的期望延迟为$(C_i + 1) / U_i$，其中，C_i 是第 i 台服务器上的连接数，U_i 是第 i 台服务器的固定服务速率（权重）。

⑥ NQ（Never Queue，永不排队）。它是 SED 算法的改进，采用双速模型。当有空闲的真实服务器可用时，请求将被分配给空闲的真实服务器，而不用等待。当没有空闲的真实服务器可用时，请求将被分配给以 SED 算法为依据获取的真实服务器。

9.1.2　LVS 管理工具

LVS 管理工具为 ipvsadm，其安装非常简便，且易用。ipvsadm 也是一个命令，用于管理 LVS 的策略规则。只要掌握了常用的命令参数，就可以非常顺利地使用该工具对 LVS 进行管理。

ipvsadm 的安装方式主要分为两种。

- 使用 YUM 源直接进行安装，执行的命令如下所示。

```
[root@lvs-manager ~]# yum -y install ipvsadm
```

- 如果需要使用最新版本的 ipvsadm，也可以在其官网下载其最新版本进行编译安装。

ipvsadm 的常用命令参数（可使用 man ipvsadm 或 ipvsadm --help 命令查看所有参数）及其含义如表 9-1 所示。

表 9-1　ipvsadm 的常用命令参数及其含义

参数	含义
--add-service|-A	向管理表中新增服务
--delete-service|-D	从管理表中删除一个已存在的服务

续表

参数	含义
--clear|-C	清除管理表中所有已存在的服务，即清空管理表
--restore|-R	将一个已导出规则文件重新导入管理表中，即恢复规则
--save|-S	将管理表中的规则导出并保存
--add-server|-a	新增后端真实服务器
--delete-server|-d	删除后端真实服务器
--list|-L|-l	列出管理表中所有已存在的服务及其后端真实服务器等信息
--tcp-service|-t service-address	TCP 服务地址，可包含服务的端口号
--real-server|-r server-address	后端真实服务器的 IP 地址，可包含服务的端口号
--gatewaying|-g	指定工作模式为直接路由模式，默认配置
--scheduler|-s scheduler	指定调度算法，可以是 rr、wrr、lc、wlc、lblc、lblcr、dh、sh、sed、nq 等
--weight|-w weight	指定后端真实服务器的权重值，该值越大，权重越高
--numeric|-n	转换域名及服务名为对应的 IP 地址及服务占用端口的数字形式

9.1.3 LVS 集群搭建实例（LVS-DR 模式）

本小节以 LVS-DR 模式为例，演示如何搭建一个简单的 LVS 集群。在开始搭建之前，确保所有服务器均设置好路由转发功能且处于同一局域网内。

LVS 集群的搭建主要分为两部分：后端真实服务器（2 台）的搭建和前端负载调度器（1 台）的搭建，演示所需的服务器信息如表 9-2 所示。

表 9-2　演示所需的服务器信息

主机名	IP 地址	说明
lvs-manager	VIP: 192.168.122.200 DIP: 192.168.122.159	管理节点 负载调度器
lvs-rs1	VIP: 192.168.122.200 RIP: 192.168.122.162	提供 Web 服务 真实服务器 1
lvs-rs2	VIP: 192.168.122.200 RIP: 192.168.122.138	提供 Web 服务 真实服务器 2

说明：DIP（Director Server IP）是主要用于和内部主机通信的 IP 地址。

RIP（Real Server IP）是真实服务器的 IP 地址。

LVS-DR 模式架构如图 9-2 所示。

1. 配置后端真实服务器

对 lvs-rs1 的配置如下。

（1）登录 lvs-rs1，安装 Nginx 服务。

```
[root@lvs-rs1 ~]# yum install -y nginx
```

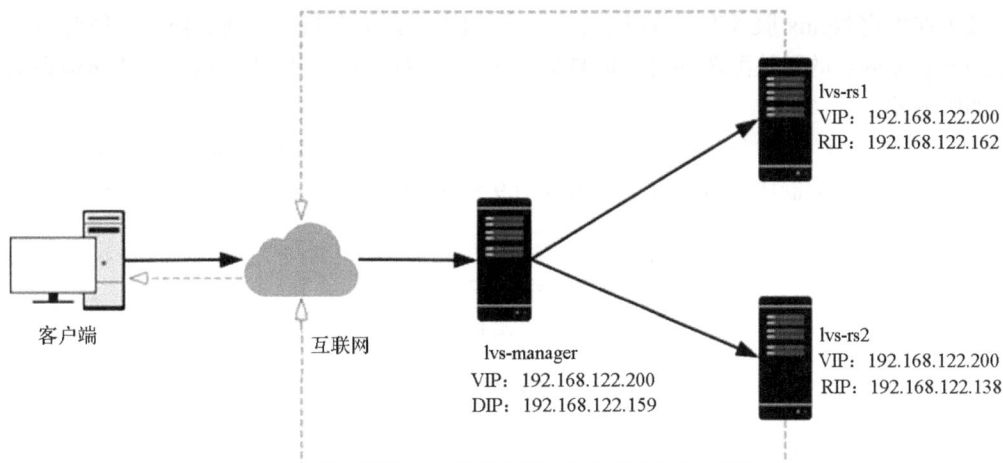

图 9-2 LVS-DR 模式架构

安装完成后，执行以下命令验证 Nginx 服务的版本号并启动服务。

```
[root@lvs-rs1 ~]# nginx -v
[root@lvs-rs1 ~]# systemctl enable nginx.service
[root@lvs-rs1 ~]# systemctl start nginx.service
[root@lvs-rs1 ~]# netstat -lanput | grep :80
```

若能查看到图 9-3 所示的内容，则表示 Nginx 服务安装并启动成功。

图 9-3 验证 Nginx 服务是否安装并启动成功

若使用浏览器访问 lvs-rs1，且出现图 9-4 所示的内容，同样表示 Nginx 服务安装成功[注：图 9-4 所示的内容在 80 端口加入防火墙后才能出现，详见第（5）步]。

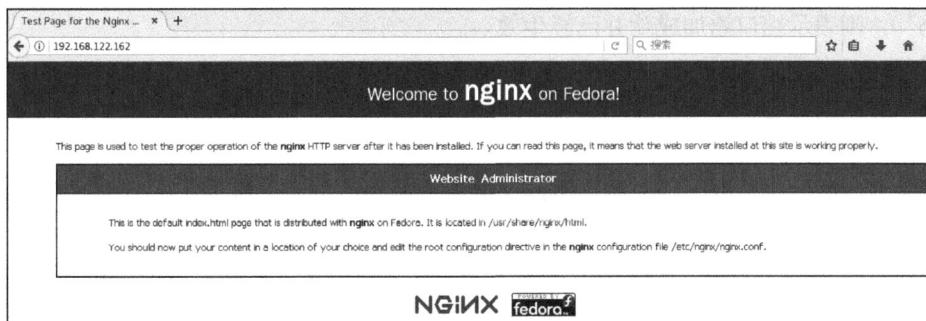

图 9-4 访问 Nginx 站点

（2）在确定 Nginx 服务安装成功后，还需要对 Nginx 服务进行配置，以便后续测试。此处使用 Nginx 服务的默认配置即可，但是需要对默认的页面做出修改，以便能快速地识别出访问的服务器。

```
[root@lvs-rs1 ~]# echo "lvs-rs1 192.168.122.162" > /usr/share/nginx/html/index.html
```

此时，通过浏览器访问 lvs-rs1，若出现图 9-5 所示的内容，则表示修改成功。

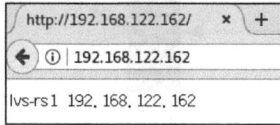

图 9-5   修改默认的页面

（3）配置 VIP 地址及路由规则。

```
[root@lvs-rs1 ~]# ifconfig lo:0 192.168.122.200 broadcast 192.168.122.200
netmask 255.255.255.255 up
[root@lvs-rs1 ~]# route add -host 192.168.122.200 dev lo:0
```

执行完成后，若出现图 9-6 所示的内容（lo 网卡上出现了 VIP 地址），则表示配置成功。

图 9-6   配置 VIP 地址及路由规则

（4）禁止响应 ARP 请求。

```
[root@lvs-rs1 ~]# echo "1" > /proc/sys/net/ipv4/conf/lo/arp_ignore
[root@lvs-rs1 ~]# echo "2" > /proc/sys/net/ipv4/conf/lo/arp_announce
[root@lvs-rs1 ~]# echo "1" > /proc/sys/net/ipv4/conf/all/arp_ignore
[root@lvs-rs1 ~]# echo "2" > /proc/sys/net/ipv4/conf/all/arp_announce
```

（5）配置永久生效的防火墙规则，将 80 端口加入防火墙中，允许 Nginx 服务持续对外提供服务。

```
[root@lvs-rs1 ~]# firewall-cmd --permanent --add-port=80/tcp
[root@lvs-rs1 ~]# firewall-cmd --reload
```

若通过 firewall-cmd --list-all 命令可以查看到图 9-7 所示的内容（注意 ports 字段值是否为"80/tcp"），则表示端口添加成功并已经生效。

对 lvs-rs2 的配置如下。

（1）登录 lvs-rs2，安装 Nginx 服务。

```
[root@lvs-rs2 ~]# yum install -y nginx
```

安装完成后，执行以下命令验证 Nginx 服务的版本号并启动服务。

```
[root@lvs-rs2 ~]# nginx -v
[root@lvs-rs2 ~]# systemctl enable nginx.service
[root@lvs-rs2 ~]# systemctl start nginx.service
[root@lvs-rs2 ~]# netstat -lanput | grep :80
```

若能查看到图 9-8 所示的内容，则表示 Nginx 服务安装并启动成功。

```
[root@lvs-rs1 ~]# firewall-cmd --list-all
public (active)
  target: default
  icmp-block-inversion: no
  interfaces: eth0
  sources:
  services: ssh dhcpv6-client
  ports: 80/tcp
  protocols:
  masquerade: no
  forward-ports:
  source-ports:
  icmp-blocks:
  rich rules:
```

图 9-7　配置防火墙规则

```
[root@lvs-rs2 ~]# systemctl enable nginx.service
Created symlink from /etc/systemd/system/multi-user.target.wants/nginx.service
to /usr/lib/systemd/system/nginx.service.
[root@lvs-rs2 ~]#
[root@lvs-rs2 ~]# systemctl start nginx.service
[root@lvs-rs2 ~]# netstat -lanput | grep :80
tcp       0      0 0.0.0.0:80              0.0.0.0:*               LISTEN
10680/nginx: master
tcp6      0      0 :::80                   :::*                    LISTEN
10680/nginx: master
[root@lvs-rs2 ~]#
```

图 9-8　验证 Nginx 服务是否安装并启动成功

若使用浏览器访问 lvs-rs2，且出现图 9-9 所示的内容，同样表示 Nginx 服务安装成功（注：图 9-9 所示的内容在将 80 端口加入防火墙后才能出现）。

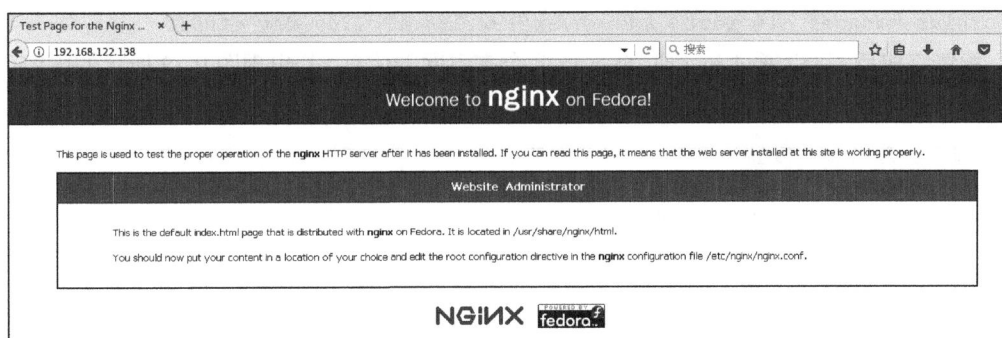

图 9-9　访问 Nginx 站点

（2）在确定 Nginx 服务安装成功后，对默认的页面进行修改，以便后续测试。

```
[root@lvs-rs2 ~]# echo "lvs-rs2 192.168.122.138" > /usr/share/nginx/html/index.html
```

此时，通过浏览器访问 lvs-rs2，若出现图 9-10 所示的内容，则表示修改成功。

（3）配置 VIP 地址及路由规则。若配置成功，则同样会出现图 9-6 所示的内容。

```
[root@lvs-rs2 ~]# ifconfig lo:0 192.168.122.200 broadcast 192.168.122.200
netmask 255.255.255.255 up
[root@lvs-rs2 ~]# route add -host 192.168.122.200 dev lo:0
```

（4）禁止响应 ARP 请求。

```
[root@lvs-rs2 ~]# echo "1" > /proc/sys/net/ipv4/conf/lo/arp_ignore
[root@lvs-rs2 ~]# echo "2" > /proc/sys/net/ipv4/conf/lo/arp_announce
[root@lvs-rs2 ~]# echo "1" > /proc/sys/net/ipv4/conf/all/arp_ignore
[root@lvs-rs2 ~]# echo "2" > /proc/sys/net/ipv4/conf/all/arp_announce
```

（5）配置永久生效的防火墙规则，将 80 端口加入防火墙中，允许 Nginx 服务持续对外提供服务。

```
[root@lvs-rs2 ~]# firewall-cmd --permanent --add-port=80/tcp
[root@lvs-rs2 ~]# firewall-cmd -reload
```

2. 配置前端负载调度器

前端负载调度器作为集群的访问入口，负责将请求转发到后端的真实服务器上。

（1）登录 lvs-manager，部署 ipvsadm。

```
[root@lvs-manager ~]# yum install -y ipvsadm
```

部署完成后，使用图 9-11 所示的命令，若可以看到图 9-11 所示的内容，则表示 ipvsadm 已经安装成功并且可以正常使用。

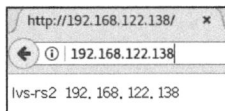

图 9-10　修改默认的页面

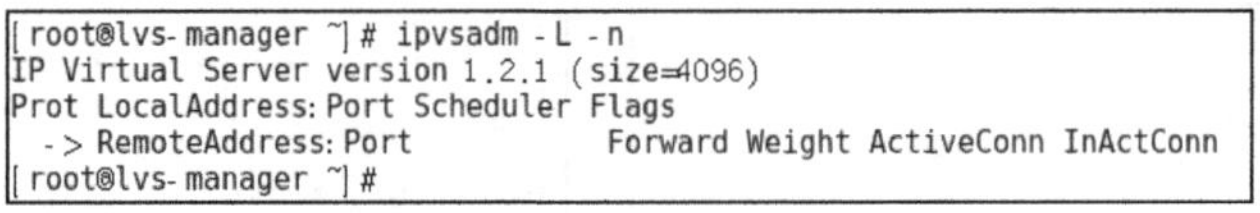

图 9-11　查看 ipvsadm 的相关内容

（2）执行下列命令，配置 VIP 地址及路由规则。

```
[root@lvs-manager ~]# ifconfig eth0:0 192.168.122.200 broadcast 192.168.122.200
netmask 255.255.255.255 up
[root@lvs-manager ~]# route add -host 192.168.122.200 dev eth0:0
```

配置完成后，可以通过 ip a 或 ifconfig 命令查看网卡信息，若出现图 9-12 所示的内容（此时 VIP 地址位于 eth0 网卡之上），则表示配置成功。

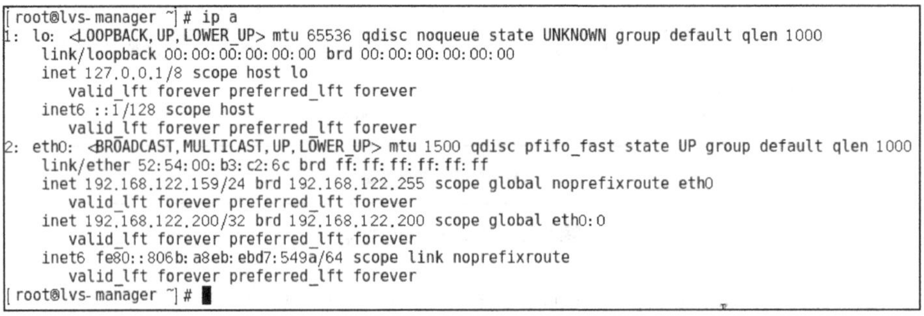

图 9-12　配置 VIP 地址及路由规则

（3）配置 IPVS 规则，将配置好的两台真实服务器加入管理域中。

```
[root@lvs-manager ~]# ipvsadm -A -t 192.168.122.200:80 -s rr
[root@lvs-manager~]# ipvsadm -a -t 192.168.122.200:80 -r 192.168.122.162:80 -g
[root@lvs-manager~]# ipvsadm -a -t 192.168.122.200:80 -r 192.168.122.138:80 -g
```

以上命令执行成功后，通过 ipvsadm - L - n 命令可以查看到图 9-13 所示的内容，其与图 9-11 所示的内容存在区别，包含添加的真实服务器等信息。

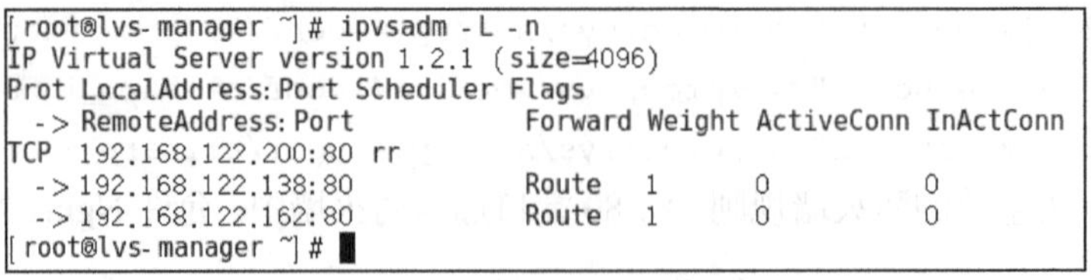

图 9-13　查看 ipvsadm 的相关内容

（4）配置永久生效的防火墙规则。默认情况下，80 端口没有对外开放，同时 lvs-manager 也没有安装任何 Web 服务，但是此处需要使用 VIP 地址通过 80 端口来访问后端的 Nginx 服务，所以需要将 80 端口加入防火墙中，以便持续对外提供服务。

```
[root@lvs-manager ~]# firewall-cmd --permanent --add-port=80/tcp
[root@lvs-manager ~]# firewall-cmd --reload
```

防火墙规则配置完成并生效后，同样可以通过 firewall-cmd --list-all 命令查看到与图 9-7 所示相似的内容。使用浏览器访问 lvs-manager，会发现页面在刷新之后会显示不同的内容，如图 9-14 所示，必要的情况下，需要设置禁用浏览器缓存。

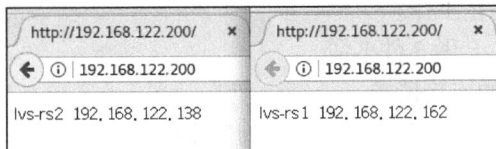

图 9-14　通过浏览器访问 lvs-manager

若普通用户 tang 使用 curl 命令进行访问，则可以查看到图 9-15 所示的内容。

图 9-15　通过命令行访问 lvs-manager

9.2 HAProxy

9.2.1 HAProxy 简介

HAProxy 是一个可靠且高性能的负载均衡软件，也是一种免费、快速且可靠的负载均衡解决方案，可为基于 TCP（第 4 层）和 HTTP（第 7 层）的应用程序提供高可用的负载均衡和代理，特别适用于流量非常高的网站。

HAProxy 的操作模式使得其在与现有的体系结构集成时非常容易且风险较低，同时也提供了不暴露 Web 服务器的可能。

HAProxy 工作于 OSI 参考模型的第 4 层（传输层）和第 7 层（应用层）。下面简单介绍第 4 层与第 7 层负载均衡器的区别。

第 4 层负载均衡器通过分析 IP 层及 TCP/UDP 层的流量实现基于"IP 地址 + 端口"的负载均衡，主要通过报文的目标地址和端口配合负载均衡算法选择后端真实服务器，确定是否需要对报文进行修改（根据需求，可能修改目标地址、源地址、MAC 地址等）并将数据转发至选出的后端真实服务器上。

第 7 层负载均衡器基于应用层信息（如 URL、Cookies 等）实现负载均衡，主要依据报文的内容配合负载均衡算法选择后端真实服务器，然后分发请求到真实服务器上进行处理。第 7 层负载均衡器也称"内容交换器"。客户端与负载均衡器、负载均衡器与后端真实服务器之间会分别建立 TCP 连接。

HAProxy 以使用尽可能快、尽可能少的移动数据操作为设计原则。因此，它实现了一个分层模型并为每个级别提供 bypass（旁路）机制，确保在非必要的情况下，数据不会传到更高的级别。大多数处理都是在内核中执行的，HAProxy 尽最大努力提供一些提示或者猜测，这样可以通过在以后分组时避免某些操作来尽可能快地帮助内核完成工作。

HAProxy 只需要 haproxy 可执行程序和配置文件即可运行。对于日志记录，建议使用正确配置的 rsyslogd 守护进程并记录日志轮换。配置文件会在 HAProxy 启动之前被解析，然后 HAProxy 会尝试绑定所有监听到的 Socket，并在有任何失败情况时拒绝启动。如果启动成功，它将一直有效，直到它停止工作。

HAProxy 一旦启动，会做 3 件事情。

- 处理客户端传入的连接请求。
- 周期性地检查后端服务器的状态（称为健康检查）。
- 与其他 HAProxy 节点交换信息。

9.2.2 HAProxy 安装及配置

HAProxy 的安装比较简单，其安装方式主要分为两种。

- 使用 YUM 源直接进行安装，执行的命令如下所示。

```
[root@haproxy-lb ~]# yum -y install haproxy
```

- 如果需要使用其最新版本，可以在其官网下载最新版本进行编译安装。

HAProxy 的配置过程主要有 3 个参数来源。

- 命令行，始终优先。
- 全局部分，包括 global，用于设置全局的配置参数。
- 代理部分，包括 defaults、frontend、backend 和 listen。

配置文件中主要包括全局部分和代理部分，但是有些部分不是必需的，可以根据实际情况进行选择。下面将简单介绍配置文件（默认配置文件为/etc/haproxy/haproxy.cfg）中主要部分的功能及常用的选项。

1. global 部分

global 部分的参数是进程级的，通常与操作系统有关，只需设置一次。其配置说明如下。

- log：日志配置，可设置 rsyslog 服务地址、日志设备、日志级别等。
- chroot：HAProxy 的工作目录。
- pidfile：PID 文件路径。
- maxconn：每个进程可接受的最大并发连接数。
- user：运行 HAProxy 的用户，可设置用户名或 UID。
- group：运行 HAProxy 的组，可设置组名或 GID。
- nbproc：启动 HAProxy 时创建的进程数，默认只创建一个进程。
- daemon：以后台形式运行 HAProxy，默认启用。

2. defaults 部分

defaults 部分配置的参数属于公共配置，会被 frontend、backend、listen 部分自动引用。若 frontend、backend、listen 部分存在相同的参数，那么 defaults 部分对应参数的值会被自动覆盖。其配置说明如下。

- mode：设置实例的运行模式，即 tcp、http、health，默认是 http。
- log：设置启用的日志配置，默认是 global。
- option：配置选项，可以出现多次，每配置一个选项值，则需要另起一行，以 "option" 开始。其常用的选项如下。

httplog：启用日志记录 HTTP 请求。

dontlognull：不记录健康检查的日志信息。

http-server-close：收到后端服务器响应后，关闭连接，但是不会关闭客户端与 HAProxy 的连接。

forwardfor：启用 X-Forwarded-For，将客户端的真实 IP 地址写入其中。

redispatch：在连接失败的情况下启用或禁用会话重新分发，默认值是 1。

- retries：设置连接后端服务器失败时重试的次数，默认值是 3。
- timeout：超时时间，单位为 ms，可以重复出现，定义时以 "timeout" 关键字开始且另起一行。

其常用的选项如下。

http-request：HTTP 请求的超时时间。

queue：队列的超时时间。

connect：成功连接后端服务器的超时时间。

client：客户端发送数据的超时时间。

server：后端服务器响应数据的超时时间。

http-keep-alive：持久连接的超时时间。

check：心跳检测的超时时间。

- maxconn：最大并发连接数。

3. frontend 部分

frontend 部分主要用于配置接收客户端请求的虚拟节点（配置实体 frontend），监听本地的 Socket，接收传入的连接，可根据 ACL 规则直接指定需要使用的后端服务器。在配置文件中可以重复出现，定义时需要以 "frontend" 关键字开始且另起一行。其常用的选项如下。

- acl：定义 ACL 规则。
- use_backend：指定直接使用的后端服务器（需要先在 backend 部分定义），一般与 ACL 规则配合使用。
- default_backend：指定默认后端服务器（需要先在 backend 部分定义），在 use_backend 不匹配时使用。

4. backend 部分

backend 部分主要用于配置后端服务器集群，即一组后端真实服务器，用来处理前端传来的请求，同样支持 ACL 规则。在配置文件中可以重复出现，定义时需要以 "backend" 关键字开始且另起一行。其常用的选项如下。

- balance：指定调度算法，可以是 roundrobin、static-rr、leastconn、first、source、uri、url_param、hdr(<name>)、random、rdp-cookie、rdp-cookie(<name>)。

- server：定义后端真实服务器，可以重复出现，定义时需要以"server"关键字开始且另起一行。

5. listen 部分

listen 部分常常用于状态页面监控，以及后端服务器检查，是 frontend 部分和 backend 部分的集合体。在 HAProxy 1.3 之前，HAProxy 的所有配置选项都在这个部分来设置，为了保持兼容性，HAProxy 新版本仍然保留了 listen 部分的配置方式。

9.2.3 HAProxy ACL

HAProxy 能够从请求、响应、客户端或服务器信息、表、环境信息等提取数据，这种提取数据的操作被称为获取样本。检索时，这些样本可以用于实现各种目的，较常见的是将它们与预定义的称为模式的数据进行对比。

ACL 提供了灵活的解决方案来执行内容切换，或者基于从请求、响应、任何环境信息中提取出来的数据做出决策。执行的操作通常包括阻塞请求、选择后端服务器或添加 HTTP 头部信息，其原则非常简单。

- 从数据流、表或环境中提取数据样本。
- 对提取的样本可选的应用格式进行转换。
- 将一种或多种模式匹配应用到样本。
- 当模式与样本匹配时，执行操作。

ACL 可用于 frontend、backend 或 listen 部分，但是较常见的是用于 frontend 部分。其语法格式如下。

```
acl <aclname> <criterion> [flags] [operator] [<value>] ...
```

常用的选项如下。

acl：ACL 关键字，用于定义 ACL 规则。

aclname：ACL 规则名，严格区分字母大小写，只能使用大写字母、小写字母、数字、-（短横线）、_（下画线）、.（点号）和:（半角冒号）。

criterion：获取样本方法的名称，常见的有 hdr_beg(host)、hdr_dom(host)、hdr(host)、path_beg、path_end、url、url_sub、url_dir、url_beg、url_end、url_len 等。

flags：参数，如-i、-f filename 等。

operator：操作符，并不是所有的 criterion 都支持操作符。

value：通常指匹配的路径或文件等，若存在多个，则使用空格分隔。

9.2.4 HAProxy 搭建实例

本小节将演示如何搭建 HAProxy。演示中使用的域名为 www.haproxy.com 和 bbs.haproxy.com。

HAProxy 的搭建主要分为两个部分：后端的真实服务器搭建和前端的负载调度器搭建。此外，HAProxy 自带一个 Web 监控平台，可用于查看集群中所有后端服务器的运行状态、配置分组等信息，也可用于对后端的节点进行部分管理操作，在升级节点、故障维护时非常有用。演示所需的服务器信息如表 9-3 所示。

表 9-3　演示所需的服务器

主机名	IP 地址	说明
haproxy-lb	RIP: 192.168.122.14	负载调度器
haproxy-nginx1	RIP: 192.168.122.128	提供 Web 服务
haproxy-nginx2	RIP: 192.168.122.167	提供 Web 服务

HARroxy 的架构如图 9-16 所示。

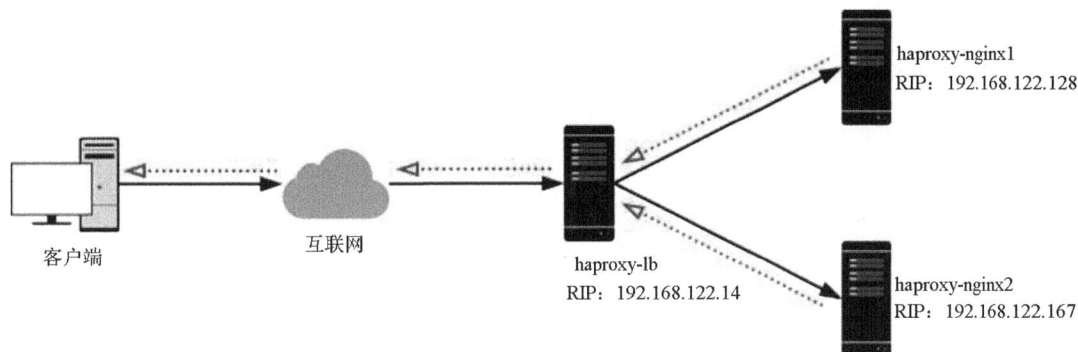

图 9-16　HAProxy 的架构

1. 配置后端真实服务器

对 haproxy-nginx1 的配置如下。

登录 haproxy-nginx1，安装 Nginx 服务并配置演示所需的站点。需要注意的是，两台真实服务器的站点存在差异，有关站点的内容将在后面进行说明。

```
[root@haproxy-nginx1 ~]# yum install -y nginx
[root@haproxy-nginx1 ~]# systemctl enable nginx.service
[root@haproxy-nginx1 ~]# systemctl start nginx.service
[root@haproxy-nginx1 ~]# firewall-cmd --add-port=80/tcp
```

安装完成并确认 Nginx 服务启动后，使用浏览器访问 haproxy-nginx1，若出现图 9-17 所示的内容，则说明 Nginx 服务已经安装并启动成功。

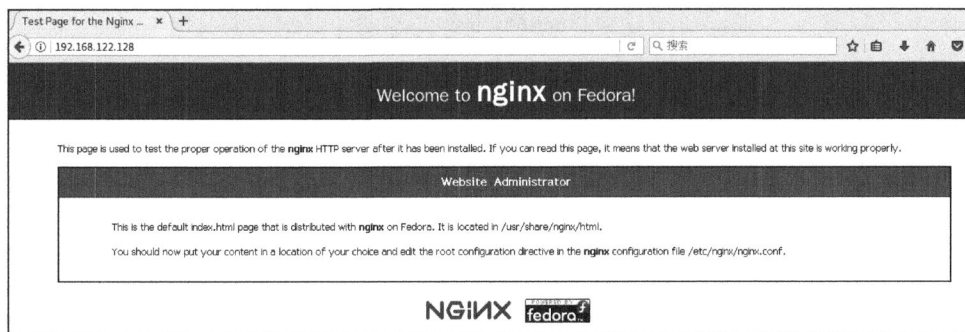

图 9-17　验证 Nginx 服务是否安装并启动成功

新的站点需要进行配置，具体步骤如下。

（1）新建站点目录并设置权限。

```
[root@haproxy-nginx1 ~]# mkdir -p /data/haproxy1
[root@haproxy-nginx1 ~]# chown -R nginx.nginx /data
```

（2）在站点目录中新建一个页面。

```
[root@haproxy-nginx1 ~]# echo "haproxy-nginx1 192.168.122.128" > /data/haproxy1/
index.html
```

（3）新建站点配置文件/etc/nginx/conf.d/haproxy1.conf，并在其中添加以下内容。

```
server {
    listen       80;
    server_name  www.haproxy.com;
    root         /data/haproxy1;

    location / {
        index index.html;
    }

    error_page 404 /404.html;
        location = /40x.html {
    }

    error_page 500 502 503 504 /50x.html;
        location = /50x.html {
    }
}
```

（4）重启 Nginx 服务使新添加的站点配置生效。

```
[root@haproxy-nginx1 ~]# systemctl restart nginx.service
```

确认 Nginx 服务重启成功后，在需要通过浏览器访问站点的主机上将域名 www.haproxy.com 的解析临时指向 192.168.122.128，之后通过浏览器访问站点，若出现图 9-18 所示的内容，则说明新的站点已经生效。

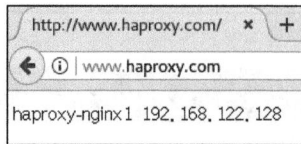

图 9-18 新的站点已经生效

（5）配置永久生效的防火墙规则，允许 Nginx 服务持续对外提供服务。

```
[root@haproxy-nginx1 ~]# firewall-cmd --permanent --add-port=80/tcp
[root@haproxy-nginx1 ~]# firewall-cmd --reload
```

执行完上述命令后，若通过 firewall-cmd --list-all 命令能够查看到图 9-19 所示的内容，则表示防火墙规则已经生效。

```
[root@haproxy-nginx1 ~]# firewall-cmd --list-all
public (active)
  target: default
  icmp-block-inversion: no
  interfaces: eth0
  sources:
  services: ssh dhcpv6-client
  ports: 80/tcp
  protocols:
  masquerade: no
  forward-ports:
  source-ports:
  icmp-blocks:
  rich rules:

[root@haproxy-nginx1 ~]#
```

图 9-19　配置防火墙规则

对 haproxy-nginx2 的配置如下。

登录 haproxy-nginx2，安装 Nginx 服务并配置演示所需的站点。需要注意的是，两台真实服务器的站点存在差异，有关站点的内容将在后面进行说明。

```
[root@haproxy-nginx2 ~]# yum install -y nginx
[root@haproxy-nginx2 ~]# systemctl enable nginx.service
[root@haproxy-nginx2 ~]# systemctl start nginx.service
[root@haproxy-nginx2 ~]# firewall-cmd --add-port=80/tcp
```

安装完成并确认 Nginx 服务启动后，使用浏览器访问 haproxy-nginx2，若出现图 9-20 所示的内容，则说明 Nginx 服务已经安装并启动成功。

图 9-20　验证 Nginx 服务是否安装并启动成功

新的站点需要进行配置，具体步骤如下。

（1）新建站点目录并设置权限。

```
[root@haproxy-nginx2 ~]# mkdir -p /data/haproxy2
[root@haproxy-nginx2 ~]# mkdir -p /data/bbs
[root@haproxy-nginx2 ~]# chown -R nginx.nginx /data
```

（2）在站点目录中新建两个页面。

```
[root@haproxy-nginx2 ~]# echo "haproxy-nginx2 192.168.122.167" > /data/haproxy2/
index.html
[root@haproxy-nginx2 ~]# echo "haproxy-nginx2 192.168.122.167 bbs" > /data/bbs/
bbs.html
```

（3）新建站点配置文件/etc/nginx/conf.d/haproxy2.conf，并在其中添加以下内容。

```
server {
    listen          80;
    server_name  www.haproxy.com;
    root            /data/haproxy2;

    location / {
        index index.html;
    }

    error_page 404 /404.html;
        location = /40x.html {
    }

    error_page 500 502 503 504 /50x.html;
        location = /50x.html {
    }
}
```

新建站点配置文件/etc/nginx/conf.d/bbs.conf，并在其中添加如下内容。

```
server {
    listen          80;
    server_name  bbs.haproxy.com;
    root            /data/bbs;

    location / {
        index bbs.html;
    }

    error_page 404 /404.html;
        location = /40x.html {
    }
    error_page 500 502 503 504 /50x.html;
        location = /50x.html {
    }
}
```

（4）重启 Nginx 服务使新添加的站点配置生效。

```
[root@haproxy-nginx2 ~]# systemctl restart nginx.service
```

确认 Nginx 服务重启成功后，在需要通过浏览器访问站点的主机上将域名 www.haproxy.com 和域名 bbs.haproxy.com 的解析临时指向 192.168.122.167，之后通过浏览器访问站点，若出现图 9-21 所示的内容，则说明新的站点已经生效。

（5）配置永久生效的防火墙规则，允许 Nginx 服务持续对外提供服务。

```
[root@haproxy-nginx2 ~]# firewall-cmd --permanent --add-port=80/tcp
[root@haproxy-nginx2 ~]# firewall-cmd --reload
```

执行完上述命令后，若通过 firewall-cmd --list-all 命令能够查看到图 9-22 所示的内容，则表示防火墙规则已经生效。

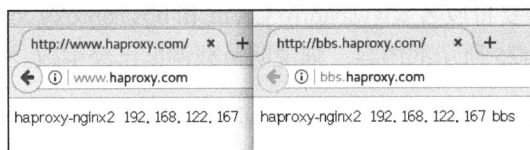

图 9-21　新的站点已经生效

```
[root@haproxy-nginx2 ~]# firewall-cmd --list-all
public (active)
  target: default
  icmp-block-inversion: no
  interfaces: eth0
  sources:
  services: ssh dhcpv6-client
  ports: 80/tcp
  protocols:
  masquerade: no
  forward-ports:
  source-ports:
  icmp-blocks:
  rich rules:

[root@haproxy-nginx2 ~]#
```

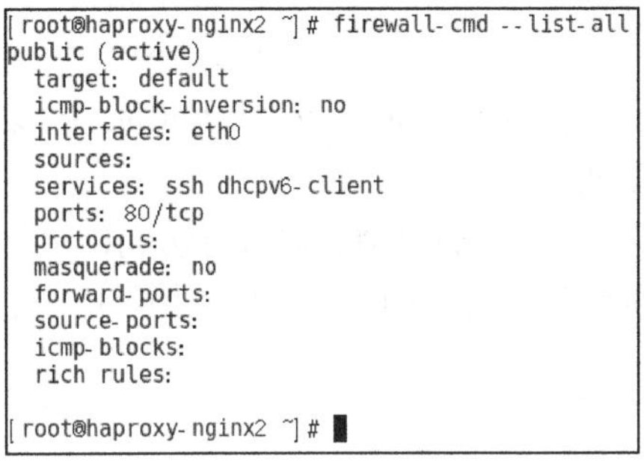

图 9-22　配置防火墙规则

2. 配置前端负载调度器

（1）登录 haproxy-lb，执行以下命令安装并启动 HAProxy 服务。

```
[root@haproxy-lb ~]# yum install -y haproxy
[root@haproxy-lb ~]# systemctl enable haproxy.service
[root@haproxy-lb ~]# systemctl start haproxy.service
```

完成后，执行命令 haproxy -v，若出现图 9-23 所示的内容，则表示 HAProxy 服务已经安装并启动成功。

```
[root@haproxy-lb ~]# haproxy -v
HA-Proxy version 1.5.18 2016/05/10
Copyright 2000-2016 Willy Tarreau <willy@haproxy.org>
```

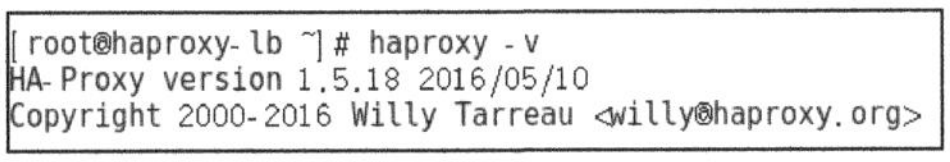

图 9-23　验证 HAProxy 服务是否安装并启动成功

（2）修改其配置文件/etc/haproxy/haproxy.cfg，将其中的 frontend 部分与 backend 部分的内容替换为以下内容。

```
frontend  main *:80
    acl          www         hdr(host)    www.haproxy.com

    use_backend wwwserver           if www
    default_backend              defaultserver

backend wwwserver
    balance     roundrobin
    server      haproxy-nginx1 192.168.122.128:80 check
    server      haproxy-nginx2 192.168.122.167:80 check

backend defaultserver
    balance     roundrobin
```

```
server  haproxy-nginx2 192.168.122.167:80 check
```

（3）重启 HAProxy 服务，使之前的配置生效。

```
[root@haproxy-lb ~]# systemctl restart haproxy.service
```

（4）配置永久生效的防火墙规则，允许其他主机通过 haproxy-lb 的 80 端口访问后端
Nginx 服务。

```
[root@haproxy-lb ~]# firewall-cmd --permanent --add-port=80/tcp
[root@haproxy-lb ~]# firewall-cmd --reload
```

执行 firewall-cmd --list-all 命令，若能查看到图 9-24 所示的内容，则表示防火墙规则已经
生效。

此时，通过浏览器进行访问（访问之前，需要将域名 www.haproxy.com 和 bbs.haproxy.com
的解析同时指向 192.168.122.14），若出现图 9-25 所示的内容，则说明负载调度已经生效。

图 9-24　配置防火墙规则

图 9-25　HAProxy 负载调度测试

9.2.5　使用 Web 监控平台

HAProxy 自带的 Web 监控平台在升级节点、故障维护时非常有用。要开启 HAProxy 自
带的 Web 监控平台，需要进行如下配置。以下操作均在 haproxy-lb 节点上完成。

（1）修改配置文件/etc/haproxy/haproy.cfg，在该文件末尾添加以下内容。

```
listen admin_stats
    bind        *:8080
    stats       enable
    stats       refresh     30s
    stats       uri             /admin
    stats       realm       haproxy
    stats       auth         admin:123456
    stats       admin        if TRUE
```

以上内容的主要作用是开启 Web 监控平台，其中，“bind”表示绑定所有 IP 地址的 8080 端
口，“uri”表示需要在域名之后加上“/admin”才能进入页面，“auth”表示验证信息，用于登录
的用户名和密码需要使用半角冒号分隔。完整的登录地址为 http://192.168.122.14:8080/admin，
登录的用户名和密码分别为“admin”与“123456”。

（2）配置永久生效的防火墙规则，允许 HAProxy 通过 8080 端口持续对外提供服务。

```
[root@haproxy-lb ~]# firewall-cmd --permanent --add-port=8080/tcp
[root@haproxy-lb ~]# firewall-cmd --reload
```

（3）完成上述配置后，重启 HAProxy 服务即可使以上配置生效。

```
[root@haproxy-lb ~]# systemctl restart haproxy.service
```

重启完成后，即可通过浏览器访问 http://192.168.122.14:8080/admin 登录 Web 监控平台。登录成功后，会出现图 9-26 所示的内容。

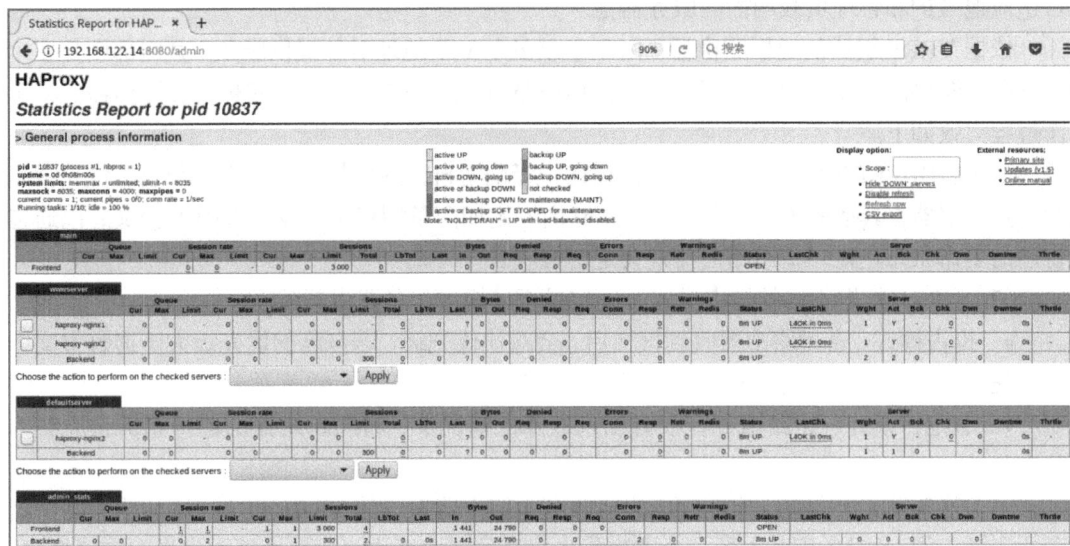

图 9-26　Web 监控平台

9.3　Keepalived

9.3.1　Keepalived 简介

Keepalived 是一个免费的、轻量级的高可用性集群解决方案。高可用性集群是指在集群中任意一个服务器出现故障的情况下，该服务器上的所有任务会自动转移到其他正常的服务器上运行，此过程并不影响整个集群的运行。Keepalived 也是一个由 C 语言编写的路由软件，其主要设计目标是为 Linux 和基于 Linux 的基础架构提供简单而强大的负载均衡和高可用性设施，其中的负载均衡框架依赖于 LVS 内核模块，提供 4 层负载均衡。Keepalived 可以单独使用，也可以与其他软件一起使用。

Keepalived 配置

Keepalived 最初是为 LVS 设计的，主要用来监控集群中各个服务器的运行状态。如在一个由多台服务器组成的集群中，如果其中一台服务器死机或出现故障，Keepalived 将自动检测到这台服务器，然后将这台有故障的服务器从集群中剔除，当这台服务器正常工作后，Keepalived 又自动将这台服务器加入集群中，这些工作全部由 Keepalived 自动完成不需要人工干涉。

虚拟路由器冗余协议（Virtual Router Redundancy Protocol，VRRP）通过将几台路由设备联合组成一台虚拟的路由设备，将虚拟路由设备的 IP 地址作为用户的默认网关，实现与外部网络通信。当网关设备发生故障时，VRRP 能够选举新的网关来接替数据流量，保障网络的可靠通信。

Keepalived 是 VRRP 在 Linux 中的一个具体实现，它通过 VRRP 来提供网络的高可用性。它可以在主服务器出现故障时利用 VRRP 的功能将服务自动切换到备份服务器上，确保服务的连续性。此外，Keepalived 还扩展了 VRRP 的功能，提供了一组健康检查程序来动态地、自适应地维护和管理负载均衡的服务器池。

依据 VRRP 组成的虚拟路由器，由一个或多个 VIP 地址对外提供服务，其内部则是多个物理路由器协同工作，同一时间只有一台物理路由器对外提供服务，它称为主路由器。其工作过程大致如下。

（1）启用 VRRP 功能后，路由器根据优先级确定自己在虚拟路由器中的角色，优先级高的为主路由器，其他的为备用路由器。主路由器定期向备用路由器发送 VRRP 报文，以通告自己的工作状态正常，备用路由器则会定时接收。

（2）VRRP 根据不同的抢占模式，确定是否替换主、备路由器状态。

- 抢占模式：备用路由器收到报文后，会对比优先级，若自己的优先级大于通告报文中的优先级，则切换为主路由器，否则保持状态不变。

- 非抢占模式：主路由器在没有出现故障的情况下，将与备用路由器一直保持原有的状态。

（3）若备用路由器在一定时间内没有收到主路由器发送的 VRRP 报文，则认为主路由器无法正常工作，此时备用路由器将会选出优先级高的路由器作为主路由器并发送 VRRP 报文，替代原有主路由器继续工作。

了解了 VRRP 如何工作，下面将介绍 Keepalived 是如何工作的。在介绍之前，还需要了解一下 Keepalived 的设计架构及健康检查机制。Keepalived 大致分两层：用户空间和内核空间。其大多数核心功能均在用户空间实现，而内核空间中的两个模块为 IPVS 和 Netlink。其中，IPVS 主要用于实现负载均衡，Netlink 主要提供高级路由及其他相关网络功能。图 9-27 所示是 Keepalived 官方给出的 Keepalived 体系结构拓扑。

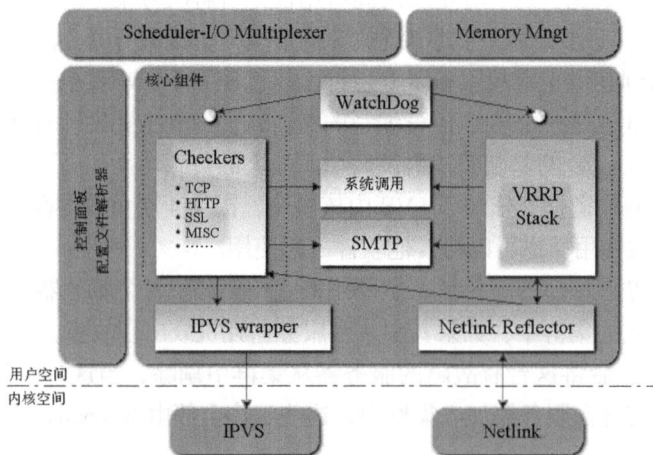

图 9-27　Keepalived 体系结构拓扑

Keepalived 提供了 3 个守护进程，分别负责实现不同的功能。

- 父进程：负责 fork 子进程并对其进行监控。

- VRRP 子进程：负责实现 VRRP 的框架。
- 健康检查子进程：负责健康检查。

Keepalived 依赖 VRRP 实现高可用性，同时还实现基于 TCP/IP 栈的多层（3 层、4 层、5/7 层）健康检查机制，能够提供服务节点检查及故障隔离功能。其运行机制大致如下。

- 网络层：主要通过 ICMP，向主节点（运行 Keepalived 进程的一个独立主机，称为节点）发送 ICMP 数据包（以类似 ping 命令的方式），若无响应，则判定节点出现故障并将其从集群中移除。
- 传输层：主要通过 TCP，向主节点发起 TCP 连接请求（通常需要指定端口），若无响应，则判定节点出现故障并将其从集群中移除。
- 应用层：主要根据用户的一些设定来判断节点是否正常，若不正常，则判定节点出现故障并将其从集群中移除；常使用脚本进行检测。

Keepalived 一般会同时运行在两台或更多台节点上，服务器提供服务且有主从之分。实际提供服务的只有主节点，其工作原理与 VRRP 的类似。Keepalived 会根据配置文件中定义的优先级或节点的主从标记，确定哪一台服务器可以成为主节点并使用 VIP 地址对外提供服务，其他的则成为从节点。若 Keepalived 的主节点出现故障停止提供服务或宕机时，会将主节点移除并在从节点中选出优先级较高的节点作为新的主节点并接管 VIP 地址继续提供服务，保证服务不间断。待故障节点恢复后，再重新加入集群并确定是否需要切换主从关系。

9.3.2　Keepalived 安装及配置

Keepalived 的安装比较简单，其安装方式主要分为两种。

- 可以使用 YUM 源直接进行安装，执行的命令如下所示。

```
[root@keepalive-master ~]# yum install -y keepalived
```

- 如果需要使用其最新版本，也可以在其官网下载最新版本进行编译安装。

Keepalived 的配置文件（/etc/keepalived/keepalived.conf）主要分为 7 个部分，可以在 /usr/share/doc/keepalived-<版本号>/samples 目录下查看 Keepalived 官方提供的配置文件示例或使用命令 man keepalived.conf 查看相关参数及其说明。由于参数较多且限于篇幅，下面只简单介绍 Keepalived 配置文件中主要部分的功能及常用的参数。

1．global_defs

它用来定义全局设置，包括定义故障时接收的电子邮件地址、电子邮件发送地址、SMTP 服务器地址、SMTP 连接超时时间、主机识别标志等。

- notification_email：当 Keepalived 发现故障时，发送电子邮件给一些用户。
- notification_email_from：电子邮件发送地址。
- smtp_server：SMTP 服务器地址。
- smtp_connect_timeout：SMTP 连接超时时间。
- router_id：主机识别标志，出现故障需要发送电子邮件时，会使用它。
- vrrp_skip_check_adv_addr：跳过报文检查，当收到的报文与上一个报文来自同一个路由器时有效。
- vrrp_strict：VRRP 严格模式，严格遵守 VRRP。

- vrrp_garp_interval：网卡上 ARP 消息之间的延迟时间。
- vrrp_gna_interval：网卡上发送的两个免费 ARP 之间的延迟。可以精确到毫秒级，默认为 0。

2. static_ipaddress 和 static_routes

它们用来定义静态 IP 地址和路由。如果服务器上已经定义且这些服务器之间具有网络连接，则不需要它们。

3. vrrp_sync_group

vrrp_sync_group 是 Keepalived 中一个非常重要的配置部分。它允许用户将多个 VRRP 实例组合成一个同步组进行监控和管理，其主要目的是确保当任何一个 VRRP 实例（即任何一个网段）出现问题时，能够触发备份（BACKUP）接管主机（MASTER）的切换，从而避免由于不在同一个网段中而导致的切换失败问题。

- group：vrrp_instance 实例名，可以有多个，每行一个。
- notify_master：实例状态转为 MASTER 时执行的脚本。
- notify_backup：实例状态转为 BACKUP 时执行的脚本。
- notify_fault：实例状态转为 FAULT 时执行的脚本。
- notify：当出现实例状态转换时执行的脚本，它在 notify_*指定的脚本之后执行。
- smtp_alert：当实例状态发生转换时，触发电子邮件发送，相关的信息在 global_defs 中定义。
- global_tracking：所有 VRRP 实例共享相同的跟踪配置。

4. vrrp_instance

每个 VRRP 实例代表一个虚拟路由器，可以在多个物理路由器（或服务器）之间提供冗余。vrrp_instance 用于配置一个具体的 VRRP 实例，包括其实例名称、绑定的网络接口、虚拟 IP 地址、优先级等。

- state：节点的状态，可以为 MASTER、BACKUP。单节点时，此节点默认为 MASTER；多节点时，则选出优先级最高的节点作为 MASTER。
- interface：发送 VRRP 报文的网卡。
- virtual_router_id：虚拟路由器标识，全局唯一且其取值为 0~255 的整数数字。同一个实例中，主从节点的此值必须一致。
- priority：优先级数值，该值越大，优先级越高。若节点状态为 MASTER，建议将此值设置得比其他节点至少大 50。
- advert_int：VRRP 心跳检查间隔（以 s 为单位），默认为 1s。
- authentication：设置认证信息。
- virtual_ipaddress：用于配置虚拟 IP 地址，它允许多个节点共享同一个 IP 地址，以实现高可用性和故障切换。

5. vrrp_script

它用来定义跟踪脚本和健康检查。当需要根据业务进程的运行状态决定是否需要进行主备切换时，可以通过编写脚本对业务进程进行检测、监控。它主要用于 vrrp_instance 和

vrrp_sync_group 部分。

- script：执行的脚本的路径。
- interval：每两次调用脚本的间隔时间。
- timeout：脚本执行的超时时间。
- weight：权重值，按此值调整优先级，默认为 0。

6. virtual_server_group

它用来定义虚拟服务器组，允许真实服务器成为多个虚拟服务器组的成员，每行一个。成员的语法格式为 IP 地址或范围和端口号，以空格分隔。

7. virtual_server

它用来定义用于负载均衡的虚拟服务器，该服务器由多个真实服务器组成，后接 VIP 地址和端口号，以空格分隔。

- delay_loop：轮询的延迟时间。
- lb_algo：LVS 负载均衡调度算法，可选项有 rr、wrr、lc、wlc、lblc、sh、dh。
- lb_kind：LVS 转发模式，可选项有 NAT、DR、TUN。
- persistence_timeout：LVS 会话超时时间，默认为 6min。
- protocol：配置第 4 层的虚拟服务时使用的协议。
- real_server：定义实际处理客户端请求的真实服务器，可以指定多个真实服务器，以实现负载均衡和高可用性。
- weight：real_server 中使用的权重值，默认为 1。
- inhibit_on_failure：在 real_server 中使用，当健康检查失败时，权重值会被重置为 0。
- notify_up：在 real_server 中使用，当健康检查认为服务为 UP 状态时，执行的脚本。
- notify_down：在 real_server 中使用，当健康检查认为服务为 DOWN 状态时，执行的脚本。
- HTTP_GET：在 real_server 中使用，健康检查定义，可选项有 HTTP_GET、SSL_GET、TCP_CHECK、SMTP_CHECK、DNS_CHECK、MISC_CHECK。

9.3.3　Keepalived 基于非抢占模式的配置实例

本小节将演示如何配置 Keepalived 的非抢占模式，同时会涉及 LVS 的相关内容。演示中共使用 4 台服务器，其中两台作为 Keepalived 及 ipvsadm 节点，另外两台作为后端的真实服务器。ipvsadm 在演示中主要用于查看 LVS 集群的相关信息，而具体的配置管理则是通过 Keepalived 的配置文件进行的。即实际的演示内容是 Keepalived+LVS 的集群，关于 LVS 后端真实服务器的配置，由于在前面已经有过详细介绍，本小节将不再进行演示。

Keepalived 在运行过程中，可以配置为抢占和非抢占模式。两者的区别如下。

- 抢占模式：即在一个 Keepalived 集群中同时存在主节点和从节点，且主节点的优先级比从节点高。当主节点出现故障时，在从节点中选出优先级最高的节点作为新的主节点继续提供服务并抢占 VIP 地址，但是当原来的主节点恢复后，又会将 VIP 地址抢回。
- 非抢占模式：即在一个 Keepalived 集群中只存在从节点，需要选出其中优先级最高的作为主节点提供服务，当作为主节点的服务器故障时，在其他从节点中选出优先级最高的节点作为新的主节点继续提供服务并抢占 VIP 地址，但是原来作为主节点的服务器恢复后，不会抢回 VIP 地址，而是作为一个从节点加入集群中。可以通过两种方式设置非抢占模式，第一种是在优先级高的节点的配置文件中添加参数 nopreempt，第二种则是将所有从节点的优先级设置为相同的值。

在 Keepalived 的运行过程中，还存在一种称为"脑裂"的问题。它是由于配置不当或主从节点之间的检测出现异常，导致 VIP 地址同时在主节点与从节点出现引起的，还会引发资源争抢、同时读写、数据损坏等问题。

Keepalived+LVS 的集群主要分为两个部分：后端的真实服务器和前端的负载调度器。演示所需的服务器信息如表 9-4 所示。

表 9-4 演示所需的服务器信息

主机名	IP 地址	说明
keepalived-backup1	VIP: 192.168.122.200 DIP: 192.168.122.128	高可用软件 虚拟服务管理
keepalived-backup2	VIP: 192.168.122.200 DIP: 192.168.122.204	高可用软件 虚拟服务管理
keepalived-nginx1	VIP: 192.168.122.200 RIP: 192.168.122.205	网页服务
keepalived-nginx2	VIP: 192.168.122.200 RIP: 192.168.122.217	网页服务

Keepalived+LVS 的集群架构如图 9-28 所示。

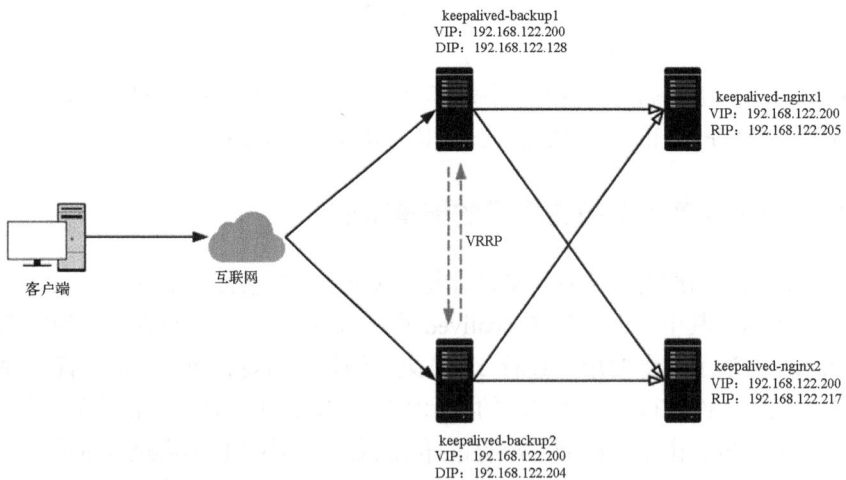

图 9-28 Keepalived+LVS 的集群架构

1. 配置后端真实服务器

对 keepalived-nginx1 的配置如下。

（1）登录 keepalived-nginx1，安装 Nginx 服务并进行简单配置（使用默认站点即可），便于在演示过程中查看具体的效果。

```
[root@keepalived-nginx1 ~]# yum install -y nginx
[root@keepalived-nginx1 ~]# systemctl enable nginx.service
[root@keepalived-nginx1 ~]# systemctl start nginx.service
[root@keepalived-nginx1 ~]# firewall-cmd --add-port=80/tcp
[root@keepalived-nginx1 ~]# echo "keepalived-nginx1  192.168.122.205" > /usr/
share/nginx/html/index.html
```

Nginx 服务安装并配置完成后，在浏览器中访问 keepalived-nginx1，若出现图 9-29 所示的内容，则说明 Nginx 服务已安装成功并能正常提供服务。

（2）由于此配置涉及 LVS，因此还需要配置 VIP 地址及路由规则、禁止响应 ARP 请求等，具体的演示步骤可以参考前文。

```
[root@keepalived-nginx1 ~]# ifconfig lo:0 192.168.122.200 broadcast 192.168.122.
200 netmask 255.255.255.255 up
[root@keepalived-nginx1 ~]# route add -host 192.168.122.200 dev lo:0
[root@keepalived-nginx1 ~]# echo "1" > /proc/sys/net/ipv4/conf/lo/arp_ignore
[root@keepalived-nginx1 ~]# echo "2" > /proc/sys/net/ipv4/conf/lo/arp_announce
[root@keepalived-nginx1 ~]# echo "1" > /proc/sys/net/ipv4/conf/all/arp_ignore
[root@keepalived-nginx1 ~]# echo "2" > /proc/sys/net/ipv4/conf/all/arp_announce
```

（3）配置永久生效的防火墙规则，允许 Nginx 服务持续对外提供服务。

```
[root@keepalived-nginx1 ~]# firewall-cmd --permanent --add-port=80/tcp
[root@keepalived-nginx1 ~]# firewall-cmd --reload
```

若能通过 firewall-cmd --list-all 命令查看到图 9-30 所示的内容，则说明防火墙规则已生效。

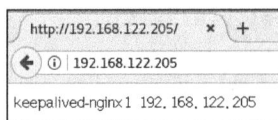

图 9-29　验证 Nginx 服务是否安装成功　　　图 9-30　配置防火墙规则

对 keepalived-nginx2 的配置如下。

（1）登录 keepalived-nginx2，安装 Nginx 服务并进行简单配置（使用默认站点即可），便于在演示过程中查看具体的效果。

```
[root@keepalived-nginx2 ~]# yum install -y nginx
[root@keepalived-nginx2 ~]# systemctl enable nginx.service
[root@keepalived-nginx2 ~]# systemctl start nginx.service
[root@keepalived-nginx2 ~]# firewall-cmd --add-port=80/tcp
[root@keepalived-nginx2 ~]# echo "keepalived-nginx2  192.168.122.217" > /usr/
share/nginx/html/index.html
```

Nginx 服务安装并配置完成后，在浏览器中访问 keepalived-nginx2，若出现图 9-31 所示的内容，则说明 Nginx 服务已安装成功并能正常提供服务。

（2）由于此配置涉及 LVS，因此还需要配置 VIP 地址及路由规则、禁止响应 ARP 请求等，具体的演示步骤可以参考前文。

```
[root@keepalived-nginx2 ~]# ifconfig lo:0 192.168.122.200 broadcast 192.168.122.
200 netmask 255.255.255.255 up
[root@keepalived-nginx2 ~]# route add -host 192.168.122.200 dev lo:0
[root@keepalived-nginx2 ~]# echo "1" > /proc/sys/net/ipv4/conf/lo/arp_ignore
[root@keepalived-nginx2 ~]# echo "2" > /proc/sys/net/ipv4/conf/lo/arp_announce
[root@keepalived-nginx2 ~]# echo "1" > /proc/sys/net/ipv4/conf/all/arp_ignore
[root@keepalived-nginx2 ~]# echo "2" > /proc/sys/net/ipv4/conf/all/arp_announce
```

（3）配置永久生效的防火墙规则，允许 Nginx 服务持续对外提供服务。

```
[root@keepalived-nginx2 ~]# firewall-cmd --permanent --add-port=80/tcp
[root@keepalived-nginx2 ~]# firewall-cmd --reload
```

若能通过 firewall-cmd --list-all 命令查看到图 9-32 所示的内容，则说明防火墙规则已生效。

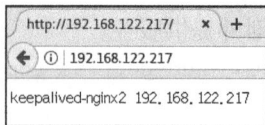

图 9-31 验证 Nginx 服务是否安装成功

```
[root@keepalived-nginx2 ~]# firewall-cmd --list-all
public (active)
  target: default
  icmp-block-inversion: no
  interfaces: eth0
  sources:
  services: ssh dhcpv6-client
  ports: 80/tcp
  protocols:
  masquerade: no
  forward-ports:
  source-ports:
  icmp-blocks:
  rich rules:
```

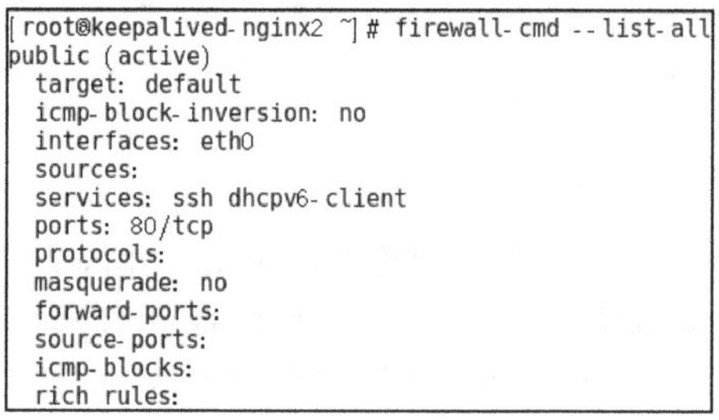

图 9-32 配置防火墙规则

2. 配置前端负载调度器

（1）登录 keepalived-backup1，安装 Keepalived 和 ipvsadm，并启动 Keepalived。

```
[root@keepalived-backup1 ~]# yum install -y keepalived ipvsadm
[root@keepalived-backup1 ~]# systemctl enable keepalived.service
[root@keepalived-backup1 ~]# systemctl start keepalived.service
```

若通过 keepalived -v 与 ipvsadm -L -n 命令可查看到图 9-33 所示的内容，则说明 Keepalived 和 ipvsadm 安装成功。此时由于尚未修改 Keepalived 的配置文件，ipvsadm 的相关信息仍为默认配置。

```
[root@keepalived-backup1 ~]# keepalived -v
Keepalived v1.3.5 (03/19,2020), git commit v1.3.5-6-g6fa32f2

Copyright(C) 2001-2020 Alexandre Cassen, <acassen@gmail.com>

Build options:  PIPE2 LIBNL3 RTA_ENCAP RTA_EXPIRES RTA_PREF FRA_OIFNAME FRA_TUN_ID RTAX_C
C_ALGO RTAX_QUICKACK LIBIPTC LIBIPSET_DYNAMIC LVS LIBIPVS_NETLINK VRRP VRRP_AUTH VRRP_VMA
C_SOCK_NONBLOCK SOCK_CLOEXEC FIB_ROUTING INET6_ADDR_GEN_MODE SNMP_V3_FOR_V2 SNMP SNMP_KEE
PALIVED SNMP_CHECKER SNMP_RFC SNMP_RFCV2 SNMP_RFCV3 SO_MARK
[root@keepalived-backup1 ~]#
[root@keepalived-backup1 ~]#
[root@keepalived-backup1 ~]# ipvsadm -L -n
IP Virtual Server version 1.2.1 (size=4096)
Prot LocalAddress:Port Scheduler Flags
  -> RemoteAddress:Port           Forward Weight ActiveConn InActConn
TCP  192.168.200.100:443 rr persistent 50
TCP  10.10.10.2:1358 rr persistent 50
  -> 192.168.200.200:1358         Masq    1      0          0
TCP  10.10.10.3:1358 rr persistent 50
```

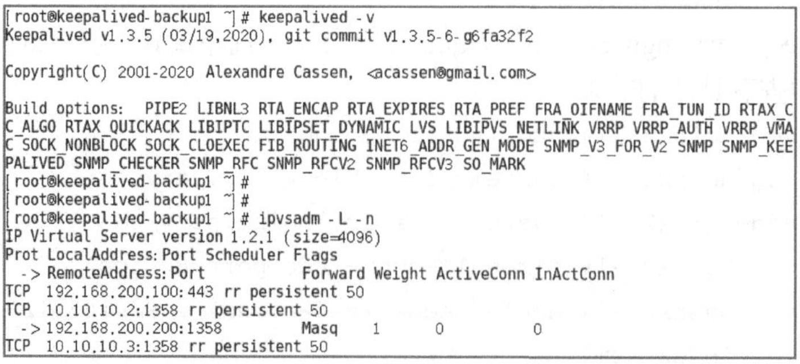

图 9-33 验证 Keepalived 与 ipvsadm 是否安装成功

（2）修改配置文件/etc/keepalived/keepalived.conf，将其中的内容修改为如下内容（建议根据实际情况进行修改）。

```
! Configuration File for keepalived

global_defs {
   notification_email {
     notification_emal@tang.com
   }
   notification_email_from Alexandre.Cassen@firewall.loc
   smtp_server 127.0.0.1
   smtp_connect_timeout 30
   router_id LVS_DEVEL
   vrrp_skip_check_adv_addr
   vrrp_strict
   vrrp_garp_interval 0
   vrrp_gna_interval 0
}

vrrp_instance VI_1 {
    state BACKUP
    interface eth0
    virtual_router_id 51
    priority 100
    nopreempt
    advert_int 1
    authentication {
        auth_type PASS
        auth_pass 1111
    }
    virtual_ipaddress {
        192.168.122.200
    }
}
virtual_server 192.168.122.200 80 {
    delay_loop 1
    lb_algo rr
    lb_kind DR
    persistence_timeout 0
    protocol TCP
    real_server 192.168.122.205 80 {
        weight 1
        HTTP_GET {
```

```
            url {
                path /
            }
            connect_timeout 3
            nb_get_retry 3
            delay_before_retry 3
        }
    }

    real_server 192.168.122.217 80 {
        weight 1
        HTTP_GET {
            url {
                path /
            }
            connect_timeout 3
            nb_get_retry 3
            delay_before_retry 3
        }
    }
}
```

（3）配置永久生效的防火墙规则，允许各节点间通过 VRRP 通信，以实现 Keepalived 各节点之间的通信及允许其他主机通过 keepalived-backup1 的 80 端口访问后端 Nginx 服务。

```
[root@keepalived-backup1 ~]# firewall-cmd --permanent --direct --add-rule ipv4
filter INPUT 0 --in-interface eth0 --destination 224.0.0.18 --protocol vrrp -
j ACCEPT
[root@keepalived-backup1 ~]# firewall-cmd --permanent --direct --add-rule ipv4
filter OUTPUT 0 --in-interface eth0 --destination 224.0.0.18 --protocol vrrp -
j ACCEPT
[root@keepalived-backup1 ~]# firewall-cmd --permanent --add-port=80/tcp
[root@keepalived-backup1 ~]# firewall-cmd --reload
```

此时，通过 firewall-cmd --list-all 命令只能看到关于 80 端口的信息，若需要查看其他信息，可通过--direct 参数实现。如使用 firewall-cmd --direct --get-all-rules 命令，如图 9-34 所示。

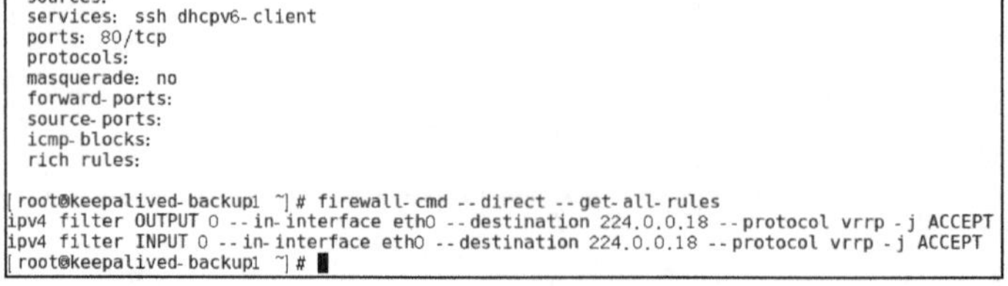

图 9-34　配置防火墙规则

（4）重启 Keepalived 服务即可使以上配置生效。

```
[root@keepalived-backup1 ~]# systemctl restart keepalived.service
```

重启成功后，使用 ipvsadm -L -n 命令查看 ipvsadm 的相关信息，可以发现其已经发生了变化，如图 9-35 所示。

```
[root@keepalived-backup1 ~]# ipvsadm -L -n
IP Virtual Server version 1.2.1 (size=4096)
Prot LocalAddress:Port Scheduler Flags
  -> RemoteAddress:Port           Forward Weight ActiveConn InActConn
TCP 192.168.122.200:80 rr
  -> 192.168.122.205:80           Route  1      0          0
  -> 192.168.122.217:80           Route  1      0          0
```

图 9-35　ipvsadm 的相关信息

（5）登录 keepalived-backup2，分别安装 Keepalived 和 ipvsadm。

```
[root@keepalived-backup2 ~]# yum install -y keepalived ipvsadm
[root@keepalived-backup2 ~]# systemctl enable keepalived.service
[root@keepalived-backup2 ~]# systemctl start keepalived.service
```

若通过 keepalived -v 与 ipvsadm -L -n 命令可以查看到与图 9-33 所示的相似的内容，则说明 Keepalived 和 ipvsadm 安装成功。此时由于尚未修改 Keepalived 的配置文件，ipvsadm 的相关信息仍为默认配置。

（6）将 keepalived-backup2 的配置文件/etc/keepalived/keepalived.conf 与 keepalived-backup1 的配置文件修改一致即可（建议根据实际情况进行修改），此处不赘述，详细内容可参考第（2）步。

（7）配置永久生效的防火墙规则，允许各节点间通过 VRRP 通信，以实现 Keepalived 各节点之间的通信及允许其他主机通过 keepalived-backup2 的 80 端口访问后端 Nginx 服务。

```
[root@keepalived-backup2 ~]# firewall-cmd --permanent --direct --add-rule ipv4
filter INPUT 0 --in-interface eth0 --destination 224.0.0.18 --protocol vrrp -
j ACCEPT
[root@keepalived-backup2 ~]# firewall-cmd --permanent --direct --add-rule ipv4
filter OUTPUT 0 --in-interface eth0 --destination 224.0.0.18 --protocol vrrp -
j ACCEPT
[root@keepalived-backup2 ~]# firewall-cmd --permanent --add-port=80/tcp
[root@keepalived-backup2 ~]# firewall-cmd --reload
```

此时，通过 firewall-cmd --list-all 命令只能看到关于 80 端口的信息，若需要查看其他信息，可通过--direct 参数实现。如使用 firewall-cmd --direct --get-all-rules 命令，同样可以查看到图 9-34 所示的内容。

（8）重启 Keepalived 服务即可使以上配置生效。

```
[root@keepalived-backup2 ~]# systemctl restart keepalived.service
```

重启成功后，使用 ipvsadm -L -n 命令查看 ipvsadm 的相关信息，可以发现其已经发生了变化，如图 9-35 所示。

至此，Keepalived+LVS 的集群就配置完成了。通过浏览器访问 VIP 地址，若刷新页面（必要时请强制刷新，以消除缓存影响），能查看到图 9-36 所示的内容，则说明配置已经生效。

图 9-36　验证 Keepalived+LVS 的集群的配置是否已经生效（1）

也可以使用 curl 命令在命令行进行访问，若出现图 9-37 所示的内容，同样表示配置已经生效。

图 9-37　验证 Keepalived+LVS 的集群的配置是否已经生效（2）

9.4　MySQL Replication

9.4.1　MySQL Replication 简介

MySQL Replication 即常说的 AB 复制，也称为主从复制，是异步复制过程，使来自一个 MySQL 服务器（主服务器/主节点）的数据能够复制到一个或多个 MySQL 服务器（从服务器/从节点）上。根据配置，可以复制数据库中的所有数据库、所选数据库或选定的表，但通常情况下只复制指定的数据库。简单来说，就是从服务器到主服务器上获取同步的二进制日志，再根据日志文件将相关的 SQL 语句在从服务器上重新执行，从而达到数据同步的目的并确保数据的一致性。MySQL Replication 常用来对数据进行备份及实现读写分离等。

MySQL Replication 的复制模式分为两种：异步和半同步。它同时提供了 3 种复制格式：基于语句的复制（Statement-Based Replication，SBR），用于复制整个 SQL 语句；基于行的复制（Row-Based Replication，RBR），用于复制已更改的行；基于混合的复制（Mixed-Based Replication，MBR），它会根据 SQL 语句的内容和上下文自动选择使用 SBR 还是 RBR，它结合了 SBR 和 RBR 的优点，旨在提供更高的数据一致性和可靠性。

MySQL Replication 在实际应用中可以有多种架构，根据情况灵活地组合，常见的架构如下。

- 一主一从：一台 MySQL 服务器作为主节点，另一台 MySQL 服务器作为从节点。
- 一主多从：一台 MySQL 服务器作为主节点，多台 MySQL 服务器作为从节点。
- 双主互备：两台 MySQL 服务器均作为主节点，同时它们也互为从节点。
- 双主多从：即在双主互备的基础上加多个从节点。
- 环型主从：也称多主多从，多台 MySQL 服务器（一般不少于 3 台）组成一个闭环，需要在配置文件中添加参数--log-slave-updates。

MySQL Replication 一般来说会遵循以下原则。

- 同一时刻只有一台主服务器进行写操作。
- 一台主服务器可以有多台从服务器。
- 主/从服务器的版本一致且服务器 ID 必须全局唯一。
- 从服务器可以将从主服务器获取的更新信息再次传递给其他从服务器。

MySQL Replication 默认使用单向异步复制,在整个复制过程中会用到 3 个线程:主节点的一个 I/O 线程和从节点的两个线程(SQL 线程、I/O 线程)。需要注意的是,主节点与从节点的数据读取及传输是通过各自的 I/O 线程完成的,而从节点解析并执行解析后的 SQL 语句仅在从节点的 SQL 线程上完成。

要实现 MySQL Replication,需要先在配置文件中开启二进制日志功能,整个工作过程的描述大致如下。

- 从节点开启 I/O 线程连接主节点,请求从指定的日志文件(bin-log)中的指定位置(可以是最开始的位置)开始读取日志内容。

- 主节点在收到请求后,通过自身的 I/O 线程,从相应的位置读取日志文件(bin-log)的数据并将其发送给从节点,发送的数据中同时包括主节点的日志文件名称及最后的读取位置。

- 从节点收到主节点发送的数据后,将获取到的数据写入本地的日志文件(relay-log),同时将主节点的日志文件名称及最后的读取位置写入 master-info 文件中,方便下一次读取。

- 从节点的 SQL 线程检测到 relay-log 文件的新增数据后,会对其进行解析并执行,使从节点与主节点的数据保持一致。

9.4.2　MySQL Replication 主从模式的配置实例

本小节将演示如何配置 MySQL Replication 主从模式,演示中会使用两台服务器,它们分别作为主节点和从节点。由于 CentOS 7.6 中默认移除了 MySQL,转而使用 MariaDB 作为其替换软件,因此需要单独下载并安装它。演示中使用的 MySQL 版本为 5.7.25,可以使用 MySQL 官方已经编译好的 RPM 包进行安装。使用 YUM 源自带的 MariaDB,同样可以完成相关操作,此处不赘述。

演示所需的服务器信息如表 9-5 所示。

表 9-5　演示所需的服务器信息

主机名	IP 地址	说明
MySQL-Master	192.168.122.80	主节点
MySQL-Slave	192.168.122.128	从节点

MySQL Replication 的架构如图 9-38 所示。

1.　配置主节点

(1)登录 MySQL-Master,下载 MySQL 的 RPM 包并解压、安装(若服务器中存在 MariaDB,安装 MySQL 之前需要先卸载 MariaDB),可以安装所有的 RPM 包,也可以只安装以下几个必需的 RPM 包。

- mysql-community-server-5.7.25-1.el7.x86_64.rpm。
- mysql-community-client-5.7.25-1.el7.x86_64.rpm。
- mysql-community-common-5.7.25-1.el7.x86_64.rpm。
- mysql-community-libs-5.7.25-1.el7.x86_64.rpm。
- mysql-community-libs-compat-5.7.25-1.el7.x86_64.rpm。

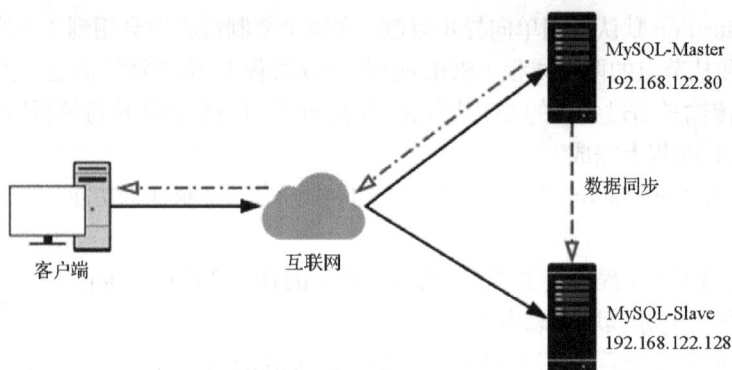

图 9-38　MySQL Replication 的架构

安装 MySQL 时，建议使用 YUM 命令，以便自动处理 RPM 包之间的依赖关系。

```
[root@mysql-master ~]# tar -xf mysql-5.7.25-1.el7.x86_64.rpm-bundle.tar
[root@mysql-master ~]# yum install -y mysql-community-server-5.7.25-1.el7.x86_
64.rpm mysql-community-client-5.7.25-1.el7.x86_64.rpm mysql-community-common-
5.7.25-1.el7.x86_64.rpm mysql-community-libs-5.7.25-1.el7.x86_64.rpm mysql-
community-libs-compat-5.7.25-1.el7.x86_64.rpm
```

安装完成后，由于后续还有一些针对 MySQL 的初始化工作，因此需要启动 MySQL。

```
[root@mysql-master ~]# systemctl enable mysqld.service
[root@mysql-master ~]# systemctl start mysqld.service
```

启动 MySQL 后，打开/var/log/mysqld.log 文件，找到 "[Note] A temporary password is generated for root@localhost:" 一行，其中 "root@localhost" 之后的内容为 MySQL 的初始密码。

（2）获取 MySQL 的初始密码后，即可对 MySQL 进行初始化。

```
[root@mysql-master ~]# mysql_secure_installation
```

在初始化过程中，MySQL 会要求重置默认的 root 用户（此处的 root 用户与系统的超级用户不同）的密码，在后续的提示中，均选择 "y|Y" 并按 Enter 键即可。完成后即可使用以下命令登录 MySQL。

```
[root@mysql-master ~]# mysql -u root -p
```

此处需要特别说明，在-p 参数之后不建议直接输入密码，而应该按 Enter 键并在得到提示之后再输入密码。

若登录成功，则会出现图 9-39 所示的提示。

```
[root@mysql-master ~]# mysql -u root -p
Enter password:
Welcome to the MySQL monitor.  Commands end with ; or \g.
Your MySQL connection id is 7
Server version: 5.7.25 MySQL Community Server (GPL)

Copyright (c) 2000, 2019, Oracle and/or its affiliates. All rights reserved.

Oracle is a registered trademark of Oracle Corporation and/or its
affiliates. Other names may be trademarks of their respective
owners.

Type 'help;' or '\h' for help. Type '\c' to clear the current input statement.

mysql>
```

图 9-39　MySQL 登录成功的提示

（3）修改 MySQL 配置文件/etc/my.cnf，在其中的“[mysqld]”部分增加以下内容，设置服务 ID（全局唯一，即在所有节点中，server-id 的值必须唯一）、开启 bin-log 文件（此时并未重启 MySQL，故配置并未生效）。

```
server-id=11
log-bin=mysql-bin
binlog-ignore-db=mysql
binlog-ignore-db=test
binlog-ignore-db=information_schema
```

（4）停止 MySQL 并将数据文件打包，同时将打包后的文件发到从节点备用。

```
[root@mysql-master ~]# systemctl stop mysqld.service
[root@mysql-master ~]# cd /var/lib/
[root@mysql-master lib]# tar -zcf mysql_master_5.7.25.tar.gz mysql
[root@mysql-master lib]# scp mysql_master_5.7.25.tar.gz 192.168.122.128:/var/lib/
```

若在不停止 MySQL 的情况下进行备份，则需要先登录主节点的 MySQL 管理界面，执行 flush tables with read lock;命令对所有表加锁，再打包数据文件。打包完成后，回到 MySQL 管理界面，执行 unlock tables;命令解锁所有表。

（5）重新启动 MySQL 并登录 MySQL 管理界面，创建与从节点同步的用户并赋权（出于安全考虑，密码最好满足一定的强度）。

```
[root@mysql-master lib]# systemctl restart mysqld.service
[root@mysql-master lib]# mysql -u root -p
mysql> grant replication slave on *.* to tang@'192.168.122.128' identified by
 'repn62oJ4#';
mysql> flush privileges;
```

完成后，执行 select user,host from mysql.user;命令，能在结果中查看到新建的用户，如图 9-40 所示。

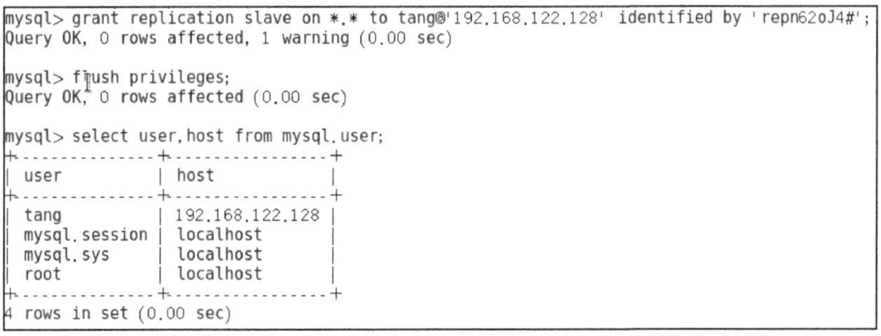

```
mysql> grant replication slave on *.* to tang@'192.168.122.128' identified by 'repn62oJ4#';
Query OK, 0 rows affected, 1 warning (0.00 sec)

mysql> flush privileges;
Query OK, 0 rows affected (0.00 sec)

mysql> select user,host from mysql.user;
+---------------+-----------------+
| user          | host            |
+---------------+-----------------+
| tang          | 192.168.122.128 |
| mysql.session | localhost       |
| mysql.sys     | localhost       |
| root          | localhost       |
+---------------+-----------------+
4 rows in set (0.00 sec)
```

图 9-40　MySQL 中新建的用户

（6）登录主节点的 MySQL 管理界面，执行以下命令，查看主节点当前的二进制日志文件的名称及位置信息。

```
mysql> show master status;
```

执行后，会出现图 9-41 所示的内容，其中的 File、Position 列为从节点需要的内容。

```
File: mysql-bin.000001
Position: 603
```

```
mysql> show master status;
+------------------+----------+--------------+------------------------------+-------------------+
| File             | Position | Binlog_Do_DB | Binlog_Ignore_DB             | Executed_Gtid_Set |
+------------------+----------+--------------+------------------------------+-------------------+
| mysql-bin.000001 |      603 |              | mysql,test,information_schema |                   |
+------------------+----------+--------------+------------------------------+-------------------+
1 row in set (0.00 sec)
```

图 9-41　主节点信息

（7）配置永久生效的防火墙规则，允许 3306 端口对外开放，以便主节点与从节点进行交互。

```
[root@mysql-master lib]# firewall-cmd --permanent --add-port=3306/tcp
[root@mysql-master lib]# firewall-cmd --reload
```

若通过 firewall-cmd --list-all 命令能查看到"3306/tcp"的信息，则表示防火墙规则已生效，如图 9-42 所示。

至此，主节点已完成配置，接下来只需要配置好从节点并启动同步即可。

```
[root@mysql-master lib]# firewall-cmd --list-all
public (active)
  target: default
  icmp-block-inversion: no
  interfaces: eth0
  sources:
  services: ssh dhcpv6-client
  ports: 3306/tcp
  protocols:
  masquerade: no
  forward-ports:
  source-ports:
  icmp-blocks:
  rich rules:
```

图 9-42　配置防火墙规则

2. 配置从节点

（1）登录 MySQL-Slave，其配置与 MySQL-Master 的配置相同，此处不赘述。需要注意的是，此时只需要将服务安装好即可，不需要启动 MySQL，后续的相关操作也不用再执行。

（2）修改 MySQL 配置文件/etc/my.cnf，在其中的"[mysqld]"部分增加以下内容，设置服务 ID（全局唯一，即在所有节点中，server-id 的值必须唯一）、开启 bin-log 文件（此时并未启动 MySQL，故配置并未生效）。

```
server-id=21
relay-log=mysql-relay-bin
replicate-ignore-db=mysql
replicate-ignore-db=test
replicate-ignore-db=information_schema
```

（3）解压主节点传过来的数据文件。解压后，若在/var/lib/mysql/目录下发现 auto.cnf 文件，需要将该文件删除。

```
[root@mysql-slave ~]# cd /var/lib/
[root@mysql-slave lib]# mv mysql mysql_slave
[root@mysql-slave lib]# tar -xf mysql_master_5.7.25.tar.gz
[root@mysql-slave lib]# chown -R mysql.mysql mysql/
[root@mysql-slave lib]# rm /var/lib/mysql/auto.cnf
```

（4）设置 MySQL 为开机自启并手动启动它。

```
[root@mysql-slave lib]# systemctl enable mysqld.service
[root@mysql-slave lib]# systemctl start mysqld.service
```

（5）使用与主节点相同的用户名和密码登录 MySQL 管理界面并执行以下命令，配置主节点信息，以便从节点能在正确的主节点上进行日志同步。

```
[root@mysql-slave lib]# mysql -u root -p
mysql> change master to master_host='192.168.122.80', master_user='tang', master_
```

```
password='repn62oJ4#', master_log_file='mysql-bin.000001', master_log_pos=603;
```

执行完成后，可通过 show slave status\G;命令查看到刚才添加的主节点信息，其中部分信息如图 9-43 所示。

```
mysql> show slave status\G;
*************************** 1. row ***************************
               Slave_IO_State:
                  Master_Host: 192.168.122.80
                  Master_User: tang
                  Master_Port: 3306
                Connect_Retry: 60
              Master_Log_File: mysql-bin.000001
          Read_Master_Log_Pos: 603
               Relay_Log_File: mysql-relay-bin.000001
                Relay_Log_Pos: 4
        Relay_Master_Log_File: mysql-bin.000001
             Slave_IO_Running: No
            Slave_SQL_Running: No
              Replicate_Do_DB:
          Replicate_Ignore_DB: mysql,test,information_schema
           Replicate_Do_Table:
       Replicate_Ignore_Table:
      Replicate_Wild_Do_Table:
  Replicate_Wild_Ignore_Table:
                   Last_Errno: 0
                   Last_Error:
                 Skip_Counter: 0
          Exec_Master_Log_Pos: 603
```

图 9-43　从节点信息（部分）

从图 9-43 中可以看出 Slave_IO_Running 与 Slave_SQL_Running 的值仍然是 No，故此时还无法同步。

（6）登录 MySQL 管理界面并执行以下命令，开启从节点同步。

```
mysql> start slave;
```

使用 show slave status\G;命令查看从节点信息，若结果中 Slave_IO_ Running 与 Slave_SQL_Running 的值均为 Yes，则表示从节点同步开启成功，如图 9-44 所示。

```
mysql> show slave status\G;
*************************** 1. row ***************************
               Slave_IO_State: Waiting for master to send event
                  Master_Host: 192.168.122.80
                  Master_User: tang
                  Master_Port: 3306
                Connect_Retry: 60
              Master_Log_File: mysql-bin.000001
          Read_Master_Log_Pos: 774
               Relay_Log_File: mysql-relay-bin.000004
                Relay_Log_Pos: 491
        Relay_Master_Log_File: mysql-bin.000001
             Slave_IO_Running: Yes
            Slave_SQL_Running: Yes
              Replicate_Do_DB:
          Replicate_Ignore_DB: mysql,test,information_schema
```

图 9-44　从节点同步开启成功

若 Slave_IO_Running 与 Slave_SQL_Running 的值出现其他情况，均表示从节点同步开启失败，此时在 show slave status\G;命令的执行结果中，Last_IO_Errno 或 Last_SQL_Errno 的值为非 0 值，Last_IO_Error 或 Last_SQL_Error 中会出现错误提示，如图 9-45 所示，可以依据错误提示自行检查。

```
                Last_IO_Errno: 2003
                Last_IO_Error: error reconnecting to master 'tang@192.168.122.80
:3306' - retry-time: 60  retries: 1
               Last_SQL_Errno: 0
               Last_SQL_Error:
```

图 9-45　从节点同步开启失败

至此，主节点和从节点均配置完成。登录主节点的 MySQL 管理界面，通过创建数据库及数据表并向其中插入数据的方式即可完成验证，主节点的操作过程及显示如下。

```
mysql> create database rep_tang character set = 'utf8';
Query OK, 1 row affected (0.01 sec)
mysql> show databases;
+--------------------+
| Database           |
+--------------------+
| information_schema |
| mysql              |
| performance_schema |
| rep_tang           |
| sys                |
+--------------------+
5 rows in set (0.00 sec)

mysql> use rep_tang;
Database changed
mysql> create table rep(id int(3), name char(20), age int(3));
Query OK, 0 rows affected (0.09 sec)
mysql> show tables;
+--------------------+
| Tables_in_rep_tang |
+--------------------+
| rep                |
+--------------------+
1 row in set (0.00 sec)

mysql> insert into rep values(1, "zhang", '18');
Query OK, 1 row affected (0.04 sec)

mysql> mysql> insert into rep values(2, "lilei", '24');
Query OK, 1 row affected (0.01 sec)

mysql> select * from rep;
+------+---------+------+
| id   | name    | age  |
+------+---------+------+
| 1    | zhang   | 18   |
| 2    | lilei   | 24   |
+------+---------+------+
2 rows in set (0.00 sec)
```

在从节点上需要检查是否同步成功。通过对比，若主节点添加的数据，在从节点上能查看到，则表示同步成功。整个过程使用的命令及显示如下所示。

```
mysql> show databases;
+--------------------------+
| Database                 |
+--------------------------+
| information_schema       |
| mysql                    |
| performance_schema       |
| rep_tang                 |
| sys                      |
+--------------------------+
5 rows in set (0.00 sec)

mysql> use rep_tang;
Database changed
mysql> show tables;
+----------------------+
| Tables_in_rep_tang   |
+----------------------+
| rep                  |
+----------------------+
1 row in set (0.00 sec)

mysql> select * from rep;
+------+---------+------+
| id   | name    | age  |
+------+---------+------+
|   1  | zhang   | 18   |
|   2  | lilei   | 24   |
+------+---------+------+
2 rows in set (0.00 sec)
```

9.5 习题

根据本章所学的知识，独立完成图 9-46 所示的集群配置。要求如下。

（1）对服务器进行统一的初始化。

（2）服务器均要开启防火墙。

（3）两台 Nginx 服务器运行相同的站点，它们可以是自己编写的网站程序，也可以是网络上提供的免费网站程序，如 WordPress、Discuz、Shopex 等，数据库连接到统一的后端节点。

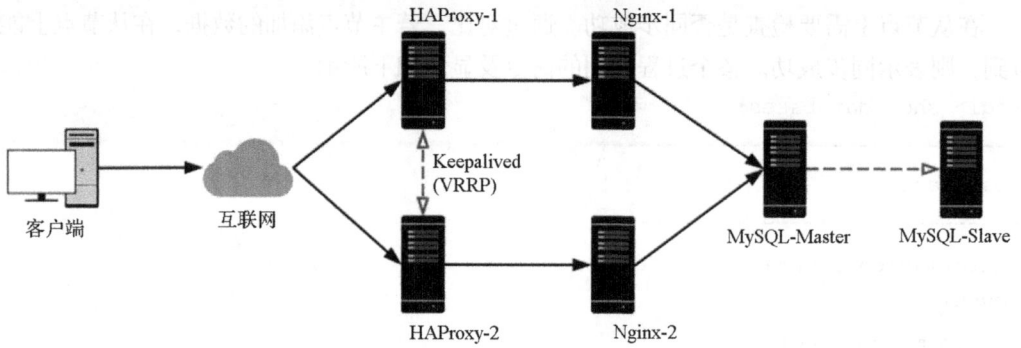

图 9-46　集群配置

（4）数据库为 MySQL 5.7.25 或 YUM 源自带的 MariaDB，数据库需要完成 MySQL Replication 主从复制与本地冷备份。

说明如下。

MySQL 的本地冷备份是指在数据库服务器处于关闭状态时进行的数据备份，这种备份方式不需要数据库服务运行，适用于紧急情况下的数据保护。

实现 MySQL 的本地冷备份可按以下步骤操作。

（1）关闭 MySQL。

（2）使用命令或其他文件系统备份工具来复制 MySQL 的数据目录到备份位置。

（3）重新启动 MySQL。

注意：请确保备份位置有足够的空间，并且在执行备份前备份工具应该有相应的权限。

提示：MySQL 本地冷备份可以使用 msqldump 命令完成。

第 ⑩ 章 常用系统安全配置

本章导读

Linux 中系统安全的重要性不可忽视，可通过安全加固配置、账户与远程安全、文件系统安全、防火墙安全配置和入侵检测系统等措施，有效地保护系统免受各种攻击，确保系统的安全性和稳定性。

知识目标

- 了解 Linux 的系统安全加固配置。
- 理解账户与远程安全以及文件系统安全的重要性。
- 理解入侵检测和防火墙的工作原理。

能力目标

- 能够完成对 Linux 服务器的加固。
- 能够完成账户与远程安全以及文件系统安全的相关配置。
- 能够使用常用的入侵检测与端口扫描工具。
- 能够使用 Linux 自带的防火墙管理工具。

素质目标

具有维护网络安全和国家安全的意识。

本章知识导图

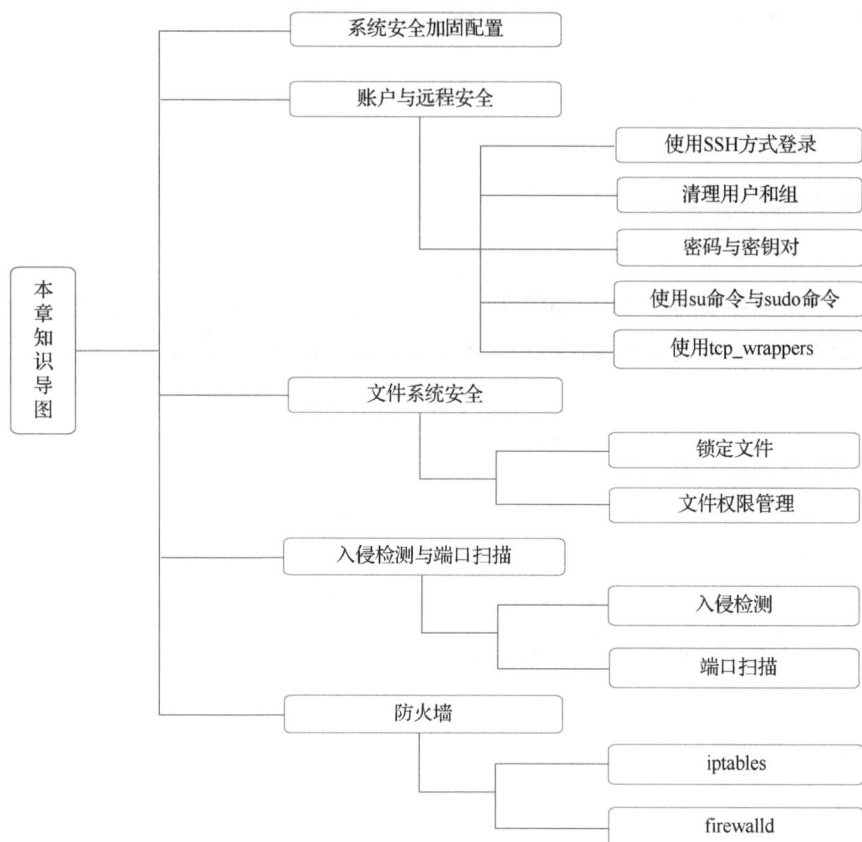

```
                        系统安全加固配置
                        账户与远程安全
                                            使用SSH方式登录
                                            清理用户和组
                                            密码与密钥对
                                            使用su命令与sudo命令
                                            使用tcp_wrappers
  本章知识导图
                        文件系统安全
                                            锁定文件
                                            文件权限管理
                        入侵检测与端口扫描
                                            入侵检测
                                            端口扫描
                        防火墙
                                            iptables
                                            firewalld
```

10.1　系统安全加固配置

系统安全加固配置

对 Linux 进行安全加固，主要是为了防止黑客轻易地进入系统并进行破坏，导致网络环境出现故障，影响系统及其中业务等的正常运行。

Linux 服务器安装完成后，还有许多配置需要手动完成，如配置网卡地址、配置防火墙等，这除了有助于管理员操作外，还对系统的加固有一定的促进作用。下面将介绍一些对服务器进行加固的配置。

1. GRUB 加密

GRUB（GRand Unified Bootloader）是一个来自 GNU 项目的多操作系统启动程序。GRUB 是多启动规范的实现，允许用户在计算机内同时拥有多个操作系统，并在计算机启动时选择希望运行的操作系统。GRUB 可用于选择操作系统分区上的不同内核，也可用于向这些内核传递启动参数。

在系统安装完成后，默认的 GRUB 是没有加密的，而在某些特殊情况下，需要对其进行加密，以防止其被恶意篡改等。在 CentOS 7.6 中，可以使用 grub2-setpassword 命令直接生成密码文件，它在重启服务器后即可生效。若能在文件/boot/grub2/user.cfg 中查看到以"GRUB2_PASSWORD= grub.pbkdf2.sha512.10000."开头的内容，则表示 GRUB 加密成功。

例：对 GRUB 进行加密和查看，如图 10-1 所示。

```
[root@centos7u5 ~]# grub2-setpassword
Enter password:
Confirm password:
[root@centos7u5 ~]# cat /boot/grub2/user.cfg
GRUB2_PASSWORD=grub.pbkdf2.sha512.10000.7725F880CC66152ABA52C01A377D2D2400F2FEB3
CDE7B6C0A03148A2C7DD86394E89F35E48DF4566507865C8E9521CD1E13F02AB74D7781BAA7F3699
0D5A9207.8237C8417D1FA251967BE0F5FEE8BD1C92C569DE491C6A1A35E36255FD3F915D1B683B3
B805D75A6CC11ADFBFFAF85F8584497356644A49E5F775244EB261DB3
[root@centos7u5 ~]# █
```

图 10-1　对 GRUB 进行加密和查看

2. 命令历史

Linux 的命令历史可以使用 history 命令查看，但是它默认仅能显示序号和已执行的命令，若需要显示更多信息，则需要对该命令进行设置。

一些常用的设置如下所示。

- HISTFILESIZE：保存命令的记录总数。
- HISTSIZE：定义 history 命令显示的行数。
- HISTFILE：指定保存历史命令的文件，默认为~/.bash_history。
- HISTCONTROL：设置为 ignoredups 时，表示从命令历史中剔除连续且重复的条目，也可以设置为其他值，如 erasedups、ignorespace。
- HISTIGNORE：在命令历史中不需要记录的命令，以半角冒号分隔。
- HISTTIMEFORMAT：定义执行 history 命令时的时间戳（一种以整数形式存储的时间值）的显示格式。

除了上述的一些设置外，还可以使用 history –a、shopt -s histappend 等命令。上述设置若需要全局生效，建议将其写入/etc/profile、/etc/bashrc 文件中；若仅对当前用户生效，则写入~/.bashrc、~/.bash_profile 文件中。

默认情况下，在终端中执行 history 命令后，只显示执行过的命令名称。

例：向~/.bashrc 文件中添加相关的指令，以显示命令执行的时间，命令历史的自定义设置如图 10-2 所示。

```
# .bashrc

# User specific aliases and functions

alias rm='rm -i'
alias cp='cp -i'
alias mv='mv -i'

# Source global definitions
if [ -f /etc/bashrc ]; then
        . /etc/bashrc
fi

export HISTTIMEFORMAT="[%F %T]"
```

图 10-2　命令历史的自定义设置

然后执行 source .bashrc 命令，并使用 history 命令查看设置是否生效，如图 10-3 所示。

```
[root@centos7u5 ~]# vi .bashrc
[root@centos7u5 ~]# source .bashrc
[root@centos7u5 ~]# history
    1  [2024-06-07 07:46:49] type cd
    2  [2024-06-07 07:46:49] type cp
    3  [2024-06-07 07:46:49] type find
    4  [2024-06-07 07:46:49] clear
    5  [2024-06-07 07:46:49] type cd
    6  [2024-06-07 07:46:49] type find
    7  [2024-06-07 07:46:49] whereis find
    8  [2024-06-07 07:46:49] which find
    9  [2024-06-07 07:46:49] clear
   10  [2024-06-07 07:46:49] touch anaconda-ks.cfg
   11  [2024-06-07 07:46:49] clear
   12  [2024-06-07 07:46:49] ls -l anaconda-ks.cfg
   13  [2024-06-07 07:46:49] cd ..
   14  [2024-06-07 07:46:49] ls
   15  [2024-06-07 07:46:49] cd
   16  [2024-06-07 07:46:49] ls
   17  [2024-06-07 07:46:49] rm -rf t1.*
   18  [2024-06-07 07:46:49] rm -rf t2.*
   19  [2024-06-07 07:46:49] rm -rf gz bz2
   20  [2024-06-07 07:46:49] bzip2
```

图 10-3 使命令历史的自定义设置生效

简单来说，soruce 命令的功能就是使文件中的配置信息马上生效，如果不使用 source 命令执行文件的话，只有等计算机重启后配置信息才能生效。

如果用户想在退出登录后清除命令历史或执行其他操作，可以通过~/.bash_logout 文件来实现，如需要在退出登录后将命令历史清空，可以通过向该文件中添加"history -c"来实现。

3. 删减系统登录信息

在登录 Linux 时，系统一般都会给出一些欢迎信息或版本信息，能为管理员带来一定程度的便利，但是这些信息通常都是针对所有用户的，很容易在黑客发起针对服务器的攻击时被利用，所以可以修改或删除这些信息以防止其被恶意利用。

相关的文件主要包括/etc/issue、/etc/issue.net、/etc/redhat-release、/etc/motd。

/etc/issue 和/etc/issue.net 文件主要用于登录前的信息显示。当使用本地终端或控制台登录时，调用/etc/issue 文件的内容；当使用 SSH 登录时，调用/etc/issue.net 文件的内容。默认情况下，SSH 服务不会调用/etc/issue.net 文件的内容，若需要显示该文件的内容，则需要在/etc/ssh/sshd_config 文件中添加"Banner /etc/issue.net"并重启服务，重启后通过 SSH 登录即可查看相关的内容，演示如下。

（1）执行图 10-4 所示的命令，对/etc/issue 文件的内容进行修改。

```
[root@centos7u5 ~]# echo "Welcome to /etc/issue" >/etc/issue
[root@centos7u5 ~]# cat /etc/issue
Welcome to /etc/issue
[root@centos7u5 ~]#
```

图 10-4 修改/etc/issue 文件

执行以上命令后，以终端方式登录的欢迎信息如图 10-5 所示。

```
Welcome to /etc/issue
centos7u5 login: _
```

图 10-5　以终端方式登录的欢迎信息

（2）当使用 SSH 登录时，则需要同时修改/etc/issue.net 与/etc/ssh/sshd_config 两个文件，如图 10-6 所示。

```
[root@centos7u5 ~]# echo "Welcome to /etc/issue.net" > /etc/issue.net
[root@centos7u5 ~]# cat /etc/issue.net
Welcome to /etc/issue.net
[root@centos7u5 ~]# echo "Banner /etc/issue.net" >> /etc/ssh/sshd_config
[root@centos7u5 ~]# grep "Banner" /etc/ssh/sshd_config
#Banner none
Banner /etc/issue.net
[root@centos7u5 ~]# systemctl restart sshd.service
[root@centos7u5 ~]#
```

图 10-6　修改/etc/issue.net 与/etc/ssh/sshd-config 文件

执行相关命令后，以 SSH 方式登录的欢迎信息如图 10-7 所示。

```
[tang@localhost ~]$ ssh root@192.168.122.128
Welcome to /etc/issue.net
root@192.168.122.128's password:
```

图 10-7　以 SSH 方式登录的欢迎信息（1）

/etc/redhat-release 文件中记录了操作系统的版本号及名称。/etc/motd 文件在用户登录后调用显示，调用时不会区分登录方式，文件内容默认为空。演示如下。

（3）执行图 10-8 所示的命令，向/etc/motd 文件中添加欢迎信息。

```
[root@centos7u5 ~]# echo "Welcom to /etc/motd" > /etc/motd
[root@centos7u5 ~]# cat /etc/motd
Welcom to /etc/motd
[root@centos7u5 ~]#
```

图 10-8　修改/etc/motd 文件

执行以上命令后，以 SSH 方式登录的欢迎信息如图 10-9 所示。

```
[tang@localhost ~]$ ssh root@192.168.122.128
Welcome to /etc/issue.net
root@192.168.122.128's password:
Last login: Sun Mar 17 21:40:39 2019 from 192.168.122.246
Welcom to /etc/motd
[root@centos7u5 ~]#
```

图 10-9　以 SSH 方式登录的欢迎信息（2）

若要通过 SSH 方式登录，同时去掉登录后出现的以“Last login”开头的信息，可以将/etc/ssh/sshd_config 文件中 PrintLastLog 的值修改为 no，并重启服务。其过程如下（对文件修改未列出）。

（4）修改/etc/ssh/sshd_config 文件中 PrintLastLog 的值，如图 10-10 所示。

```
[root@centos7u5 ~]# grep "PrintLastLog" /etc/ssh/sshd_config
PrintLastLog no
[root@centos7u5 ~]# systemctl restart sshd.service
[root@centos7u5 ~]#
```

图 10-10   修改 PrintLastLog 的值

退出后重新登录，会发现以 "Last login" 开头的信息已不存在，如图 10-11 所示。

```
[tang@localhost ~]$ ssh root@192.168.122.128
Welcome to /etc/issue.net
root@192.168.122.128's password:
Welcom to /etc/motd
[root@centos7u5 ~]#
```

图 10-11   以 SSH 方式登录的欢迎信息（3）

4. 禁用 Ctrl+Alt+Delete 组合键

Ctrl+Alt+Delete 组合键常用来执行重启操作，禁用它的主要目的是防止对服务器的误操作等引起的重启。在 /etc/inittab 文件中，可以查看到如下描述。

```
Ctrl-Alt-Delete is handled by /usr/lib/systemd/system/ctrl-alt-del.target
```

进一步查看会发现，/usr/lib/systemd/system/ctrl-alt-del.target 文件是/usr/lib/systemd/system/reboot.target 文件的一个软链接，因此，有两种方式可以禁用 Ctrl+Alt+Delete 组合键。

- 直接将文件/usr/lib/systemd/system/ctrl-alt-del.target 删除。
- 将文件/usr/lib/systemd/system/ctrl-alt-del.target 中的所有内容注释掉，同时让 reboot 命令失效。

5. 修改常用内核参数

对 Linux 的常用内核参数进行合理的修改，可以让系统更好地运行。修改的方式一般分为以下两种。

- 临时修改，直接在/proc 目录下进行操作，会即时生效。
- 若需要修改永久生效，可以在/etc/sysctl.conf 文件中进行修改；也可以在/etc/sysctl.d/目录中新建文件进行配置，然后使用 sysctl -p <file>或 systcl --system 命令使配置生效。

例：开启路由转发功能，可以通过修改/proc/sys/net/ipv4/ip_forward 文件的值来实现。

```
[root@centos7u5 ~]# echo 1 > /proc/sys/net/ipv4/ip_forward
```

执行以上命令成功后，可以查看到文件的值已变为 1，如图 10-12 所示。

```
[root@centos7u5 ~]# cat /proc/sys/net/ipv4/ip_forward
0
[root@centos7u5 ~]# echo 1 > /proc/sys/net/ipv4/ip_forward
[root@centos7u5 ~]# cat /proc/sys/net/ipv4/ip_forward
1
[root@centos7u5 ~]#
```

图 10-12   开启路由转发（1）

例：通过修改配置文件来实现开启路由转发功能，如图 10-13 所示。

```
[root@centos7u5 ~]# echo "net.ipv4.ip_forward = 1" >> /etc/sysctl.conf
[root@centos7u5 ~]# sysctl -p
```

```
[root@centos7u5 ~]# sysctl -a | grep ip_forward
net.ipv4.ip_forward = 0
net.ipv4.ip_forward_use_pmtu = 0
sysctl: reading key "net.ipv6.conf.all.stable_secret"
sysctl: reading key "net.ipv6.conf.default.stable_secret"
sysctl: reading key "net.ipv6.conf.eth0.stable_secret"
sysctl: reading key "net.ipv6.conf.lo.stable_secret"
[root@centos7u5 ~]# echo "net.ipv4.ip_forward = 1" >> /etc/sysctl.conf
[root@centos7u5 ~]# sysctl -p
net.ipv4.ip_forward = 1
[root@centos7u5 ~]# sysctl -a | grep ip_forward
net.ipv4.ip_forward = 1
net.ipv4.ip_forward_use_pmtu = 0
sysctl: reading key "net.ipv6.conf.all.stable_secret"
sysctl: reading key "net.ipv6.conf.default.stable_secret"
sysctl: reading key "net.ipv6.conf.eth0.stable_secret"
sysctl: reading key "net.ipv6.conf.lo.stable_secret"
[root@centos7u5 ~]#
```

图 10-13　开启路由转发（2）

6. 关闭不需要的服务

Linux 中默认安装了许多服务，且大部分默认会自动启动，但是其中有一部分可能不是运行时必需的，关闭它们也不会对整个系统的运行造成不可逆转的影响。对于服务器来说，运行的服务越多，消耗的资源也越多，同时安全性也会相应地降低。因此，关闭一些不需要的服务，对系统的运行及安全会有所帮助。

在确定需要关闭的服务之前，需要针对其是否会对现有的业务或服务的运行造成影响进行评估，若关闭它们后会导致系统运行不稳定或某些业务无法正常运行，则不建议处理，保留默认配置即可。若关闭某些服务造成的影响不确定，也建议保留默认配置。一般情况下不需要的服务有 auditd、cups、avahi-daemon、sendmail、postfix、bluetooth、sound、messagebus、rc-local 等，它们均可被关闭。

关闭服务自动启动通过 systemctl 命令即可实现。

例：执行图 10-14 所示的命令并重启服务器即可关闭 bluetooth 服务。

```
[root@centos7u5 ~]# systemctl disable bluetooth.service
Removed symlink /etc/systemd/system/dbus-org.bluez.service.
Removed symlink /etc/systemd/system/bluetooth.target.wants/bluetooth.service.
[root@centos7u5 ~]#
```

图 10-14　关闭 bluetooth 服务

当需要重新设置服务自动启动时，执行图 10-15 所示的命令并重启服务器即可。

```
[root@centos7u5 ~]# systemctl enable bluetooth.service
Created symlink from /etc/systemd/system/dbus-org.bluez.service to /usr/lib/systemd/system
/bluetooth.service.
Created symlink from /etc/systemd/system/bluetooth.target.wants/bluetooth.service to /usr/
lib/systemd/system/bluetooth.service.
[root@centos7u5 ~]#
```

图 10-15　开启 bluetooth 服务

10.2　账户与远程安全

10.2.1　使用 SSH 方式登录

账户与远程安全

登录一台 Linux 服务器可以采用多种方式，其中 SSH 方式是较常用的。

它由客户端和服务端共同组成，主配置文件为/etc/ssh/sshd_config。

基于安全的考虑，一般服务器（特别是生产环境）是不允许通过 root 用户直接进行远程登录的。如果需要禁止 root 用户直接进行远程登录，可以将 SSH 服务的主配置文件中的参数 PermitRootLogin 开启并设置其值为 no（若其值为 without-password，则表示 root 用户不能使用密码登录，但可以使用密钥对登录）并重启服务；如果需要禁止使用密码登录，则需要将主配置文件中的参数 PasswordAuthentication 的值修改为 no 并重启服务，如图 10-16 所示，结果如图 10-17 所示。

```
[root@centos7u5 ~]# grep "^PermitRootLogin" /etc/ssh/sshd_config
PermitRootLogin no
[root@centos7u5 ~]# grep "^PasswordAuthentication" /etc/ssh/sshd_config
PasswordAuthentication no
[root@centos7u5 ~]# systemctl restart sshd.service
[root@centos7u5 ~]# ■
```

图 10-16　禁止 root 用户直接进行远程登录及使用密码登录

```
[root@centos7u5 ~]# ssh root@192.168.122.128
Welcome to /etc/issue.net
Permission denied (publickey,gssapi-keyex,gssapi-with-mic).
```

图 10-17　禁止 root 用户直接进行远程登录及使用密码登录结果

除了上述常用的两个设置外，修改 SSH 服务端口、指定 SSH 使用的版本等，同样可以通过修改主配置文件来实现。

很多时候，SSH 服务禁止使用密码登录的设置会配合密钥对使用，关于如何配置密钥对，将在后面进行说明。若禁止了 root 用户登录，请确保有其他用户能登录服务器且拥有一定的权限。

10.2.2　清理用户和组

并不是所有的用户都需要登录，往往存在一部分用户在使用过程中不会进行登录操作但拥有登录权限，或者并未使用登录权限而只是为其预留该权限等情况，这时就需要对系统中的用户和组进行清理，以提升系统安全性。

Linux 提供了不同角色的系统账号，在这些默认的用户和组中，有一些是可以删除的。

- 可删除的用户：adm、lp、sync、shutdown、halt、games、operator 等。
- 可删除的组：adm、lp、games 等。

某些用户在系统中会使用，但是并不会涉及登录，如 nginx、apache 等，可以通过执行命令 usermod -s /sbin/nologin <user>修改登录 Shell（也可以通过修改/etc/passwd 文件实现相同的效果）来禁止用户登录。

例：禁止 root 用户直接登录，可以执行图 10-18 所示的命令。

```
[root@centos7u5 ~]# usermod -s /sbin/nologin root
[root@centos7u5 ~]# grep "^root" /etc/passwd
root:x:0:0:root:/root:/sbin/nologin
[root@centos7u5 ~]# ■
```

图 10-18　修改 root 用户登录 Shell

禁止 root 用户登录时的提示信息如图 10-19 所示。

```
[tang@localhost ~]$ ssh root@192.168.122.128
Welcome to /etc/issue.net
root@192.168.122.128's password:
Welcom to /etc/motd
This account is currently not available.
Connection to 192.168.122.128 closed.
[tang@localhost ~]$ ▮
```

图 10-19　禁止 root 用户登录时的提示信息

除了上述的方法外，还可以通过在/etc/shadow 文件中找到 root 用户所在的行，在第二列（以 ":" 号分隔）加上 "!" 或 "!!" 实现相同的效果，或通过 passwd 命令锁定 root 用户，锁定的用户与使用 usermod 命令禁用的用户，在切换或登录时的提示信息会有所区别。

例：通过 usermod -L <user>命令锁定 root 用户，如图 10-20 所示。

```
[root@centos7u5 ~]# usermod -L root
[root@centos7u5 ~]# grep "root" /etc/shadow
root:!$6$37.PUeHR8ehRzuqJ$yOFNP3ZW5gDzzWjVm9R/nDhiJ/cJOtlpJeEWnOXmDHZ1fzdyb05XOOpwKH2LNDJ3
5jDLRLgcly3kqaKHOKXlN.::0:99999:7:::
[root@centos7u5 ~]# ▮
```

图 10-20　锁定 root 用户

锁定的 root 用户登录时的提示信息如图 10-21 所示。

```
[tang@localhost ~]$ ssh root@192.168.122.128
Welcome to /etc/issue.net
root@192.168.122.128's password:
Permission denied, please try again.
root@192.168.122.128's password:
Permission denied, please try again.
root@192.168.122.128's password:
Permission denied (publickey,gssapi-keyex,gssapi-with-mic,password).
[tang@localhost ~]$
```

图 10-21　锁定的 root 用户登录时的提示信息

10.2.3　密码与密钥对

Linux 中的用户登录时，一般会使用密码或密钥对的方式来进行验证。密码验证即直接通过创建用户时设置的密码（进入系统后可修改）进行登录验证，这属于传统的安全策略，同时所使用的密码也必须符合一定的复杂度要求；密钥对认证则通过公私钥配对来进行登录验证，公钥会上传到服务器，私钥则由个人保存。密钥对认证方式实现了多种加密算法，使用不同的配置可以生成不同加密方式及强度的密钥对。相对于传统的密码认证方式，密钥对认证方式的安全性较高。在生产环境中建议使用密钥对认证的方式进行登录，同时禁用密码登录。

例：使用密钥对认证，创建密钥对并向 192.168.122.128 服务器的指定用户上传公钥。

（1）生成密钥对（-b 参数的值不同，生成的密钥对的长度也不同），密钥对生成后，可以在~/.ssh 目录下查看，如图 10-22 所示。

（2）将公钥上传到指定的服务器（此过程中需要输入密码），私钥请妥善保存。执行公钥上传命令，若执行成功，则会出现图 10-23 所示的内容。

```
[tang@localhost .ssh]$ ssh-keygen -t rsa -b 1024
Generating public/private rsa key pair.
Enter file in which to save the key (/home/tang/.ssh/id_rsa):
Enter passphrase (empty for no passphrase):
Enter same passphrase again:
Your identification has been saved in /home/tang/.ssh/id_rsa.
Your public key has been saved in /home/tang/.ssh/id_rsa.pub.
The key fingerprint is:
SHA256:nAMIafqh9jlwsn8/YbQJWUTcWF1qcfUL/f60IUPUTCY tang@centos7u5
The key's randomart image is:
+---[RSA 1024]----+
|   ..  +o+....E.+ |
|   o. . + . .+ B .|
| o . +     o o +.|
|. .   o + . . . o|
| o . o S     . .|
|.+..   = .  . . |
|. * . .     o .o|
| . + . .     o.+|
| ..o . . .      |
+----[SHA256]-----+
[tang@localhost .ssh]$ ls ~/.ssh/id_rsa ~/.ssh/id_rsa.pub
/home/tang/.ssh/id_rsa  /home/tang/.ssh/id_rsa.pub
[tang@localhost .ssh]$
```

图 10-22　生成密钥对

```
[tang@localhost .ssh]$ ssh-copy-id -i ~/.ssh/id_rsa.pub root@192.168.122.128
/usr/bin/ssh-copy-id: INFO: Source of key(s) to be installed: "/home/tang/.ssh/id_rsa.pub"
/usr/bin/ssh-copy-id: INFO: attempting to log in with the new key(s), to filter out any that
 are already installed
/usr/bin/ssh-copy-id: INFO: 1 key(s) remain to be installed -- if you are prompted now it is
 to install the new keys
Welcome to /etc/issue.net
root@192.168.122.128's password:

Number of key(s) added: 1

Now try logging into the machine, with:   "ssh 'root@192.168.122.128'"
and check to make sure that only the key(s) you wanted were added.

[tang@localhost .ssh]$
```

图 10-23　上传公钥到指定的服务器

如果使用密码认证，则可以通过设置密码的有效期等来提升安全性，其实现方式有多种。

- 修改/etc/login.defs 文件中的 PASS_MAX_DAYS，可以对之后创建的所有新用户应用统一的密码过期时间。
- 使用命令 passwd -x 30 <user>，则可以为已经存在的用户修改密码过期时间，其中 30 为有效天数。

/etc/login.defs 文件的修改只对之后创建的用户生效，如图 10-24 所示，密码过期时间为 60 天。

```
[root@centos7u5 ~]# grep "^PASS_MAX_DAYS" /etc/login.defs
PASS_MAX_DAYS   60
[root@centos7u5 ~]# useradd tang
[root@centos7u5 ~]# grep "^tang" /etc/shadow
tang:!!:17972:0:60:7:::
[root@centos7u5 ~]#
```

图 10-24　修改密码过期时间（1）

若使用 passwd 命令，则可以修改已经存在的用户的密码过期时间，如图 10-25 所示。

```
[root@centos7u5 ~]# grep "^tang" /etc/shadow
tang:!!:17972:0:60:7:::
[root@centos7u5 ~]# passwd -x 30 tang
调整用户密码老化数据tang。
passwd: 操作成功
[root@centos7u5 ~]# grep "^tang" /etc/shadow
tang:!!:17972:0:30:7:::
[root@centos7u5 ~]#
```

图 10-25 修改密码过期时间（2）

10.2.4 使用 su 命令与 sudo 命令

su 命令是用来在命令行中切换用户的一种工具，可以从普通用户切换为 root 用户，也可以切换为其他普通用户，从而获取相应用户的权限。一般在生产环境中，都会禁止 root 用户登录，而使用普通用户登录，当某些服务需要 root 用户或普通用户的权限时，再通过 su 命令切换为指定用户进行操作。默认情况下，所有的普通用户均可以直接切换为 root 用户或其他普通用户，但这会造成权限的混乱。这样密码会被多人知晓，也会提高密码泄露的风险。

sudo 命令是一个可以将一些 root 用户能使用但普通用户不能使用的权限分配给普通用户使用的工具，从而在不切换为 root 用户的情况下使用一些 root 用户或普通用户才能使用的权限或命令。

例：为用户 tang（已创建并设置密码）分配 sudo 权限。

新建文件/etc/sudoers.d/90-user-tang 并设置权限。

```
[root@centos7u5 ~]# touch /etc/sudoers.d/90-user-tang
[root@centos7u5 ~]# chmod 440 /etc/sudoers.d/90-user-tang
```

执行以上命令后，会出现图 10-26 所示的一个空文件。

```
root@centos7u5 ~]# touch /etc/sudoers.d/90-user-tang
root@centos7u5 ~]# chmod 440 /etc/sudoers.d/90-user-tang
root@centos7u5 ~]# ls -lha /etc/sudoers.d/90-user-tang
r--r-----. 1 root root 0 3月  17 23:05 /etc/sudoers.d/90-user-tang
root@centos7u5 ~]#
```

图 10-26 创建空文件并设置权限

向新建的文件中添加如下内容（具体的权限可根据实际情况而定）。

```
tang ALL=(ALL) NOPASSWD: ALL, !/bin/su, !/bin/rm, !/bin/busybox
```

以上内容限制了用户 tang 在使用 sudo 命令时，不能使用 su、rm 和 buxybox 命令，如图 10-27 所示。

```
tang@centos7u5 ~]$ sudo su - zhink
对不起，用户 tang 无权以 root 的身份在 centos7u5.kvm.com 上执行 /bin/su - zhink。
tang@centos7u5 ~]$ su
密码：
root@centos7u5 tang]# su - zhink
zhink@centos7u5 ~]$ exit
logout
root@centos7u5 tang]# exit
exit
tang@centos7u5 ~]$
```

图 10-27 sudo 权限失效

但是用户 tang 可以直接使用 su 命令切换到用户 zhink 并获取相应的权限，此时相当于 sudo 权限限制失效了。因此一般来说，为了配合 sudo 权限的限制，需要完全禁止普通用户使用 su 命令切换到 root 用户或其他普通用户，这可以通过修改/etc/pam.d/su 文件中的内容来实现，如图 10-28 所示。

```
[ root@centos7u5 ~]# echo "auth     required     pam_wheel.so     use_uid" >> /etc/pam.d/su
[ root@centos7u5 ~]# cat /etc/pam.d/su
#%PAM-1.0
auth            sufficient      pam_rootok.so
# Uncomment the following line to implicitly trust users in the "wheel" group.
#auth           sufficient      pam_wheel.so trust use_uid
# Uncomment the following line to require a user to be in the "wheel" group.
#auth           required        pam_wheel.so use_uid
auth            substack        system-auth
auth            include         postlogin
account         sufficient      pam_succeed_if.so uid = 0 use_uid quiet
account         include         system-auth
password        include         system-auth
session         include         system-auth
session         include         postlogin
session         optional        pam_xauth.so
auth            required        pam_wheel.so     use_uid
[ root@centos7u5 ~]#
```

图 10-28　禁止普通用户使用 su 命令切换为 root 用户或其他普通用户

而此时用户 tang 使用 su 命令切换到用户 zhink 时，则会报错，如图 10-29 所示。

```
[ tang@centos7u5 ~]$ su
密码：
su: 拒绝权限
[ tang@centos7u5 ~]$ su - zhink
密码：
su: 拒绝权限
```

图 10-29　用户切换时报错

10.2.5　使用 tcp_wrappers

tcp_wrappers 是一个工作在传输层的安全工具，也是一个用来分析 TCP/IP 数据包的软件。它属于防火墙的一种，主要提供对主机名和主机地址的保护。其工作原理可以简要描述：当客户端发起请求时，tcp_wrappers 会截获请求并读取预先设定的文件中的内容与之对比，若符合要求，则允许通过，否则会拒绝并中断请求。

tcp_wrappers 的配置文件主要有两个：/etc/hosts.allow、/etc/hosts.deny。

其中，/etc/hosts.allow 文件的优先级更高。

使用 tcp_wrappers 控制访问特定主机或服务的命令的语法格式如下。

```
service:host(s) [:action]
```

其中各项的含义如下。

service：服务名，如 sshd 等。

host(s)：主机名或 IP 地址，可以有多个，也可以使用关键字 ALL、ALL EXCEPT 等。

action：符合要求后所采取的动作，如允许、拒绝等。

例：只允许通过某一个 IP 地址以 SSH 方式登录服务器。

（1）在/etc/hosts.allow 文件中添加图 10-30 所示的内容。

```
[root@centos7u5 ~]# echo "sshd:192.168.122.246" >> /etc/hosts.allow
[root@centos7u5 ~]# cat /etc/hosts.allow
#
# hosts.allow    This file contains access rules which are used to
#                allow or deny connections to network services that
#                either use the tcp_wrappers library or that have been
#                started through a tcp_wrappers-enabled xinetd.
#
#                See 'man 5 hosts_options' and 'man 5 hosts_access'
#                for information on rule syntax.
#                See 'man tcpd' for information on tcp_wrappers
#
sshd:192.168.122.246
[root@centos7u5 ~]#
```

图 10-30　添加允许远程登录服务器的内容

（2）同时在/etc/hosts.deny 文件中添加图 10-31 所示的内容，拒绝通过其他 IP 地址远程登录服务器。

```
[root@centos7u5 ~]# echo "sshd:ALL" >> /etc/hosts.deny
[root@centos7u5 ~]# cat /etc/hosts.deny
#
# hosts.deny    This file contains access rules which are used to
#               deny connections to network services that either use
#               the tcp_wrappers library or that have been
#               started through a tcp_wrappers-enabled xinetd.
#
#               The rules in this file can also be set up in
#               /etc/hosts.allow with a 'deny' option instead.
#
#               See 'man 5 hosts_options' and 'man 5 hosts_access'
#               for information on rule syntax.
#               See 'man tcpd' for information on tcp_wrappers
#
sshd:ALL
[root@centos7u5 ~]#
```

图 10-31　拒绝通过其他 IP 地址远程登录服务器

（3）完成配置后，只能通过 192.168.122.246 登录服务器，而通过其他 IP 地址登录服务器时，则会提示 "ssh_exchange_identification: read: Connection reset by peer"，如图 10-32 所示。

```
[tang@localhost ~]$ ip a | grep eth0
2: eth0: <BROADCAST,MULTICAST,UP,LOWER_UP> mtu 1500 qdisc pfifo_fast state UP group default
qlen 1000
    inet 192.168.122.246/24 brd 192.168.122.255 scope global noprefixroute dynamic eth0
[tang@localhost ~]$
[tang@localhost ~]$ ssh root@192.168.122.128
Welcome to /etc/issue.net
Welcom to /etc/motd
[root@centos7u5 ~]#
[root@centos7u5 ~]# ip a | grep eth0
2: eth0: <BROADCAST,MULTICAST,UP,LOWER_UP> mtu 1500 qdisc pfifo_fast state UP group default
qlen 1000
    inet 192.168.122.128/24 brd 192.168.122.255 scope global noprefixroute dynamic eth0
[root@centos7u5 ~]#
[root@centos7u5 ~]# ssh tang@192.168.122.128
ssh_exchange_identification: read: Connection reset by peer
[root@centos7u5 ~]#
```

图 10-32　登录测试

通过以上测试可知，当使用 192.168.122.246 登录服务器时，服务器显示欢迎信息，则登录成功。如果通过本机继续远程登录，由于本机的 IP 地址并不在允许远程登录范围内，所以会被拒绝，同时给出错误提示信息 ssh_exchange_identification: read: connection reset by peer（SSH 连接到远程服务器时，连接被对方服务器重置）。

10.3 文件系统安全

10.3.1 锁定文件

Linux 中有一部分文件在默认情况下使用 root 用户也无法直接删除，这可能是文件处于锁定状态。通过锁定文件操作，可以保护一些重要的文件免遭恶意修改，从而提高系统的安全性。

锁定文件可以使用 chattr 命令。

其语法格式如下。

```
chattr [-RVf] [-+=aAcCdDeijsStTu] [-v version] files...
```

其常用的参数如下。

- a：表示只能向文件中追加内容，而不能删除内容。
- i：表示文件不能被修改、删除等。

例：锁定~/.ssh/authorized_keys 文件，执行图 10-33 所示的命令。

```
[root@centos7u5 ~]# chattr +i ~/.ssh/authorized_keys
[root@centos7u5 ~]#
```

图 10-33　锁定文件

查看文件是否被锁定可以使用 lsattr 命令。

其语法格式如下。

```
lsattr [-RVadlv] [files...]
```

例：查看~/.ssh/authorized_keys 文件是否被锁定，执行图 10-34 所示的命令。

```
[root@centos7u5 ~]# lsattr ~/.ssh/authorized_keys
----i---------- /root/.ssh/authorized_keys
[root@centos7u5 ~]#
```

图 10-34　查看文件是否被锁定

若存在 i 权限，则表示文件处于锁定状态。

10.3.2 文件权限管理

在 Linux 中，每个文件都会有相应的权限，但并不是每个文件的权限都是合理的，可能存在一些文件的权限过大或权限配置不正确的情况，这些情况会给整个系统带来一定的安全隐患。可以使用高级权限 ACL 来为文件属主或所属组的用户分配权限。一般来说，应遵循最小权限原则，合理地分配权限。

除了对文件分配合理的权限以外，对文件的备份同样非常重要，特别是一些重要的系统文件及生产环境中所运行服务的配置文件等。备份文件时，可以将需要备份的文件打包存放到服务器中指定的位置并设置相应的权限，也可以将备份的文件下载到本地进行保存，还可以使用诸如上传云盘等备份方式。

对服务器中文件的权限进行定期检查也有助于发现并修复问题。检查文件拥有的权限，常用的方式是使用 ls 命令，但是通过它只能查看常规权限及一部分特殊权限。此外，find、 getfacl 等命令，都可以用于查看权限。

- find 命令除了用于查找文件外，还可以通过添加不同的参数查看文件是否具备某权限。
- getfacl 命令则是用来查看 ACL 权限的。相应地，可以使用 setfacl 命令来设置 ACL 权限。

例：查看文件是否具备 s 权限，如图 10-35 所示。

```
[root@centos7u5 ~]# find / -type f -perm -4000 -o -perm -2000 -print | xargs ls -la --time-style=+%m%d
find: '/proc/3236/task/3236/fd/5': 没有那个文件或目录
find: '/proc/3236/task/3236/fdinfo/5': 没有那个文件或目录
find: '/proc/3236/fd/6': 没有那个文件或目录
find: '/proc/3236/fdinfo/6': 没有那个文件或目录
-rwx--s--x. 1 root slocate       40520 0411 /usr/bin/locate
---x--s--x. 1 root nobody       382240 0411 /usr/bin/ssh-agent
-r-xr-sr-x. 1 root tty           15344 0610 /usr/bin/wall
-rwxr-sr-x. 1 root tty           19624 0411 /usr/bin/write
-rwx--s--x. 1 root utmp          15560 0904 /usr/lib64/vte-2.91/gnome-pty-helper
-rwxr-sr-x. 1 root nobody        53064 0420 /usr/libexec/kde4/kdesud
---x--s--x. 1 root ssh_keys     469880 0411 /usr/libexec/openssh/ssh-keysign
-rwx--s--x. 1 root utmp          11192 0610 /usr/libexec/utempter/utempter
-rwx--s--x. 1 root lock          11208 0610 /usr/sbin/lockdev
-rwxr-sr-x. 1 root root          11224 0411 /usr/sbin/netreport
-rwxr-sr-x. 1 root postdrop     218552 0610 /usr/sbin/postdrop
-rwxr-sr-x. 1 root postdrop     259992 0610 /usr/sbin/postqueue

/run/log/journal:
总用量 0
drwxr-sr-x. 3 root systemd-journal 60 0606 .
drwxr-xr-x. 3 root root            60 0606 ..
drwxr-s---+ 2 root systemd-journal 60 0606 b815e1412406432aa0989cab0a5c2246

/run/log/journal/b815e1412406432aa0989cab0a5c2246:
总用量 8192
drwxr-s---+ 2 root systemd-journal      60 0606 .
drwxr-sr-x. 3 root systemd-journal      60 0606 ..
-rwxr-x---+ 1 root systemd-journal 8388608 0606 system.journal
```

图 10-35　查看文件是否具备 s 权限

例：为用户 tang 添加/opt 目录的读取、写入、执行权限，如图 10-36 所示。

```
[root@centos7u5 ~]# ls -ld --time-style=+%m%d /opt
drwxr-xr-x. 3 root root 16 1204 /opt
[root@centos7u5 ~]# getfacl /opt
getfacl: Removing leading '/' from absolute path names
# file: opt
# owner: root
# group: root
user::rwx
group::r-x
other::r-x

[root@centos7u5 ~]# setfacl -m "u:tang:rwx" /opt
[root@centos7u5 ~]# getfacl /opt
getfacl: Removing leading '/' from absolute path names
# file: opt
# owner: root
# group: root
user::rwx
user:tang:rwx
group::r-x
mask::rwx
other::r-x
```

图 10-36　为用户添加权限

10.4　入侵检测与端口扫描

10.4.1　入侵检测

服务器暴露于公网，随时都有可能遭到暴力破解、网络监听等攻击。若服务器被入侵，有可能遭受不可估量的损失，因此，定期对服务器进行检测是非常有必要的。

入侵检测通过对计算机网络或系统中的若干关键信息进行收集、整理并分析，从而发现是否存在被攻击或违反预先定义的安全规则的迹象。

常见的入侵检测工具是 rkhunter，它是一个基于主机、用于扫描 Rootkit、后门和本地漏洞的工具。

rkhunter 的主要功能如下。

- MD5 校验检测文件是否被改动。
- 检测 Rootkit 使用的二进制文件和系统工具。
- 检测木马程序的特征码。
- 检测文件的属性是否异常。
- 检测后门程序常用的端口。
- 检查日志文件、隐藏文件等。

安装 rkhunter 有两种方式：一种是使用 YUM 源安装；另一种是在其官网中下载软件包安装。

这里使用 YUM 源进行安装（需要先行配置 EPEL 源）。

```
[root@centos7u5 ~]# yum install -y rkhunter
```

可以直接使用命令行来执行以上命令，也可以配置计划任务定时执行以上命令，执行结果均会存放于/var/log/rkhunter/rkhunter.log 文件。

在命令行中执行图 10-37 所示的命令，部分运行结果如图 10-37 所示。

```
root@centos7u5 ~]# rkhunter -c --sk
[ Rootkit Hunter version 1.4.6 ]

Checking system commands...

  Performing 'strings' command checks
    Checking 'strings' command                    [ OK ]

  Performing 'shared libraries' checks
    Checking for preloading variables             [ None found ]
    Checking for preloaded libraries              [ None found ]
    Checking LD_LIBRARY_PATH variable             [ Not found ]

  Performing file properties checks
    Checking for prerequisites                    [ Warning ]
    /usr/sbin/adduser                             [ OK ]
    /usr/sbin/chkconfig                           [ OK ]
    /usr/sbin/chroot                              [ OK ]
    /usr/sbin/depmod                              [ OK ]
    /usr/sbin/fsck                                [ OK ]
    /usr/sbin/groupadd                            [ OK ]
    /usr/sbin/groupdel                            [ OK ]
    /usr/sbin/groupmod                            [ OK ]
    /usr/sbin/grpck                               [ OK ]
    /usr/sbin/ifconfig                            [ OK ]
    /usr/sbin/ifdown                              [ Warning ]
    /usr/sbin/ifup                                [ Warning ]
    /usr/sbin/init                                [ OK ]
    /usr/sbin/insmod                              [ OK ]
    /usr/sbin/ip                                  [ OK ]
    /usr/sbin/lsmod                               [ OK ]
    /usr/sbin/lsof                                [ OK ]
```

图 10-37　部分运行结果

图 10-37 中的"Warning"行，表示检测出可能存在异常，需要进行检查。在检测完成后，会生成完整的统计报告并给出日志记录文件（/var/log/rkhunter/rkhunter.log），统计报告的部分内容如图 10-38 所示。

```
System checks summary

File properties checks...
    Required commands check failed
    Files checked: 126
    Suspect files: 4

Rootkit checks...
    Rootkits checked : 493
    Possible rootkits: 0

Applications checks...
    All checks skipped

The system checks took: 2 minutes and 12 seconds

All results have been written to the log file: /var/log/rkhunter/rkhunter.log

One or more warnings have been found while checking the system.
Please check the log file (/var/log/rkhunter/rkhunter.log)
```

图 10-38　统计报告的部分内容

若想让系统每天凌晨 3:00 自动执行，则需要在/etc/crontab 文件中加入以下内容。

```
0 03 * * * root /usr/bin/rkhunter -c -cronjob
```

10.4.2　端口扫描

端口扫描是指客户端向一定范围的服务器端口发送对应的请求，以确认可使用的端口。常见的扫描类型有 TCP 扫描、SYN 扫描、UDP 扫描等，使用的工具也有很多种。在 CentOS 7.6 中，Nmap 是使用频率较高的端口扫描工具。

Nmap 默认是没有安装的，需要使用 yum install -y nmap 命令或在其官网下载软件包进行安装。Nmap 的特点非常明显，功能也非常强大，主要包括主机发现、端口扫描、应用程序及其版本侦测、操作系统侦测，还支持自定义检测脚本，其非常灵活并且具备跨平台能力。

Nmap 的核心功能的简介如下。

- 主机发现用于发现主机是否处于在线状态，Nmap 提供了多种检查机制，可以有效辨识主机。其工作原理与 ping 命令的类似，向需要检测的主机发送探测请求，若收到响应，则认为主机处于在线状态。

- 端口扫描用于扫描主机上的端口以获取其使用情况，端口的主要状态有开放（open）、关闭（closed）、过滤（filtered）、未过滤（unfiltered）、开放或过滤（open|filtered）、关闭或过滤（closed|Filtered）。默认情况下，Nmap 的端口扫描范围取决于其配置和使用的参数。

- 应用程序及其版本侦测用于识别端口上运行的应用程序及版本，可以识别数千种应用的签名，检测数百种应用协议。

- 操作系统侦测用于识别目标主机的操作系统类型、版本号及设备类型。

Nmap 的语法格式如下。

```
nmap [Scan Type(s)] [Options] {target specification}
```

在使用的过程中，根据不同的目的，Nmap 的参数或选项也存在一定的差异。

其常用的参数如下。

主机发现常用的参数如表 10-1 所示。

表 10-1　主机发现常用的参数

参数	含义
-sL	列表扫描，只列出需要扫描的目标
-sn	ping 扫描，禁用端口扫描，即不进行端口扫描，只发现主机
-Pn	跳过主机发现，将所有主机视为在线状态
-PS/PA/PU/PY[portlist]	使用 TCP SYN、TCP ACK、UDP、SCTP 方式发现指定端口
-PE/PP/PM	使用 ICMP echo、timestamp、netmask 请求方式发现主机
-PO[protocol list]	使用 IP 包方式发现主机
-n/-R	是否使用域名解析，其中"-n"表示不使用，"-R"表示总是使用
--dns-servers <serv1[,serv2],...>	指定 DNS 服务器
--system-dns	使用系统的 DNS 解析器
--traceroute	显示每个主机的路由跟踪跳转信息

端口扫描常用的参数如表 10-2 所示。

表 10-2　端口扫描常用的参数

参数	含义
-p <port ranges>	只扫描指定的端口，例如-p 1-65535、-p U:53,T:80,S:9
-F	快速模式，Nmap 会跳过一些耗时的扫描步骤从而加快扫描速度
-r	连续地扫描端口，不使用随机方式
--top-ports <number>	扫描开放频率最高的 number 个端口
--port-ratio <ratio>	扫描指定频率以上的端口

应用程序及其版本侦测常用的参数，如表 10-3 所示。

表 10-3　应用程序及其版本侦测常用的参数

参数	含义
-sV	探测开放端口以确定服务/版本信息
--version-intensity <level>	扫描强度，范围为 0～9，默认为 7
--version-light	轻量级检测，相当于扫描强度为 2 的检测
--version-all	尝试所有检测，相当于扫描强度为 9 的检测
--version-trace	显示详细的版本扫描过程（用于调试）

操作系统侦测常用的参数如表 10-4 所示。

表 10-4　操作系统侦测常用的参数

参数	含义
-O	启用操作系统侦测
--osscan-limit	针对指定的目标进行操作系统侦测
--osscan-guess	更积极地检测目标的操作系统类型

例：侦测 192.168.122.128 服务器，执行图 10-39 所示的命令，若出现图 10-39 所示的 "Host is up"，则表示服务器处于在线状态。

```
[tang@localhost ~]$ sudo nmap -sn -PE -PS22,80 192.168.122.128

Starting Nmap 6.40 ( http://nmap.org )
Nmap scan report for centos7u5 (192.168.122.128)
Host is up (0.00023s latency).
MAC Address: 52:54:00:83:B5:94 (QEMU Virtual NIC)
Nmap done: 1 IP address (1 host up) scanned in 0.04 seconds
```

图 10-39　主机发现

例：针对主机进行端口扫描，通过 STATE 列的信息判断服务器的端口状态，如图 10-40 所示。

```
[tang@localhost ~]$ sudo nmap -sU -sT -p T:22,U80-100 192.168.122.128
[sudo] tang 的密码：

Starting Nmap 6.40 ( http://nmap.org )
WARNING: UDP scan was requested, but no udp ports were specified.  Skipping this scan type.
Nmap scan report for 192.168.122.128
Host is up (0.24s latency).
PORT     STATE    SERVICE
22/tcp   open     ssh
80/tcp   closed   http
81/tcp   filtered hosts2-ns
82/tcp   filtered xfer
83/tcp   filtered mit-ml-dev
84/tcp   filtered ctf
85/tcp   filtered mit-ml-dev
86/tcp   filtered mfcobol
87/tcp   filtered priv-term-l
88/tcp   filtered kerberos-sec
89/tcp   filtered su-mit-tg
90/tcp   filtered dnsix
91/tcp   filtered mit-dov
92/tcp   filtered npp
93/tcp   filtered dcp
94/tcp   filtered objcall
95/tcp   filtered supdup
96/tcp   filtered dixie
97/tcp   filtered swift-rvf
98/tcp   filtered linuxconf
99/tcp   filtered metagram
100/tcp filtered newacct
MAC Address: 52:54:00:83:B5:94 (QEMU Virtual NIC)

Nmap done: 1 IP address (1 host up) scanned in 3.16 seconds
```

图 10-40　端口扫描

例：侦测主机上的应用程序及其版本等信息，执行图 10-41 所示的命令，可以查看占用端口的应用程序及其版本等信息。

```
[tang@localhost ~]$ sudo nmap -sV --version-intensity 5 -p22 192.168.122.128

Starting Nmap 6.40 ( http://nmap.org )
Nmap scan report for centos7u5 (192.168.122.128)
Host is up (0.00025s latency).
PORT    STATE SERVICE VERSION
22/tcp open  ssh     OpenSSH 7.4 (protocol 2.0)
MAC Address: 52:54:00:83:B5:94 (QEMU Virtual NIC)

Service detection performed. Please report any incorrect results at http://nmap.org/submit/ .
Nmap done: 1 IP address (1 host up) scanned in 0.25 seconds
```

图 10-41　应用程序及其版本侦测

例：侦测主机的操作系统，执行图 10-42 所示的命令。

```
[tang@localhost ~]$ sudo nmap -O --osscan-guess 192.168.122.128

Starting Nmap 6.40 ( http://nmap.org )
Nmap scan report for centos7u5 (192.168.122.128)
Host is up (0.00037s latency).
Not shown: 999 filtered ports
PORT    STATE SERVICE
22/tcp open  ssh
MAC Address: 52:54:00:83:B5:94 (QEMU Virtual NIC)
Warning: OSScan results may be unreliable because we could not find at least 1 open and 1 cl
osed port
Aggressive OS guesses: Linux 2.6.32 - 3.9 (93%), Linux 3.0 - 3.9 (93%), Linux 2.6.32 - 3.6 (
92%), Linux 2.6.32 (90%), Linux 2.6.22 - 2.6.36 (90%), Linux 2.6.39 (90%), Crestron XPanel c
ontrol system (89%), Netgear DG834G WAP or Western Digital WD TV media player (89%), Linux 3
.3 (89%), Linux 2.6.32 - 2.6.35 (88%)
No exact OS matches for host (test conditions non-ideal).
Network Distance: 1 hop

OS detection performed. Please report any incorrect results at http://nmap.org/submit/ .
Nmap done: 1 IP address (1 host up) scanned in 9.38 seconds
```

图 10-42 操作系统侦测

10.5 防火墙

防火墙的工作原理即审核每一个流入或流出的数据包，并使用预先制定好的、有序的规则进行比较，直到满足其中的一条规则为止，然后依据过滤机制执行相应的动作。如果制定的规则均不满足，则将数据包丢弃，从而保证网络的安全。

防火墙的分类方式有多种，通常情况下它可分为硬件防火墙和软件防火墙两类。

硬件防火墙工作于独立的硬件设备上，主要提供数据包过滤机制，相对来说，其功能单一但效率高；软件防火墙主要工作于服务器上。

Netfilter 是 Linux 2.4 内核引入的、全新的包过滤引擎，是位于 Linux 内核的包过滤功能体系，基于内核控制，可实现防火墙的相关策略。Netfilter 由一些数据包过滤表组成，这些表包含内核用来控制数据包过滤的规则集，是 Linux 实现防火墙的基础。

iptables 是用来管理防火墙的工具，属于静态防火墙，通过 iptables 将过滤规则写入内核，然后 Netfilter 根据规则过滤数据包。所以实际上 iptables 是通过调用 Netfilter 来进行防火墙管理的，它本身不具备防火墙的功能。在 CentOS 7 之前，防火墙是用 iptables 管理的。

firewalld 自身也并不具备防火墙的功能，而是和 iptables 一样，需要通过内核的 Netfilter 来实现防火墙的功能。也就是说 firewalld 和 iptables 一样，它们的作用都是维护规则，而真正使用规则进行工作的是内核的 Netfilter，但 firewalld 和 iptables 的结构以及使用方法不一样，firewalld 在使用上要比 iptables 方便很多。

CentOS 7.6 已经使用 firewalld 替换了原有的 iptables，它成为默认防火墙管理工具。下面将分别对这两种防火墙管理工具进行简单的介绍。

10.5.1 iptables

iptables 是用来配置、管理 Netfilter 的命令行工具，iptables 程序位于 /sbin/iptables 中，其配置文件位于/etc/sysconfig/iptables 中。

在 iptables 中，表、链、规则是比较重要的几个概念，几乎构成了整个 iptables 的核心。

- 表（Table）：表由链组成。iptables 主要有 5 张表：raw、filter、nat、mangle 和 security。其中常用的是 filter 表与 nat 表。filter 表主要用于过滤，nat 表则主要用于 NAT。
- 链（Chain）：链由顺序排列的规则列表组成。默认的 filter 表包括 3 条内建链，即 INPUT（输入）、OUTPUT（输出）、FORWARD（转发）；nat 表也包括 3 条内建链，即 PREROUTING（修改目标地址，DNAT）、POSTROUTING（修改源地址，SNAT）、OUTPUT（输出）。
- 规则（Rules）：就是管理员预定义的条件，规则一般定义为"如果数据包头符合这样的条件，就这样处理这个数据包"。规则存储在内核空间的过滤表中，这些规则分别指定了源地址、目的地址、传输协议（如 TCP、UDP、ICMP）和服务类型（如 HTTP、FTP 和 SMTP）等。当数据包与规则匹配时，iptables 根据规则定义的方法来处理这些数据包，如 ACCEPT（允许）、DROP（丢弃）、DNAT（目标地址转换）、SNAT（源地址转换）、MASQUERADE（地址伪装）、QUEUE（队列）、RETURN（返回调用链）、REJECT（拒绝）、LOG（写入日志）等。管理员配置防火墙的主要工作是配置（添加、修改和删除等）规则。

iptables 的语法格式如下。

```
iptables [-t 要操作的表(filter|nat)] <操作命令(-A|I|D|R|P|F)> [要操作的链] [规则序号]
[匹配条件] [-j 匹配后的动作]
```

iptables 的常用参数如表 10-5 所示。

表 10-5　iptables 的常用参数

参数	含义
-t table	指定要操作的表，默认是 filter
-A chain	在链的最后追加一条规则
-I chain [rulenum]	向链的指定位置插入一条规则，默认在第一条规则之前插入
-D chain [rulenum]	删除链中匹配到的或指定序号的规则
-R chain rulenum	替换链中指定序号的规则
-P chain target	设置某个链的默认规则
-F [chain]	删除所有链或指定链中的规则
-Z [chain [rulenum]]	清空所有链或指定链中的计数器
-L [chain [rulenum]]	显示指定链或所有链的规则，可以单独指定规则序号
-p proto	匹配协议类型
-s address[/mask]	匹配源地址
-d address[/mask]	匹配目标地址
-i input name[+]	匹配数据进入的网络接口
-o output name[+]	匹配数据流出的网络接口
--sport port[,port|,port:port]	匹配源端口，可以是个别端口，也可以是端口范围，必须配合-p 参数使用
--dport port[,port|,port:port]	匹配目的端口，可以是个别端口，也可以是端口范围，必须配合-p 参数使用
-j target	指定匹配规则后执行的动作

例：为普通的 Web 服务器进行基本防护，允许服务器进行 ping 检测及只开放 22 端口和
80 端口，防火墙规则配置过程如下。

（1）停止 firewalld，安装并启用 iptables 服务（相关内容过多，此处只给出相关的命令）。

```
[root@centos7u5 ~]# systemctl stop firewalld.service
[root@centos7u5 ~]# systemctl disable firewalld.service
[root@centos7u5 ~]# yum install -y iptables-services
[root@centos7u5 ~]# systemctl enable iptables.service
[root@centos7u5 ~]# systemctl start iptables.service
```

（2）查看默认防火墙规则，使用图 10-43 所示的命令。

```
[root@centos7u5 ~]# iptables -L -n
Chain INPUT (policy ACCEPT)
target     prot opt source               destination
ACCEPT     all  -- 0.0.0.0/0             0.0.0.0/0            state RELATED,ESTABLISHED
ACCEPT     icmp -- 0.0.0.0/0             0.0.0.0/0
ACCEPT     all  -- 0.0.0.0/0             0.0.0.0/0
ACCEPT     tcp  -- 0.0.0.0/0             0.0.0.0/0            state NEW tcp dpt:22
REJECT     all  -- 0.0.0.0/0             0.0.0.0/0            reject-with icmp-host-prohibited

Chain FORWARD (policy ACCEPT)
target     prot opt source               destination
REJECT     all  -- 0.0.0.0/0             0.0.0.0/0            reject-with icmp-host-prohibited

Chain OUTPUT (policy ACCEPT)
target     prot opt source               destination
[root@centos7u5 ~]#
```

图 10-43　查看默认防火墙规则

（3）清空防火墙规则。清空防火墙规则属于危险操作，如果不注意，会断开连接且无法
再次远程登录服务器，如图 10-44 所示。

```
[root@centos7u5 ~]# iptables -P INPUT ACCEPT
[root@centos7u5 ~]# iptables -F
[root@centos7u5 ~]# iptables -X
[root@centos7u5 ~]# iptables -Z
[root@centos7u5 ~]# iptables -L -n
Chain INPUT (policy ACCEPT)
target     prot opt source               destination

Chain FORWARD (policy ACCEPT)
target     prot opt source               destination

Chain OUTPUT (policy ACCEPT)
target     prot opt source               destination
[root@centos7u5 ~]#
```

图 10-44　清空防火墙规则

（4）添加新的防火墙规则，如图 10-45 所示。

```
[root@centos7u5 ~]# iptables -A INPUT -i lo -j ACCEPT
[root@centos7u5 ~]# iptables -A INPUT -p tcp -m multiport --dports 22,80 -j ACCEPT
[root@centos7u5 ~]# iptables -A INPUT -m state --state RELATED,ESTABLISHED -j ACCEPT
[root@centos7u5 ~]# iptables -P INPUT DROP
[root@centos7u5 ~]# iptables -L -n
Chain INPUT (policy DROP)
target     prot opt source               destination
ACCEPT     all  -- 0.0.0.0/0             0.0.0.0/0
ACCEPT     tcp  -- 0.0.0.0/0             0.0.0.0/0            multiport dports 22,80
ACCEPT     all  -- 0.0.0.0/0             0.0.0.0/0            state RELATED,ESTABLISHED

Chain FORWARD (policy ACCEPT)
target     prot opt source               destination

Chain OUTPUT (policy ACCEPT)
target     prot opt source               destination
[root@centos7u5 ~]#
```

图 10-45　添加新的防火墙规则

（5）保存自定义的防火墙规则。若需要将当前运行的规则保存到其他文件中，可以使用 iptables-save > iptables.rules 命令，恢复时可以使用 iptables-restore < iptables.rules 命令，如图 10-46 所示。

```
[root@centos7u5 ~]# service iptables save
iptables: Saving firewall rules to /etc/sysconfig/iptables:[  OK  ]
[root@centos7u5 ~]#
[root@centos7u5 ~]# cat /etc/sysconfig/iptables
# Generated by iptables-save v1.4.21 on Mon Mar 18 14:25:41 2019
*filter
: INPUT DROP [2:656]
: FORWARD ACCEPT [0:0]
: OUTPUT ACCEPT [211:27224]
-A INPUT -i lo -j ACCEPT
-A INPUT -p tcp -m multiport --dports 22,80 -j ACCEPT
-A INPUT -m state --state RELATED,ESTABLISHED -j ACCEPT
COMMIT
# Completed on Mon Mar 18 14:25:41 2019
[root@centos7u5 ~]# 
```

图 10-46　保存自定义的防火墙规则

10.5.2　firewalld

firewalld 是 Linux 上的一种动态防火墙管理工具，它的主要作用是保护系统免受未经授权的访问和攻击，有助于防止黑客利用系统中的安全漏洞，并限制对特定网络服务的访问。firewalld 将网络划分为不同的区域，每个区域都有自己的安全策略和防火墙规则。例如 public（公共）、internal（内部）、dmz（隔离区）等都是常见的区域名称。用户可以根据不同的生产场景选择合适的策略集合，实现防火墙策略的快速切换。

firewalld 分为核心层及 D-Bus 接口。核心层负责处理配置和后端，D-Bus 接口则主要负责更改和创建防火墙配置。

firewalld 和 iptables 均是用来管理防火墙的工具，它们的不同之处如下。

- firewalld 可实现规则的动态更新及管理。在服务运行时可以立即进行规则的更改并使其生效，不需要重启服务或守护进程。同时 firewalld 中新引入了区域（Zone）的概念。

- iptables 在/etc/sysconfig/iptables 文件中存储配置，而 firewalld 将配置存储在/usr/lib/firewalld/目录（预定义配置目录）与/etc/firewalld/目录（用户配置目录）的各种 XML（Extensible Markup Language，可扩展标记语言）文件里。需要注意的是，当 firewalld 安装失败时，/etc/sysconfig/iptables 文件不存在。

- 使用 iptables 每进行一次更改均会清除所有旧规则并重新从/etc/sysconfig/iptables 文件中读取新规则，当使用 firewalld 作为防火墙管理工具时，通常不需要手动创建新的防火墙规则，而是利用 firewalld 提供的预定义服务和区域来管理网络流量。firewalld 的设计使得管理员能够更方便地配置和管理防火墙规则，而无须编写和添加新的规则。

firewalld 支持区域、服务、IPSet、ICMP 类型等，其功能也各不相同。

- 区域用于定义连接、接口或源地址绑定的信任级别，它们之间存在一对多关系，这意味着连接、接口或源地址只能是一个区域的一部分，而区域可用于许多连接、接口和源地址。

- 服务可以是本地端口和目标的列表，也可以是启动服务时自动加载的防火墙帮助程序模块列表。预定义服务可以让用户更容易启用和禁用对服务的访问。

- IPSet 用于将多个 IP 地址或 MAC 地址组合在一起，适用于 IPv4 或 IPv6，它的值可以是 inet（默认值）或 inet6。

- ICMP 用于通过 IP 交换信息以识别错误信息，可以在 firewalld 中使用 ICMP 类型来限制信息的交换。

需要注意的是，/etc/firewalld/目录下的区域（zones 目录）设置是一系列可以在网络接口上被快速执行的预定义设置。firewalld 默认使用的是 public 区域，在 firewall-cmd 命令行工具中，若不指定区域（即不指定参数--zone=<zone>），就会使用默认区域（public 区域）。各区域的简要说明如下。

- drop（丢弃）：任何流入的数据包都将被丢弃且无回复，只允许流出。
- block（限制）：任何流入的数据包都被 IPv4 的 icmp-host-prohibited 信息和 IPv6 的 icmp6-adm-prohibited 信息拒绝。
- public（公共）：认为网络内的其他主机会对自身造成危害，只允许经过筛选的连接通过；此为默认区域。
- external（外部）：不信任网络中的任何主机，认为它们会对自身造成危害，只允许经过筛选的连接通过。
- dmz（非军事区）：通常指的是一个介于外部网络和内部网络之间的区域，用于放置一些对外部网络开放的服务器。这些服务器是暴露给外部网络的，但它们的访问是被严格控制和限制的，以确保内部网络的安全性。
- work（工作）：用于工作区，基本相信网络内的其他主机不会威胁自身安全，仅允许经过筛选的连接通过。
- home（家庭）：用于家庭网络，基本相信网络内的其他主机不会威胁自身安全，仅允许经过筛选的连接通过。
- internal（内部）：用于内部网络，基本相信网络内的其他主机不会威胁自身安全，仅允许经过筛选的连接通过。
- trusted（信任）：可接受所有的网络连接。

配置 firewalld 防火墙可以使用两种方式：使用 firewall-config 提供的图形界面与使用 firewall-cmd 命令行工具。推荐使用 firewall-cmd 命令行工具。

firewalld-cmd 命令行工具的语法相对简单，其语法格式如下。

```
firewall-cmd [OPTIONS...]
```

在使用中，firewall-cmd 命令行工具能调用的参数均可以使用 Tab 键来补全。

firewall-cmd 命令行工具常用的参数如表 10-6 所示。

表 10-6 firewall-cmd 命令行工具常用的参数

参数	含义
--state	返回并输出防火墙状态
--reload	重新加载防火墙并保留状态信息
--complete-reload	重新加载防火墙并丢弃状态信息
--runtime-to-permanent	在运行时配置永久生效的规则
--permanent	设置永久生效的配置
--get-default-zone	输出默认区域
--set-default-zone=<zone>	设置默认区域

续表

参数	含义
--get-active-zones	获取当前活动的区域
--get-zones	查看预定义的区域
--get-services	查看预定义的服务
--get-zone-of-interface=<interface>	查看指定的网络接口所使用的区域信息
--zone=<zone>	指定命令生效的区域，默认为 public
--list-all	列出指定区域中添加或启用的所有设置
--list-services	列出指定区域中添加或启用的所有服务
--add-service=<service>	向指定区域添加一个可用的服务，服务需要先定义
--remove-service=<service>	从指定区域移除一个已添加或启用的服务
--add-port=<portid>[-<portid>]/<protocol>	向指定区域添加一个或多个端口，端口必须使用相关协议
--remove-port=<portid>[-<portid>]/<protocol>	从指定区域移除一个或多个端口
--add-masquerade	启用 IPv4 伪装

例：查看防火墙状态，使用图 10-47 所示的命令即可，若结果为"running"，则表示防火墙处于运行状态；若结果为"not running"，则表示防火墙未启用。

```
[root@centos7u5 ~]# firewall-cmd --state
running
[root@centos7u5 ~]#
```

图 10-47　查看防火墙状态

例：以开放 80 端口访问为例，向默认区域中添加需要永久生效的规则，过程如下。

（1）查看防火墙当前规则，为了方便演示，需要清除非 SSH 服务的其他默认规则（在生产环境中，需要根据实际情况进行规则清除。规则清除属于危险操作，需慎重进行）。

```
[root@centos7u5 ~]# firewalld-cmd -permanent --remove-service=dhcpv6-client
[root@centos7u5 ~]# firewalld-cmd --reload
```

清除默认规则后如图 10-48 所示。

```
[root@centos7u5 ~]# firewall-cmd --list-all
public (active)
  target: default
  icmp-block-inversion: no
  interfaces: eth0
  sources:
  services: ssh dhcpv6-client
  ports:
  protocols:
  masquerade: no
  forward-ports:
  source-ports:
  icmp-blocks:
  rich rules:

[root@centos7u5 ~]# firewall-cmd --permanent --remove-service=dhcpv6-client
success
[root@centos7u5 ~]# firewall-cmd --reload
success
[root@centos7u5 ~]# firewall-cmd --list-all
public (active)
  target: default
  icmp-block-inversion: no
  interfaces: eth0
  sources:
  services: ssh
  ports:
  protocols:
  masquerade: no
  forward-ports:
  source-ports:
  icmp-blocks:
  rich rules:
```

图 10-48　清除默认规则

（2）添加防火墙规则并使其动态生效，如图 10-49 所示。

```
[root@centos7u5 ~]# firewall-cmd --permanent --add-port=80/tcp
success
[root@centos7u5 ~]# firewall-cmd --reload
success
[root@centos7u5 ~]# firewall-cmd --zone=public --list-all
public (active)
  target: default
  icmp-block-inversion: no
  interfaces: eth0
  sources:
  services: ssh
  ports: 80/tcp
  protocols:
  masquerade: no
  forward-ports:
  source-ports:
  icmp-blocks:
  rich rules:
```

图 10-49　添加防火墙规则并使其动态生效

10.6　习题

一、填空题

1. 对 GRUB 进行加密时，可以使用_____命令生成密码文件。

2. 可以使用_____命令锁定文件，可以使用_____命令查看文件是否被锁定。

3. Nmap 是使用频率较高的_____工具。

4. CentOS 7.6 中使用的防火墙管理工具是_____。

二、操作题

1. 对服务器进行加固，如修改密码过期时间、加密 GRUB、删减登录信息，进行权限检查、sudo 权限管理等。

2. 对服务器中的用户、组和服务进行清理。

3. 为服务添加防火墙规则，能熟练使用 iptables 及 firewalld。

第 ⑪ 章 Shell 编程基础

本章导读

简单来说，Shell 编程就是把 Linux 的一系列命令以及语句等组合起来，放在一个文件里，形成一个功能强大的程序，然后通过执行这个程序实现各种操作。Shell 编程适用于完成重复性操作、交互性任务、批量事务处理、服务运行状态监控和定时任务执行等，可极大提高 Linux 系统管理员的工作效率。

知识目标

- 了解 Shell 变量和运算符。
- 熟悉 Shell 流程控制语句和函数。

能力目标

- 能够运行 Shell 脚本。
- 能够调试 Shell 脚本。

素质目标

具有责任担当意识和团结协作精神。

本章知识导图

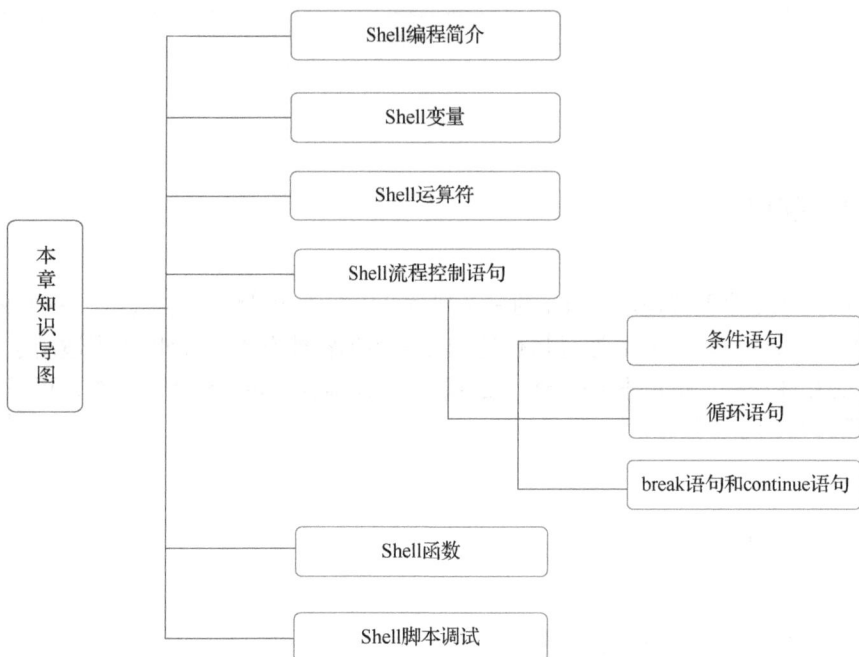

```
本章知识导图 ──┬── Shell编程简介
              ├── Shell变量
              ├── Shell运算符
              ├── Shell流程控制语句 ──┬── 条件语句
              │                      ├── 循环语句
              │                      └── break语句和continue语句
              ├── Shell函数
              └── Shell脚本调试
```

11.1 Shell 编程简介

Shell 本身并不是内核的一部分，而是在内核的基础上编写的一个应用程序，为用户和操作系统之间的通信提供接口。像 Vi 一样，它连接了用户和 Linux 内核，让用户能够更加高效、安全、低成本地使用 Linux 内核。

Shell 的特点就是开机立刻启动，并呈现在用户面前；用户通过 Shell 来使用 Linux，若不启动 Shell，就没办法使用 Linux。

Shell 作为命令解释程序，可以接收用户输入的命令，将命令翻译成一个动作序列，然后调用内核执行这条命令。Shell 作为程序设计语言，具有一般高级语言的许多特征，如变量定义、赋值、条件和循环判断等。用户可以利用 Shell 的命令和语句等组成一个命令程序，以完成某种特定的任务，这个命令程序称为 Shell 脚本或 Shell 程序。Shell 的这些特性使得它成为一个强有力的交互命令解释程序。

一般编写并运行 Shell 脚本前包括创建 Shell 脚本、设置 Shell 脚本权限和执行 Shell 脚本 3 个步骤。

1. 创建 Shell 脚本

例：用 Vi 编写一个猜数字的小游戏程序 caishuzi.sh。其语法我们可以暂时不管，后面会介绍。

```
#!/bin/bash
```

```
#RANDOM 是系统自带的用于产生随机数的变量
num=$[RANDOM%100+1]
echo "$num"
while :
do
  read -p "系统生成了一个 1～100 的随机数，你猜: " cai
   if [ $cai -eq $num ]
   then
      echo "恭喜，你猜对了!"
      exit
   elif [ $cai -gt $num ]
   then
      echo "你猜大了!"
   else
      echo "你猜小了!"
fi
done
```

一个 Shell 脚本通常包含如下几个部分。

（1）首行。

首行表示 Shell 脚本将要调用的 Shell，内容如下。

```
#!/bin/bash
```

#!符号会被内核识别为 Shell 脚本的开始，必须位于 Shell 脚本的首行；/bin/bash 是 Bash 程序的绝对路径，表示其后续的内容将通过 Bash 程序解释并执行。

（2）注释。

注释符号#放在注释内容的前面，开发人员最好通过注释备注 Shell 脚本的功能以防日后忘记。

（3）内容。

可在 Shell 脚本中输入一系列的命令以及相关的语句等，比如变量、流程控制语句等，以形成一个功能强大的 Shell 脚本。

2. 设置 Shell 脚本权限

一般情况下，为了安全，默认创建的 Shell 脚本是没有执行权限的。

```
[root@localhost ~]# ll caishuzi.sh
-rw-r--r--. 1 root root 318 2月  16 11:10 caishuzi.sh
```

没有执行权限即不能执行 Shell 脚本，需要赋予其执行权限。

```
[root@localhost ~]# chmod a+x caishuzi.sh      //赋予执行权限
[root@localhost ~]# ll caishuzi.sh
-rwxr-xr-x. 1 root root 318 2月  16 11:10 caishuzi.sh
```

3. 执行 Shell 脚本

执行 Shell 脚本可以采用以下 3 种方式。

（1）输入 Shell 脚本的绝对路径或相对路径，按 Enter 键。

```
[root@localhost ~]# /root/caishuzi.sh
[root@localhost ~]# ./caishuzi.sh
47
系统生成了一个 1~100 的随机数，你猜：50
你猜大了！
系统生成了一个 1~100 的随机数，你猜：40
你猜小了！
系统生成了一个 1~100 的随机数，你猜：47
恭喜，你猜对了！
```

（2）使用 Shell 解释器执行 Shell 脚本。

若用户不想（或不能）为 Shell 脚本添加执行权限，就可以使用 Shell 解释器（如 bash、sh、zsh 等）来执行 Shell 脚本。

```
[root@localhost ~]# bash /root/caishuzi.sh
[root@localhost ~]# sh caishuzi.sh
```

（3）在 Shell 脚本的路径前加 "." 或 "source"，按 Enter 键。

```
[root@localhost ~]# source /root/caishuzi.sh
[root@localhost ~]# ../caishuzi.sh
```

read 命令简介如下。

read 是一个内部命令，可以从标准输入设备或文件中读取数据，读取到换行符为止。

其语法格式如下。

```
read [选项] 值
read -p(提示语句) -n(字符个数) -t(等待时间，单位为 s) -s(隐藏输入)
```

例：使用 read 命令读取数据。

```
read -t 30 -p "请输入你的名字：" NAME
echo $NAME
read -s -p "请输入你的年龄：" AGE
echo $AGE
read -n 1 -p "请输入你的性别[M/F]：" GENDER
echo $GENDER
read -s -n1 -p "按任意键继续 ..."
......
```

11.2 Shell 变量

Shell 变量（以下简称变量）是 Shell 传递数据的一种方式，在 Shell 脚本中，往往需要使用变量来存储数据，如文件名、路径名、数值等，通过变量可以控制 Shell 脚本的运行。变量是指在程序执行过程中其值可以改变的量，变量名指向一片用于存储数据的内存空间。

Shell 中的变量分为环境变量、位置变量、预定义变量和用户自定义变量等，可以通过 set 命令或 env 命令查看系统中的所有变量。

1. 环境变量

环境变量用于保存和系统操作环境相关的数据，环境变量的名称由大写字母组成，常用的环境变量有 HOME、PATH、PWD、SHELL、USER、PS1、PS2 等。

用户自定义变量只在当前的 Shell 中生效，而环境变量会在当前 Shell 及其所有子 Shell 中生效。如果把某个环境变量写入相应的配置文件，那么这个环境变量将会在所有的 Shell 中生效。

例：显示环境变量 PATH 的值。

```
[root@localhost ~]# echo $PATH
/usr/lib64/qt-3.3/bin:/usr/local/bin:/usr/local/sbin:/usr/bin:/usr/sbin:/bin:
/sbin:/root/bin
[root@localhost ~]#
```

2. 位置变量

位置变量是一种特殊的只读变量，其值只有在 Shell 脚本运行时才能确定，主要用来向 Shell 脚本传递参数或数据。其名称不能自定义，其作用固定。

在调用 Shell 脚本的命令行中，位置变量的定义如下所示。

```
$命令　参数1　参数2　参数3　… 其他参数
```

$n：n 为数字，0 代表命令本身，1～9 代表参数 1 到参数 9，10 及 10 以上的参数需要用花括号括起来，如${10}。

其他参数含义如下。

$*：代表命令行中的所有参数（把所有参数看成一个整体）。

$@：代表命令行中的所有参数（分别对待每个参数）。

$#：代表命令行中所有参数的个数，即添加到 Shell 的参数个数。

在 Shell 脚本中，shift 是一个内部命令，用于移动参数（即从 $1 开始的一系列变量）。每次调用 shift 命令时，就会使所有参数向左移动一个位置，但$0 不会受到影响。$1 的值会移动到$2 上，$2 的值会移动到$3 上，依此类推。同时，$#（参数的个数）也会相应地减少。

例：编写 Shell 脚本 posion.sh，如下所示。

```
[root@localhost ~]# cat>posion.sh
#!/bin/bash
echo "This script's name is:$0"
echo "$# parameters is total"
echo "All parameters list as:$@"
echo "The first parameter is $1"
echo "The second parameter is $2"
echo "The third parameter is $3"
[root@localhost ~]#
[root@localhost ~]# chmod a+x posion.sh
[root@localhost ~]# ./posion.sh p1 p2 p3        //位置变量
This script's name is:./posion.sh
3 parameters is total
```

```
All parameters list as:p1 p2 p3
The first parameter is p1
The second parameter is p2
The third parameter is p3
[root@localhost ~]#
```

3. 预定义变量

预定义变量是 Bash 中已经定义好的变量，具有特殊含义，其值不能由用户重新设置。所有的预定义变量都由 "$" 符号与另一个符号组成，常用的预定义变量如下所示。

$?：表示执行上一个命令的返回值。若命令执行成功，返回 0；若命令执行失败，返回非 0（具体数字由命令决定）。

$$：当前进程的 PID，即当前 Shell 脚本执行时生成的 PID。

$!：后台运行的最后一个进程的 PID，表示最近一个在后台执行的进程。

例：编写 Shell 脚本 myprg1.sh，如下所示。

```
[root@localhost ~]# cat>myprg1.sh
echo "参数个数：$#"
echo "参数：$*    "
echo "前三个参数：$1 $2 $3"
echo "最后一个参数：$4"
[root@localhost ~]# chmod a+x myprg1.sh
[root@localhost ~]# ./myprg1.sh A B C D
参数个数：4
参数：A B C D
前三个参数：A B C
最后一个参数：D
[root@localhost ~]#
```

4. 用户自定义变量

用户自定义变量以字母或下画线开头，由字母、数字或下画线组成，大小写字母的含义不同。变量名长度没有限制。

在使用变量时，要在变量名前加上前缀 "$"。查看变量值时可使用 echo 命令。

（1）变量赋值。

① 定义时赋值。

```
变量=值
```

> 等号两侧不能有空格。
> **注意**

例：定义时给变量赋值。

```
STR="hello world"
A=9
```

② 将一个命令的执行结果赋给变量。

```
A=`ls -la`
```

这里用的是反引号，即运行其中的命令并把结果返回给变量 A。

```
A=$(ls -la)
```

该语句等价于使用反引号。

例：将一个命令的执行结果赋给变量。

```
aa=$((4+5))
echo $aa
bb=`expr 4 + 5`
echo $bb
```

③ 将一个变量的值赋给另一个变量。

例：将一个变量的值赋给另一个变量。

```
x="$x"456
x=${x}789
echo $x
456789
```

这种赋值方式常用于环境变量的添加，如设置 PATH 路径。

（2）使用单引号和双引号的区别。

单引号里的内容会全部输出，而双引号里的内容输出后可能有变化，因为双引号会将所有特殊字符转义。

例：变量的赋值与输出。

```
NUM=10
SUM="$NUM hehe"
echo $SUM
10 hehe
SUM2='$NUM hehe'
echo $SUM2
$NUM hehe
```

（3）删除变量。

删除变量的方法是使用 unset 命令。

其语法格式如下。

```
unset  NAME
```

例：删除变量 A。

```
unset A
```

变量的作用域为当前的 Shell 环境。

11.3　Shell 运算符

Shell 支持很多运算符，包括算术运算符、关系运算符、逻辑运算符、字符串运算符和文件测试运算符等。

1. 算术运算符

原生 Bash 没有内置的算术运算功能，不能直接进行算术运算，但这可以通过其他命令来实现。简单的整数算术运算可以使用 expr 命令或 let 命令实现，有 5 种算术运算符可以使用：+、-、*、/、%。浮点算术运算可以使用 awk 命令或 bc 命令实现。

expr 是一个表达式处理命令，当用来计算算术表达式时，它可以执行简单的整数算术运算。

例：求两个数的和。

```
[root@slave ~]# vi add.sh
[root@slave ~]# cat add.sh
#!/bin/bash
# 文件名: add.sh
val=`expr 2 + 2`
echo "Total value:$val"
[root@slave ~]# chmod +x add.sh
[root@slave ~]# ./add.sh
Total value:4
```

注意，算术运算符的前后必须有空格，而且 expr 命令只能用于进行整数运算。例如，"2+2" 是不对的，必须写成 "2 + 2"，这与大多数编程语言不一样，而且完整的表达式要用 \`\`（反引号）标识。

> 乘号（*）前必须加反斜线（\）才能实现乘法运算；条件判断式必须放在方括号之间，并且条件表达式前后要有空格。

例：编写 Shell 脚本 szys.sh，如下所示。

```
[root@slave ~]# vi szys.sh
[root@slave ~]# cat szys.sh
#!/bin/bash
# 文件名: szys.sh
a=20
b=10
val=`expr $a + $b`
echo "a + b:$val"
val=`expr $a - $b`
echo "a - b:$val"
val=`expr $a \* $b`
echo "a * b:$val"
val=`expr $a / $b`
echo "a / b:$val"
if [ $a == $b ];then
  echo "a is equal to b"
```

```
fi
if [ $a != $b ];then
  echo "a is not equal to b"
fi
[root@slave ~]# chmod +x szys.sh
[root@slave ~]# ./szys.sh
a + b:30
a - b:10
a * b:200
a / b:2
a is not equal to b
```

　　let 命令可以与 expr 命令互换使用，使用 let 命令时不需要在变量前加$，但必须将单个或者带有空格的表达式用双引号标识。

2.　关系运算符

　　关系运算符只支持数字，用于比较两个整数的大小。

　　常见的关系运算符如下。

　　-eq：检测两个数是否相等，如果相等返回 true，如[$a -eq $b]。

　　-ne：检测两个数是否不相等，如果不相等返回 true，如[$a -ne $b]。

　　-gt：检测左边的数是否大于右边的数，如果是，则返回 true，如[$a -gt $b]。

　　-lt：检测左边的数是否小于右边的数，如果是，则返回 true，如[$a -lt $b]。

　　-ge：检测左边的数是否大于或等于右边的数，如果是，则返回 true，如[$a -ge $b]。

　　-le：检测左边的数是否小于或等于右边的数，如果是，则返回 true，如[$a -le $b]。

　　例：编写 Shell 脚本 gxys.sh，如下所示。

```
[root@slave ~]# vi gxys.sh
[root@slave ~]# cat gxys.sh
#!/bin/bash
# 文件名: gxys.sh
a=20
b=10
if [ $a -eq $b ];then
   echo "$a -eq $b : a is equal to b"
else
   echo "$a -eq $b: a is not equal to b"
fi
if [ $a -ne $b ];then
    echo "$a -ne $b: a is not equal to b"
else
    echo "$a -ne $b : a is equal to b"
fi
if [ $a -gt $b ];then
```

```
    echo "$a -gt $b: a is greater than b"
else
    echo "$a -gt $b: a is not greater than b"
fi
if [ $a -lt $b ];then
    echo "$a -lt $b: a is less than b"
else
    echo "$a -lt $b: a is not less than b"
fi
if [ $a -ge $b ]
then
    echo "$a -ge $b: a is greater or  equal to b"
else
    echo "$a -ge $b: a is not greater or equal to b"
fi
if [ $a -le $b ];then
    echo "$a -le $b: a is less or  equal to b"
else
    echo "$a -le $b: a is not less or equal to b"
fi
[root@slave ~]# chmod +x gxys.sh
[root@slave ~]# ./gxys.sh
20 -eq 10: a is not equal to b
20 -ne 10: a is not equal to b
20 -gt 10: a is greater than b
20 -lt 10: a is not less than b
20 -ge 10: a is greater or  equal to b
20 -le 10: a is not less or equal to b
```

3. 逻辑运算符

逻辑运算符有逻辑非（!）、逻辑或（-o）和逻辑与（-a）3 种。

!：用于进行逻辑非运算，如果表达式的值为 true，则返回 false，否则返回 true，如[! false]。

-o：用于进行逻辑或运算，如果有一个表达式的值为 true，则返回 true，如[$a -lt 20 -o $b -gt 100]。

-a：用于进行逻辑与运算，如果两个表达式的值都为 true，则返回 true，如[$a -lt 20 -a $b -gt 100]。

例：编写 Shell 脚本 beys.sh，如下所示。

```
[root@slave ~]# vi beys.sh
[root@slave ~]# cat beys.sh
#!/bin/sh
# 文件名：beys.sh
a=20
```

```
b=10
if [ $a != $b ];then
     echo "$a != $b : a is not equal to b"
else
     echo "$a != $b: a is equal to b"
fi
if [ $a -lt 100 -a $b -gt 15 ];then
     echo "$a -lt 100 -a $b -gt 15 : returns true"
else
     echo "$a -lt 100 -a $b -gt 15 : returns false"
fi
if [ $a -lt 100 -o $b -gt 100 ];then
     echo "$a -lt 100 -o $b -gt 100 : returns true"
else
     echo "$a -lt 100 -o $b -gt 100 : returns false"
fi
if [ $a -lt 5 -o $b -gt 100 ];then
     echo "$a -lt 100 -o $b -gt 100 : returns true"
else
     echo "$a -lt 100 -o $b -gt 100 : returns false"
fi
[root@slave ~]# chmod +x beys.sh
[root@slave ~]# ./beys.sh
20 != 10 : a is not equal to b
20 -lt 100 -a 10 -gt 15 : returns false
20 -lt 100 -o 10 -gt 100 : returns true
20 -lt 100 -o 10 -gt 100 : returns false
```

4．字符串运算符

常用的字符串运算符有=、!=、-z、-n、$等。

=：检测两个字符串是否相等，相等则返回 true，如[$a = $b]。

!=：检测两个字符串是否不相等，不相等则返回 true，如[$a != $b]。

-z：检测字符串长度是否为 0，为 0 则返回 true，如[-z $a]。

-n：检测字符串长度是否不为 0，不为 0 则返回 true，如[-n $a]。

$：检测字符串是否为空，不为空则返回 true，如[$a]。

例：编写 Shell 脚本 string.sh，如下所示。

```
[root@slave ~]# vi string.sh
[root@slave ~]# cat string.sh
#!/bin/sh
# 文件名：string.sh
a="abc"
b="efg"
```

```
if [ $a = $b ];then
    echo "$a = $b : a is equal to b"
else
    echo "$a = $b: a is not equal to b"
fi
if [ $a != $b ];then
    echo "$a != $b : a is not equal to b"
else
    echo "$a != $b: a is equal to b"
fi
if [ -z $a ];then
    echo "-z $a : string length is zero"
else
    echo "-z $a : string length is not zero"
fi
if [ -n $a ];then
    echo "-n $a : string length is not zero"
else
    echo "-n $a : string length is zero"
fi
if [ $a ];then
    echo "$a : string is not empty"
else
    echo "$a : string is empty"
fi
[root@slave ~]# chmod +x string.sh
[root@slave ~]# ./string.sh
abc = efg: a is not equal to b
abc != efg : a is not equal to b
-z abc : string length is not zero
-n abc : string length is not zero
abc : string is not empty
```

5. 文件测试运算符

常用的文件测试运算符如下所示。

-b file：检测文件是否是块设备文件，如果是，则返回 true，如[-b $file]。

-c file：检测文件是否是字符设备文件，如果是，则返回 true，如[-c $file]。

-d file：检测文件是否是目录，如果是，则返回 true，如[-d $file]。

-f file：检测文件是否是普通文件（既不是目录，也不是设备文件），如果是，则返回 true，如[-f $file]。

-g file：检测文件是否设置了 SGID（Set Group ID，设置组标识）位，如果设置了，则返回 true，如[-g $file]。

-k file：检测文件是否设置了粘滞位（Sticky Bit），如果设置了，则返回 true，如[-k $file]。

-p file：检测文件是否是具名管道，如果是，则返回 true，如[-p $file]。

-u file：检测文件是否设置了 SUID（Set Uer ID，设置用户标识）位，如果设置了，则返回 true，如[-u $file]。

-r file：检测文件是否可读，如果是，则返回 true，如[-r $file]。

-w file：检测文件是否可写，如果是，则返回 true，如[-w $file]。

-x file：检测文件是否可执行，如果是，则返回 true，如[-x $file]。

-s file：检测文件是否为空（文件大小是否大于 0），如果是，则返回 true，如[-s $file]。

-e file：检测文件（包括目录）是否存在，如果是，则返回 true，如[-e $file]。

例：编写 Shell 脚本 wjcs.sh，如下所示。

```
[root@slave ~]# vi wjcs.sh
[root@slave ~]# cat wjcs.sh
#!/bin/sh
# 文件名：wjcs.sh
file=" ./mysql8setup.sh"
if [ -r $file ];then
    echo "File has read access"
else
    echo "File does not have read access"
fi
if [ -w $file ];then
    echo "File has write permission"
else
    echo "File does not have write permission"
fi
if [ -x $file ];then
    echo "File has execute permission"
else
    echo "File does not have execute permission"
fi
if [ -f $file ];then
    echo "File is an ordinary file"
else
    echo "This is sepcial file"
fi
if [ -d $file ];then
    echo "File is a directory"
else
    echo "This is not a directory"
fi
if [ -s $file ];then
```

```
        echo "File size is zero"
else
        echo "File size is not zero"
fi
if [ -e $file ];then
        echo "File exists"
else
        echo "File does not exist"
fi
[root@slave ~]# chmod +x wjcs.sh
[root@slave ~]# ./wjcs.sh
File has read access
File has write permission
File has execute permission
File is an ordinary file
This is not a directory
File size is zero
File exists
```

6. $()和``

在 Shell 中，$()与``（反引号）都可用于命令替换，如下所示。

```
version=$(uname -r)
version=`uname -r`
```

通过它们都可以得到内核的版本号。

需要注意以下几点。

（1）`` 基本上可在所有 Shell 中使用，若用于 Shell 脚本，其可移植性也比较高，但``容易被输入错或看错。

（2）并不是所有 Shell 都支持$()。

7. ${}

${}用于变量替换。一般情况下，$var 与${var}并没有什么不同，但是${}能更精确地界定变量名的范围。

例：变量的替换。

```
[root@slave ~]# A=B
[root@slave ~]# echo $AB
```

原本打算先将 $A 的结果替换出来，再补一个字母 B 于其后，但真正的结果是替换了变量 AB 的值。

若使用${}就没问题了，如下所示。

```
[root@slave ~]# echo ${A}B
BB
```

${}的模式匹配功能如下。

- #：表示从字符串的开头开始匹配和删除。
- %：表示从字符串的尾部开始匹配和删除。

8. $[]和$(())

$[]和$(())的作用是一样的，都用于进行数学运算，支持+（加）、-（减）、*（乘）、/（除）、%（取模）。

例：用$(())进行数学运算。

```
[root@slave ~]# a=5; b=7; c=2
[root@slave ~]# echo $(( a+b*c ))
19
[root@slave ~]# echo $(( (a+b)/c ))
6
[root@slave ~]# echo $(( (a*b)%c))
1
```

可在$(())中的变量名前面加$符号来替换原变量名，也可以不加，如使用$(($a + $b * $c))也可得到 19 的结果。

此外，$(())还可用于不同进制（如二进制、八进制、十六进制）的运算，只是，输出结果皆为十进制数。例如，echo $((16#2a))的结果为 42（十六进制数转十进制数）。

9. []

[]（称为方括号或测试方括号）为 test 命令的另一种形式，[]形式简单，所以更受欢迎，使用时要注意以下几点。

（1）必须在左方括号的右侧和右方括号的左侧各加一个空格，否则会报错。

（2）test 命令使用标准的数学比较符号（=或!=）来表示字符串的比较，而使用文本符号（-eq、-ne 等）来表示数值的比较。

（3）大于符号或小于符号必须要转义，否则会进行重定向操作。

10. (())和[[]]

(())和[[]]分别是[]针对数学比较表达式和字符串表达式的加强版，提供了更强大和更灵活的条件表达式结构。

(())用于整数算术运算和比较。可以在其中使用所有的算术操作符，如 +、-、*、/、%（取余）、**（幂运算），以及比较操作符 ==、!=、<、<=、> 和 >=。

[[]]用于条件表达式，它提供了比 [] 更强大的字符串比较和模式匹配功能。它支持字符串相等性测试、模式匹配（使用 == 和 != 以及 =~，=~用于正则表达式匹配）、字符串长度比较等。

11.4　Shell 流程控制语句

流程控制结构在编程语言中用来控制脚本的执行流程。Shell 提供了对多种流程控制结构的支持。Shell 流程控制语句是指会改变 Shell 脚本运行顺序的指令，可以是不同位置的指令，或者是在两段或多段程序中选择一段来运行，一般包括条件语句、循环语句等。

11.4.1 条件语句

1. 单分支 if 条件语句。

其语法格式如下。

```
if [ 条件判断式 ]
  then
    程序
fi
```

或者

```
if [ 条件判断式 ];then
  程序
fi
```

例：若检测到 httpd 文件可执行，则重启 httpd 服务。

```
#!/bin/sh
if [ -x /etc/rc.d/init.d/httpd ]
  then
    /etc/rc.d/init.d/httpd restart
fi
```

> （1）if 条件语句使用 fi 结尾，这和一般编程语言使用花括号结尾不同。
>
> （2）[条件判断式]就是使用 test 命令进行判断，所以在[]中的条件判断式两边必须有空格。
>
> （3）then 后面为符合条件之后执行的程序。then 可以放在[]之后，两者用";"分隔，也可以换行编写，此时就不需要";"了。

注意

2. 多分支 if 条件语句

其语法格式如下。

```
if [ 条件判断式 1 ]
  then
    当条件判断式 1 成立时，执行程序 1
  elif [ 条件判断式 2 ]
  then
    当条件判断式 2 成立时，执行程序 2
...
  else
    当所有条件都不成立时，执行此程序
fi
```

例：编写 Shell 脚本 iftest.sh，如下所示。

```
[root@slave ~]# vi iftest.sh
[root@slave ~]# cat iftest.sh
#!/bin/bash
```

```
# 文件名：iftest.sh
read -p "please input your name:" NAME
echo $NAME
if [ $NAME == root ]
  then
    echo "hello ${NAME},  welcome !"
  elif [ $NAME == lxy ]
  then
    echo "hello ${NAME},  welcome !"
  else
  echo "Hi,get out here!"
fi
[root@slave ~]# chmod +x iftest.sh
[root@slave ~]# ./iftest.sh
please input your name:lxy
lxy
hello lxy,  welcome !
```

3. case 命令

case 命令相当于多分支的 if-else 语句，case 的值用来匹配 value1、value2、value3 等的值。若匹配则执行其后的命令，直到遇到双分号（;;）为止。case 命令以 esac 作为终止符。

其语法格式如下。

```
case 值 in
value1)
    command1
    command2
    ...
    commandN
    ;;
value2)
    command1
    command2
    ...
    commandN
    ;;
esac
```

例：编写 Shell 脚本 ifmore.sh，如下所示。

```
[root@slave ~]# vi ifmore.sh
[root@slave ~]# cat ifmore.sh
#!/bin/bash
# 文件名：ifmore.sh
echo '输入 1 到 4 之间的数字:'
```

```
echo '你输入的数字为:'
read aNum
case $aNum in
    1)   echo '你选择了 1'
    ;;
    2)   echo '你选择了 2'
    ;;
    3)   echo '你选择了 3'
    ;;
    4)   echo '你选择了 4'
    ;;
    *)   echo '你没有输入 1 到 4 之间的数字'
    ;;
esac
[root@slave ~]# chmod +x ifmore.sh
[root@slave ~]# ./ifmore.sh
输入 1 到 4 之间的数字:
你输入的数字为:
3
你选择了 3
```

11.4.2 循环语句

循环语句是反复执行的一系列语句，其循环的次数取决于一定的条件。Shell 中常用的循环语句包括 for 循环语句、while 循环语句、until 循环语句等。

1. for 循环语句

for 循环指在一个列表中执行有限次数的命令。比如，在一个姓名列表或文件列表中循环执行某个命令。for 命令后跟一个变量、一个关键字 in 和一个字符串列表（可以是变量）。第一次执行 for 循环时，会将字符串列表中的第一个字符串会赋给变量，然后执行循环体，直到遇到 done 语句；第二次执行 for 循环时，会将字符串列表中的第二个字符串赋给变量，依次类推，直到遍历完字符串列表。

其语法格式如下。

```
for NAME [in WORDS … ] ;
do
COMMANDS;
done
```

执行过程：依次将字符串列表中的元素赋给变量；每次赋值后执行一次循环体；直到列表中的元素遍历完，循环结束。

例：编写 Shell 脚本 fortest.sh，如下所示。

```
[root@slave ~]# vi fortest.sh
[root@slave ~]# cat fortest.sh
```

```
#!/bin/bash
# 文件名: fortest.sh
echo 计算 1+2+…+100 的值
echo 方法一
sum=0;for i in {1..100};do let sum=sum+i;let i++;done;echo sum is $sum
echo 方法二
sum=0;for ((i=1;i<=100;i++));do let sum+=i;done;echo sum is $sum
echo 字符循环
for i in `rpm -qa | grep mysql`;do echo $i;done
echo 路径循环
for i in /usr/*;do echo $i;done
echo 输出九九乘法表
for i in {1..9};do for j in `seq 1 $i`;do echo -e "$i*$j=$[i*j]    \c\t";done;
echo;done;unset i j
[root@slave ~]# chmod +x fortest.sh
[root@slave ~]# ./fortest.sh
计算 1+2+…+100 的值
方法一
sum is 5050
方法二
sum is 5050
字符循环
mysql-community-libs-8.0.15-1.el7.x86_64
mysql80-community-release-el7-2.noarch
mysql-community-client-8.0.15-1.el7.x86_64
mysql-community-common-8.0.15-1.el7.x86_64
qt-mysql-4.8.7-2.el7.x86_64
mysql-community-server-8.0.15-1.el7.x86_64
mysql-community-libs-compat-8.0.15-1.el7.x86_64
路径循环
/usr/bin
/usr/etc
/usr/games
/usr/include
/usr/lib
/usr/lib64
/usr/libexec
/usr/local
/usr/sbin
/usr/share
/usr/src
/usr/tmp
```

输出九九乘法表

```
1*1=1
2*1=2    2*2=4
3*1=3    3*2=6    3*3=9
4*1=4    4*2=8    4*3=12   4*4=16
5*1=5    5*2=10   5*3=15   5*4=20   5*5=25
6*1=6    6*2=12   6*3=18   6*4=24   6*5=30   6*6=36
7*1=7    7*2=14   7*3=21   7*4=28   7*5=35   7*6=42   7*7=49
8*1=8    8*2=16   8*3=24   8*4=32   8*5=40   8*6=48   8*7=56   8*8=64
9*1=9    9*2=18   9*3=27   9*4=36   9*5=45   9*6=54   9*7=63   9*8=72   9*9=81
```

2. while 循环语句

while 循环用于重复执行一组命令。

其语法格式如下。

```
while: while EXPRESSION; do COMMANDS; done
```

当条件 EXPRESSION 的值为 true 时，执行循环体 COMMANDS，直到遇到 done 语句，再返回执行 while 循环语句，判断 EXPRESSION 的值，当其为 false 时，终止 while 循环。

例：编写 Shell 脚本 whileqp.sh，如下所示。

```
[root@slave ~]# vi whileqp.sh
[root@slave ~]# cat whileqp.sh
#!/bin/bash
# 文件名：whileqp.sh
# 输出国际象棋棋盘
# 国际象棋棋盘为 8 行 8 列，以两个空格为一个盘格，通过给空格设置不同的颜色实现国际象棋棋盘效果
i=1
while ((i<=8));do
        j=1
        while ((j<=8));do
                varnum=$[$[i+j]%2] # 计算行数和列数之和与 2 取余的值
                if [ $varnum -eq 0 ];then
                        echo -n -e "\033[41m  \033[0m"
                                # 输出两个红色的方格
                elif [ $varnum -eq 1 ];then
                        echo -n -e "\033[47m  \033[0m"
                                # 输出两个白色的方格
                fi
                let j++
        done
        let i++
        echo
done
unset i j
```

```
[root@slave ~]# chmod +x whileqp.sh
[root@slave ~]# ./whileqp.sh
```

运行结果如图 11-1 所示。

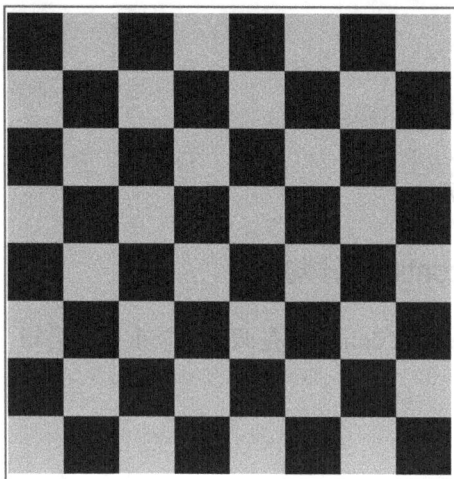

图 11-1　运行结果

3. until 循环语句

until 循环语句和 while 循环语句类似，其区别是，until 循环语句在条件的值为 true 时退出循环，在条件的值为 false 时继续执行循环；while 循环语句在条件的值为 false 时退出循环，在条件的值为 true 时继续执行循环。

例：编写 Shell 脚本 untilqp.sh，如下所示。

```
[root@slave ~]# vi untilqp.sh
[root@slave ~]# cat untilqp.sh
#!/bin/bash
# 文件名：untilqp.sh
# 输出国际象棋棋盘
# 国际象棋棋盘为 8 行 8 列，以两个空格为一个盘格，通过给空格设置不同的颜色实现国际象棋棋盘效果
i=1
until ((i>8));do
        j=1
        until ((j>8));do
                varnum=$[$[i+j]%2] # 计算行数和列数之和与 2 取余的值
                if [ $varnum -eq 0 ];then
                        echo -n -e "\033[41m  \033[0m"
                                        # 输出两个红色的方格
                elif [ $varnum -eq 1 ];then
                        echo -n -e "\033[47m  \033[0m"
                                        # 输出两个白色的方格
                fi
```

```
            let j++
        done
        let i++
        echo
done
unset i j
[root@slave ~]# chmod +x untilqp.sh
[root@slave ~]# ./ untilqp.sh
```

运行结果如图 11-1 所示。

11.4.3　break 语句和 continue 语句

在流程控制语句中 break 和 continue 是两个比较重要的语句，都可以对程序的执行顺序进行控制。

1. break 语句

使用 break 语句可以结束 while、for、until、case 等语句的执行，即从当前结构中跳出。

例：编写一个 Shell 脚本，根据用户输入的数字，使用 break 语句退出循环。

```
[root@localhost ~]#
[root@localhost ~]# cat>breaks.sh
#! /bin/bash
echo "请输入数字: "
read N
for i in 1 2 3 4 5 6 7 8 9
do
  if [ $i -eq $N ]; then
    echo "---退出 for 循环----"
    break
  else
    echo "---当前是第$i 次循环---"
  fi
done
[root@localhost ~]# chmod a+x breaks.sh
[root@localhost ~]# ./breaks.sh
请输入数字:
3
---当前是第 1 次循环---
---当前是第 2 次循环---
---退出 for 循环----
[root@localhost ~]# ./breaks.sh
请输入数字:
4
```

```
---当前是第 1 次循环---
---当前是第 2 次循环---
---当前是第 3 次循环---
---退出 for 循环----
[root@localhost ~]#
```

2. continue 语句

continue 语句为循环控制语句，用于循环体，其作用是跳过本次循环中剩余的代码，即直接跳回循环的开始位置。如果条件的值为 true 则开始下一次循环，否则退出循环。

例：编写 Shell 脚本，输出数字 1～9，通过 continue 语句跳过指定数字的输出。

```
[root@localhost ~]#
[root@localhost ~]# cat>continue.sh
#! /bin/bash
echo "请输入要跳过的数字: "
read N
echo "-----------------"
i=1
for i in 1 2 3 4 5 6 7 8 9
do
  if [ $i -eq $N ]; then
   echo " ?"
   continue
  fi
   echo " $i"
done
[root@localhost ~]# chmod a+x continue.sh
[root@localhost ~]# ./continue.sh
请输入要跳过的数字:
5
-----------------
 1
 2
 3
 4
 ?
 6
 7
 8
 9
[root@localhost ~]# ./continue.sh
请输入要跳过的数字:
3
```

```
----------------
1
2
?
4
5
6
7
8
9
[root@localhost ~]#
```

11.5 Shell 函数

函数是指一个或一组命令的集合，在脚本中可以调用函数。重复使用函数，效率较高。使用函数最大的好处之一是可避免出现大量重复代码，同时增强脚本的可读性。

在 Shell 中定义函数，其语法格式如下。

```
[ function ] funname [()]
{
  action;
  [return int;]
}
```

函数可以用"function funname()"定义，也可以用"function funname"定义，还可以用"funname()"定义。如果函数名（即 funname）后没有()，那么在函数名和{ 之间必须要有空格。

调用一个函数时直接使用定义的函数名即可，其与 Shell 命令的用法相同。

函数与当前 Shell 使用同一个进程，因此不能使用 exit 命令退出函数体。这个命令会导致系统退出当前 Shell，因此函数有一个专用的返回命令 return。在函数体中可以使用 return 命令返回值，返回值的取值范围为 0～255，使用$?可以查看返回值。

例：查看定义的所有函数。

```
declare -f
```

例：查看特定的函数。

```
declare -f 函数名
```

例：删除函数。

```
unset -f 函数名
```

例：编写 Shell 脚本 addfun.sh，如下所示。

```
[root@slave ~]# vi addfun.sh
[root@slave ~]# cat addfun.sh
#!/bin/bash
# 文件名：addfun.sh
# 简单的加法函数
function addfun()
```

```
{
return $(($1+$2));
}
read -p "请输入两个正整数，用空格分隔： " a b
addfun $a $b;
echo $a "+" $b "=" $?;
[root@slave ~]# chmod +x addfun.sh
[root@slave ~]# ./addfun.sh
请输入两个正整数，用空格分隔： 123 45
123 + 45 = 168
```

11.6　Shell 脚本调试

　　Shell 在 Linux 中使用得非常广泛，熟练掌握 Shell 编程是一名优秀的 Linux 开发人员和系统管理员的重要技能。Shell 脚本调试的主要工作就是发现引发 Shell 脚本错误的原因以及在 Shell 脚本源码中定位发生错误的行，常用的手段包括分析输出的错误信息、在 Shell 脚本中加入调试语句输出调试信息来辅助诊断错误、利用调试工具等。但与其他编程语言相比，Shell 由于缺乏相应的调试机制和调试工具的支持，输出的错误信息往往很不明确，使得初学者在调试 Shell 脚本时，除了能够用 echo 命令输出一些信息外，别无他法。而仅仅依靠大量地加入 echo 命令来诊断错误，确实会令人不胜其烦。本节将系统地介绍一些常用的 Shell 脚本调试技术。

　　一般情况下 Shell 脚本的调试过程如下。

　　（1）使用-n 选项检查语法错误。

　　例：调试 Shell 脚本 bug.sh，如下所示。

```
[root@slave ~]# vi bug.sh
[root@slave ~]# cat bug.sh
#!/bin/bash
# 问题脚本，仅用于测试
isRoot()
{
        if [ "$UID" -ne 0 ]
                        return 1
            else
                        return 0
        fi
}
isRoot
if ["$?" -ne 0 ]
then
            echo "Must be root to run this script"
            exit 1
```

```
else
            echo "welcome root user"
            #do something
fi
[root@slave ~]# sh -n bug.sh
bug.sh:行 7: 未预期的符号 `else' 附近有语法错误
bug.sh:行 7: `               else'
```

第 7 行有一个语法错误，仔细检查第 7 行前后的命令发现，这个错误是由第 5 行的 if 语句缺少 then 关键字引起的（习惯使用 C 语言的人很容易犯这个错误）。可以通过把第 5 行修改为 "if ["$UID" -ne 0]; then" 来修正这个错误。再次运行 sh -n bug.sh 来进行语法错误检查，没有再报错。

```
[root@slave ~]# sh -n bug.sh
```

接下来实际执行这个 Shell 脚本，执行结果如下。

```
[root@slave ~]# sh bug.sh
bug.sh:行 12: [0: 未找到命令
welcome root user
```

尽管该 Shell 脚本已经没有语法错误了，但在执行时又报错了。错误信息 "[0: 未找到命令" 还非常奇怪。

（2）若输出信息没有显示行号，可使用以下命令（设置 PS4 变量的值），让其输出行号。

```
[root@slave ~]# export PS4='+${LINENO}: ${FUNCNAME[0]}: '
```

（3）使用-x 选项来跟踪 Shell 脚本的执行，使调试更轻松。

```
[root@slave ~]# sh -x bug.sh
+ isRoot
+ '[' 0 -ne 0 ']'
+ return 0
+ '[0' -ne 0 ']'
bug.sh:行 12: [0: 未找到命令
+ echo 'welcome root user'
welcome root user
```

从输出结果中可以看到，Shell 脚本中实际执行的语句、该语句的行号以及所属的函数名都被输出，从而可以清楚地分析出 Shell 脚本的执行轨迹及其调用函数的内部执行情况。执行时第 12 行报错，它是一个 if 语句，对比分析一下同为 if 语句的第 5 行的跟踪结果。

```
+{5:isRoot} '[' 503 -ne 0 ']'
+{12:} '[1' -ne 0 ']'
```

可知第 12 行的[符号后面缺少了一个空格，导致[符号与紧跟它的变量$?的值 1 被 Shell 看作一个整体，并试着把这个整体作为一个命令来执行，故有 "[0: 未找到命令" 的错误信息。只需在[符号后面输入一个空格即可解决这个问题。

```
[root@slave ~]# vi bug.sh
[root@slave ~]# sh -x bug.sh
+ isRoot
+ '[' 0 -ne 0 ']'
```

```
+ return 0
+ '[' 0 -ne 0 ']'
+ echo 'welcome root user'
welcome root user
[root@slave ~]# sh bug.sh
welcome root user
```

Shell 中有一些对调试有帮助的内置变量，比如在 Bash 中有 BASH_SOURCE、BASH_ SUBSHELL 等，可以通过 man sh 或 man bash 命令来查看，然后根据不同的调试目的，使用内置变量来定制 PS4，从而达到丰富-x 选项的输出信息的目的。

还可以利用 trap、调试钩子等输出关键调试信息，以快速缩小错误排查的范围，并在 Shell 脚本中使用 set -x 及 set +x 对某些代码进行重点跟踪。

Shell 本身并没有提供很好的排错工具，想要尽量减少错误，可多学习它的语法、多练习。为了更精确地调试 Shell 脚本，可以借助第三方工具 bashdb，它小巧而强大，具有设置断点、单步执行、观察变量等功能，读者可从网上下载使用。

11.7　习题

一、填空题

1. 编写并运行 Shell 脚本包括＿＿＿＿＿＿＿、＿＿＿＿＿＿＿和＿＿＿＿＿＿＿ 3 个步骤。

2. Shell 中的变量分为＿＿＿＿＿＿＿、＿＿＿＿＿＿＿、＿＿＿＿＿＿＿和用户自定义变量等。

3. 删除变量的方法是使用＿＿＿＿＿＿＿命令。

4. 逻辑运算符有＿＿＿＿＿＿＿、＿＿＿＿＿＿＿和逻辑或 3 种。

5. 函数有一个专用的返回命令＿＿＿＿＿＿＿。

二、编程题

1. 有一个有多行内容（每行只有一个单词）的文件 a.txt。请编写一个 Shell 脚本，统计该文件中每个单词出现的次数，并按照出现次数降序排列，再输出每个单词及其出现次数。

2. 编写一个 Shell 脚本，每隔 8min 监控/usr 目录一次，如果/usr 目录的大小大于 6GB，发电子邮件给管理员。

3. 编写一个 Shell 脚本，其用一个目录路径作为参数，并备份该目录到/backup/YYYY-MM-DD 目录。

4. 编写一个 Shell 脚本，生成 1000 个随机数保存在数组中，并找出其中的最大值和最小值。

5. 编写一个 Shell 脚本，实现一个简单计算器的功能（可以进行加、减、乘、除等运算）。

参 考 文 献

[1]　胡玲，曲广平. Linux 系统管理与服务配置[M]. 北京：电子工业出版社，2015.

[2]　李贺华，李腾，鲁先志，等. 云架构操作系统基础（Red Hat Enterprise Linux 7）[M]. 北京：电子工业出版社，2018.

[3]　郝维联. Linux 服务器配置实训教程[M]. 北京：机械工业出版社，2017.

[4]　宋焱宏，张勇，刘媛媛，等. Linux 操作系统基础[M]. 北京：中国水利水电出版社，2023.

[5]　刘艳涛. Linux Shell 命令行及脚本编程实例详解[M]. 北京：清华大学出版社，2015.

[6]　刘遄. Linux 常用命令自学手册[M]. 北京：人民邮电出版社，2023.